# Nilton Lapa

# Matemática Aplicada

## uma abordagem introdutória

Editora Saraiva

SOMOS EDUCAÇÃO | Editora Saraiva

Av. das Nações Unidas, 7221, 1º Andar, Setor B
Pinheiros – São Paulo – SP – CEP: 05425-902

SAC | 0800-0117875
De 2ª a 6ª, das 8h às 18h
www.editorasaraiva.com.br/contato

**Presidente** Eduardo Mufarej
**Vice-presidente** Claudio Lensing
**Diretora editorial** Flávia Alves Bravin
**Gerente editorial** Rogério Eduardo Alves
**Planejamento editorial** Rita de Cássia S. Puoço
**Aquisições** Fernando Alves, Julia D'Allevo
**Editores** Ana Laura Valerio, Patricia Quero, Thiago Belmiro Fraga
**Produtores editoriais** Alline Garcia Bullara, Amanda Maria da Silva, Daniela Nogueira Secondo
**Comunicação e produção digital** Mauricio Scervianinas de França, Nathalia Setrini Luiz
**Suporte editorial** Juliana Bojczuk Fermino

**Arte, produção e capa** ERJ Composição Editorial
**Atualização da 6ª tiragem** Daniela Nogueira Secondo
**Impressão e acabamento** Gráfica Paym

**ISBN 978-85-02-15710-1**

**CIP-BRASIL. CATALOGAÇÃO NA FONTE**
**SINDICATO NACIONAL DOS EDITORES DE LIVROS, RJ.**

L314m

Lapa, Nilton, 1940-
Matemática aplicada / Nilton Lapa. - São Paulo : Saraiva, 2012. 296p. : 24 cm

Inclui bibliografia
ISBN 978-85-02-15710-1

1. Matemática financeira. I. Título.

12-1688 CDD: 650.01513
CDU: 51-7



**1ª edição**
1ª tiragem: 2012
2ª tiragem: 2014
3ª tiragem: 2014
4ª tiragem: 2015
5ª tiragem: 2015
6ª tiragem: 2016



303.374.001.006

# APRESENTAÇÃO

Excetuadas algumas grandes universidades, as escolas superiores que oferecem cursos de Administração ou Ciências Contábeis compartilham uma característica: boa parte de seus estudantes têm dificuldades em Matemática elementar. É imperioso fornecer a esses alunos a base necessária, sob pena de haver desempenho insuficiente. Por esse motivo, a disciplina de Matemática destina boa parte do tempo a uma detalhada revisão de assuntos do curso médio, o que limita a possibilidade de estender os temas de nível superior. É necessária uma escolha criteriosa dos assuntos, para garantir aos estudantes formação adequada ao exercício de suas futuras profissões.

No planejamento do curso, deve-se lembrar que os profissionais dessas áreas não serão matemáticos, mas sim *usuários* da Matemática. O estudante deve ser capaz de utilizar a Matemática como ferramenta em sua profissão, não sendo essencial o conhecimento teórico com todas as justificativas e demonstrações. Para um estudante interessado, as provas rigorosas encontram-se na bibliografia recomendada. Assim, as propriedades são estudadas principalmente por meio de exemplos e aplicações ligadas ao dia a dia.

A elaboração deste livro seguiu as observações mencionadas, procurando atender, de um lado, as necessidades dos estudantes e, de outro, as dos professores, que devem conseguir resultados dentro da carga horária de sua disciplina. O livro está dimensionado para um curso de Matemática em dois semestres.

O primeiro capítulo constitui uma revisão da Matemática elementar necessária, na forma de uma coletânea de exercícios, acompanhados de resumos e exemplos resolvidos, conforme o caso. Os capítulos posteriores desenvolvem o estudo das funções reais de uma variável real, de limites, derivadas e integrais. Explicações teóricas são acompanhadas de exemplos e aplicações na área econômica, especialmente juros simples, juros compostos, demanda, oferta, receita, custo e lucro.

Cada capítulo (a partir do segundo) tem uma parte teórica, ilustrada por vários exemplos resolvidos, seguida de uma série de exercícios propostos, denominados Exercícios de Fixação, para o professor utilizar em aula. Todos os exercícios apresentados têm respostas, colocadas no final do capítulo correspondente.

Os diversos capítulos são razoavelmente independentes, possibilitando ao professor deixar de lado algum assunto que julgar desnecessário, sem prejuízo da coerência entre os demais.

**Nilton Lapa**

# SUMÁRIO

# CAPÍTULO 1
## EXERCÍCIOS DE REVISÃO

*A coletânea de exercícios que compõe este primeiro capítulo destina-se a uma revisão de assuntos básicos, na sua maior parte correspondente ao ensino médio.*

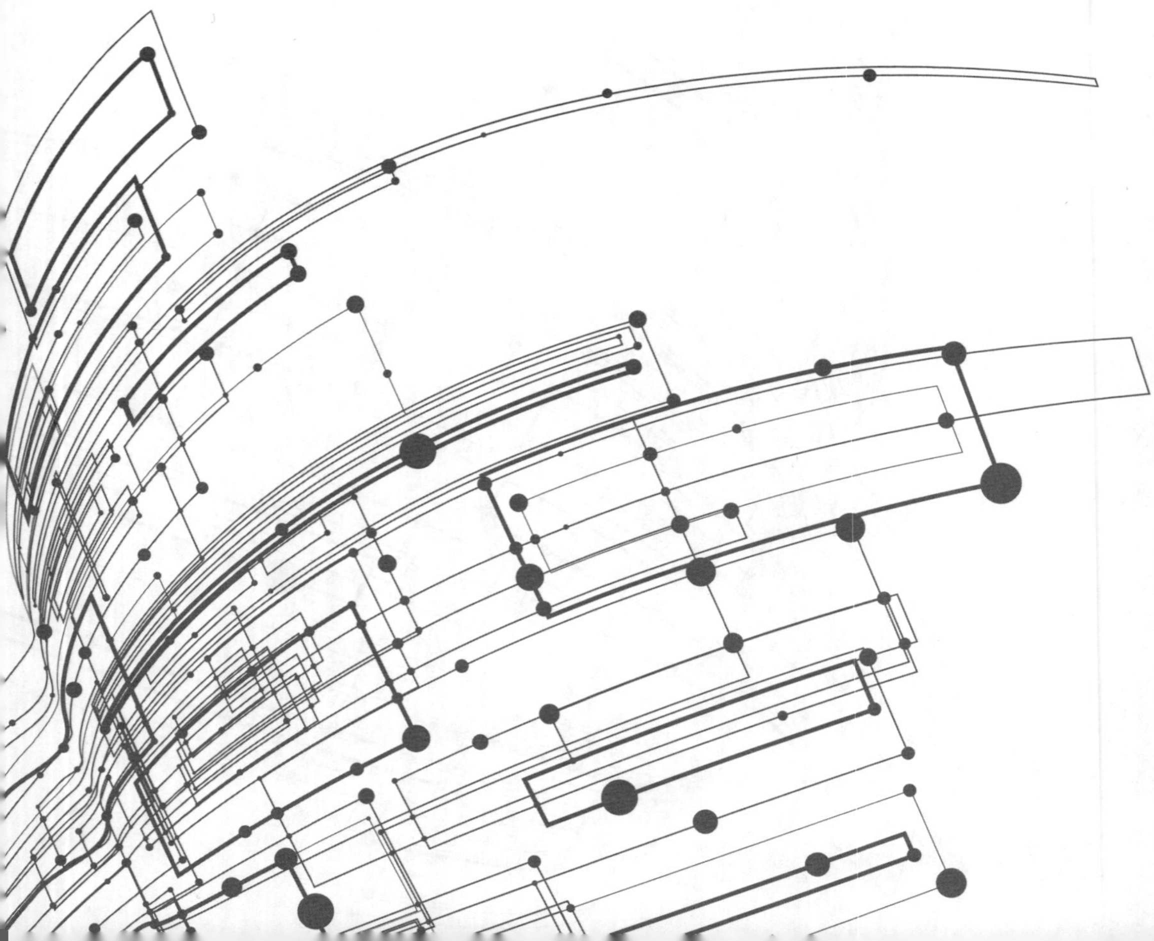

## 1 • PORCENTAGEM

- **Exemplo 1**

Se um valor C sofre *redução* de 15%, então, o valor final V é igual a:

$$V = C - 15\%C = C\left(1 - \frac{15}{100}\right) = C(1 - 0{,}15) = C \cdot 0{,}85.$$

Assim, 0,85 é o *fator* correspondente a uma *redução* de 15%. Note que $0{,}85 = 1 - 15\%$.

Em geral, se um valor *C* sofre uma *redução* de *p*%, então, o valor final *V* será obtido multiplicando-se *C* pelo *fator de redução* 1 – *p*%, ou seja,

$$V = C(1 - p\%).$$

Se uma mercadoria que custa R$ 234,00 sofre uma redução de 12%, o seu novo valor é igual a:

$$234(1 - 12\%) = 234(1 - 0{,}12) = 234 \cdot 0{,}88 = 205{,}92,$$

isto é, a mercadoria passa a custar R$ 205,92.

- **Exemplo 2**

Uma mercadoria cujo preço era R$ 500,00 sofreu um aumento de 32% e, em seguida, o preço resultante teve uma redução de 20%. O fator de aumento de 32% é igual a 1,32, e o fator de redução de 20% é igual a 0,80. Para sabermos o preço final dessa mercadoria após as duas modificações sucessivas, basta fazer 500 · 1,32 · 0,80 = 528.

Portanto, o preço final dessa mercadoria será R$ 528,00. Observe que

$$\frac{528}{500} = 1{,}056$$

e, como 1,056 é o fator de aumento correspondente a 5,6%, concluímos que um aumento de 32% seguido de uma redução de 20% equivale a um aumento de 5,6%.

**Aplicação:** juros simples

- **Exemplo 3**

Qual será o montante de uma dívida de R$ 20.000,00, tomada a juros simples de 10% ao ano, por um período de 18 meses?

O montante $M$ correspondente a um capital $C$, a juros simples com taxa $i$, por $n$ períodos, é dado por $M = C(1 + ni)$.

Nesse caso, é necessário, em primeiro lugar, expressar o período de 18 meses em anos, para ficar de acordo com a definição da taxa de juros. Sabemos que 18 meses equivalem a 1,5 anos. Assim, temos $C = 20.000{,}00$, $i = 0{,}10$ e $n = 1{,}5$, logo:

$$M = C(1 + ni) = 20.000{,}00(1 + 1{,}5 \cdot 0{,}1) = 23.000{,}00,$$

ou seja, o montante será de R$ 23.000,00.

## EXERCÍCIOS DE FIXAÇÃO

**1.** | Escreva as frações dadas em forma de porcentagem.

a) $\frac{3}{5}$ b) $\frac{5}{4}$ c) $\frac{1}{25}$ d) $\frac{3}{1000}$

**2.** | Expresse como fração e também na forma decimal as seguintes expressões:

a) 30% b) 1% c) 50% d) 0,7% e) 513%

**3.** | Uma mercadoria que custava R$ 12,50 teve um aumento, passando a custar R$ 13,50. Qual foi o percentual de aumento?

**4.** | Calcule:

a) 30% de 14.320 b) 12% de 650 c) 3% de 129

d) 0,8% de 41.200 e) 125% de 400

**5.** | Um terreno comprado por R$ 180.000,00, no início do ano, está valendo hoje R$ 400.000,00. Qual foi a taxa de valorização?

**6.** | Qual é o percentual que corresponde a:

a) dois aumentos sucessivos de 10%?

b) dois descontos sucessivos de 10%?

c) um aumento de 15%, seguido de um desconto de 15%?

7. | Assinale a alternativa correta. Um salário de R$ 1.000,00 teve dois aumentos sucessivos de 15% cada. O novo salário, após esses dois aumentos, é igual a:

a) R$ 1.322,50  b) R$ 1.300,00  c) R$ 1.372,50

d) R$ 1.297,50  e) R$ 1.500,00

8. | Assinale a alternativa correta. Um salário de R$ 1.000,00 teve dois aumentos sucessivos, um de 12% e outro de 15%. O novo salário, após esses dois aumentos, é igual a:

a) R$ 1.322,00  b) R$ 1.300,00  c) R$ 1.270,00

d) R$ 1.288,00  e) R$ 1.400,00

9. | Uma mercadoria que custava R$ 100,00 sofreu dois descontos sucessivos de 15% cada e depois um acréscimo de 8%. Qual será o seu preço final?

10. | Um salário de R$ 1.000,00 teve reajustes de 10% em abril, 20% em maio e 30% em junho. Qual é o novo salário, depois dos três aumentos?

11. | Em março, abril e maio do ano passado, uma carteira de ações desvalorizou-se 25%, 30% e 20%, respectivamente. Qual foi o percentual de desvalorização acumulada no trimestre?

12. | Assinale (V) ou (F) para cada afirmação abaixo:

a) 10% de 20% equivalem a 5% de 4%. ( )

b) Se em um mês a inflação foi de 10% e no mês seguinte foi de 20%, então, a inflação acumulada no período foi de 30%. ( )

c) Após um aumento de 20%, um livro passou a custar R$ 15,00. Então, o preço do livro antes do aumento era R$ 12,00. ( )

d) 10% de 20% equivalem a 50% de 4%. ( )

e) Um desconto de 10% seguido de um aumento de 20% equivale a um aumento de 8%.

13. | Uma região teve sua população triplicada em dois anos. Qual foi o percentual médio por ano (aproximadamente)?

## EXERCÍCIOS DE APLICAÇÃO: JUROS SIMPLES

14. | Considerando juros simples e sendo dados $C = 2.300$, $i = 2\%$ e $n = 13$, calcule o montante $M$.

☐ **15.** | Considerando juros simples e sendo dados $C = 10.400$, $i = 1,5\%$ e $M = 11.804$, calcule o número de períodos *n*.

☐ **16.** | Considerando juros simples e sendo dados $C = 32.680$, $n = 12$ e $M = 48.366,40$, calcule a taxa de juros *i*.

☐ **17.** | Considerando juros simples e sendo dados $i = 1,2\%$, $n = 8$ e $M = 7.299,36$, calcule o capital inicial *C*.

☐ **18.** | Pedro desejava aplicar seu capital de R$ 492,00 a juros simples. Ele aplicou metade desse capital por 6 meses, à taxa de 5% ao mês, e a outra metade por 4 meses, à taxa de 2% ao mês. Que montante Pedro adquiriu ao fim dessas aplicações?

☐ **19.** | Gabriel desejava aplicar seu capital a juros simples. Ele aplicou $\frac{1}{4}$ desse capital por 4 meses, à taxa de 5% ao mês, e o restante por 5 meses, à taxa de 2% ao mês, adquirindo, no final, o montante total de R$ 2.016,00. Qual era o capital inicial de Gabriel?

☐ **20.** | Victor desejava aplicar seu capital de R$ 14.472,00 a juros simples. Ele aplicou $\frac{2}{3}$ desse capital por 5 meses, à taxa de 5% ao mês, e $\frac{1}{6}$ por 6 meses, à taxa de 2% ao mês. O restante foi aplicado por 4 meses, a 1,5% ao mês. Que montante Victor adquiriu ao fim dessas aplicações?

☐ **21.** | Thaís desejava aplicar seu capital a juros simples. Ela aplicou $\frac{1}{4}$ desse capital por 6 meses, à taxa de 5% ao mês, e $\frac{5}{8}$ por 5 meses, à taxa de 2% ao mês. O restante foi aplicado por 4 meses, a 1,5% ao mês, adquirindo no final o montante total de R$ 29.018,88. Qual era o capital inicial de Thaís?

☐ **22.** | Em quanto tempo fica triplicado um capital que foi aplicado a juros simples, à taxa de 4% ao mês?

☐ **23.** | Daniela vendeu um carro por R$ 16.000,00 e aplicou essa quantia a juros simples por 12 meses, à taxa de 2% ao mês. Agora, Daniela deseja comprar um carro novo por R$ 24.000,00. Quanto Daniela deverá acrescentar ao montante recebido na aplicação?

## 2 • EQUAÇÕES DO PRIMEIRO GRAU

- **Exemplo 1**

A equação

$$\frac{7x}{6}-\frac{3}{5}=4+\frac{2x}{3}$$

apresenta *frações* e pode ser simplificada por meio do *mínimo múltiplo comum* dos denominadores. Vamos escrever $\frac{7x}{6}-\frac{3}{5}=\frac{4}{1}+\frac{2x}{3}$. O mmc dos denominadores 6, 5, 1 e 3 é igual a 30. Assim, colocamos em ambos os membros esse denominador 30 e, para cada termo, basta "dividir pelo de baixo e multiplicar pelo de cima". A equação fica:

$$\frac{35x-18}{30}=\frac{120+20x}{30}.$$

Como os denominadores de ambos os membros são iguais, simplificamos a equação, do que resulta $35x-18=120+20x$. Agora, basta usar as regras de transposição para isolar a incógnita. Obtemos, sucessivamente, $35x=120+20x+18$, depois $35x-20x=120+18$, em seguida $15x=138$ e, finalmente, $x=\frac{138}{15}=\frac{46}{5}$. A raiz da equação é $\frac{46}{5}$.

- **Exemplo 2**

Se uma equação tem a forma de uma igualdade entre duas frações, por exemplo,

$$\frac{3x-5}{7}=\frac{1-5x}{4},$$

em vez de usarmos o mmc, podemos simplesmente *multiplicar em cruz* os dois denominadores, ou seja, os números 7 e 4 vão para o outro membro da equação, multiplicando os numeradores. Obtemos:

$$4(3x-5)=7(1-5x).$$

Daí vem: $12x - 20 = 7 - 35x$, depois $47x = 27$ e, finalmente, $x = \frac{27}{47}$.

- **Exemplo 3**

Em uma equação como $\frac{mx}{3} + n = \frac{p}{2} - qx$, se a incógnita for $x$ e as demais letras forem parâmetros, devemos isolar $x$, fazendo $\frac{mx}{3} + \frac{n}{1} = \frac{p}{2} - \frac{qx}{1}$ e, depois, como o mmc é igual a 6:

$$\frac{2mx + 6n}{6} = \frac{3p - 6qx}{6}$$

$$2mx + 6n = 3p - 6qx$$

$$2mx + 6qx = 3p - 6n$$

$$(2m + 6q)x = 3p - 6n$$

$$x = \frac{3p - 6n}{2m + 6q},$$

na seguinte condição: $2m + 6q \neq 0$.

Nessa mesma equação $\frac{mx}{3} + n = \frac{p}{2} - qx$, qualquer uma das variáveis poderia ser considerada como incógnita, sendo então as demais os parâmetros. Por exemplo, se a incógnita fosse $q$, precisaríamos isolar $q$, fazendo:

$$\frac{2mx + 6n}{6} = \frac{3p - 6qx}{6}$$

$$2mx + 6n = 3p - 6qx$$

$$6qx = 3p - 2mx - 6n$$

$$q = \frac{3p - 2mx - 6n}{6x},$$

na condição $x \neq 0$.

Como se vê, em uma equação que relaciona diversas variáveis, pode-se considerar qualquer uma delas como incógnita e, em seguida, isolá-la. Em geral, em cada problema, o enunciado deve especificar qual é a incógnita a ser isolada.

## EXERCÍCIOS DE FIXAÇÃO

Resolva cada uma das equações propostas a seguir (exercícios de 1 a 14).

☐ **1.** $3x - 4 = 2x + 4$

☐ **2.** $6,7x - 8 = 5,1x + 2$

☐ **3.** $3(x-1) + 5(x+1) = 2(x-2) + 2$

☐ **4.** $20x - 50(3x-4) = 200 - 20(4x-5) - 50(3x-4)$

☐ **5.** $3(4x-3) - 5x = 3(x+4)$

☐ **6.** $\frac{x-1}{10} - \frac{x+1}{5} = \frac{1-2x}{15}$

☐ **7.** $\frac{11x+5}{9} - \frac{14x-3}{25} = \frac{3x+4}{5}$

☐ **8.** $4y - \frac{3y-1}{7} = -7$

☐ **9.** $\frac{t}{2} - \frac{3t+1}{3} = \frac{5}{6} - \frac{4t-1}{2}$

☐ **10.** $\frac{3z+3}{2} - \frac{8z-5}{3} = \frac{12z-2}{5}$

☐ **11.** $10\left(a + \frac{1}{2}\right) - 6\left(1 - \frac{1}{3}\right) = 5$

12. $\dfrac{3b-2}{4}+\dfrac{7b-2}{3}=2b+\dfrac{4-b}{2}$

13. $\dfrac{12w-2}{6}-\dfrac{18-4w}{3}=w+2$

14. $5x-\dfrac{2x-1}{3}+1=3x+\dfrac{x+2}{2}+7$

Nos exercícios a seguir (de 15 a 20), temos uma equação envolvendo duas ou mais variáveis. Transforme a equação dada, isolando cada uma das variáveis em função das demais.

15. $x+y=3x-y+2$

16. $2a-3x+5=4-3a+x$

17. $\dfrac{2p-q}{4}+\dfrac{q-3p}{3}=\dfrac{p}{2}$

18. $3a-\dfrac{2x+a}{6}=\dfrac{5-2x}{4}-\dfrac{x}{3}$

19. $\dfrac{a}{b}=\dfrac{c}{d}$

20. $\dfrac{3a-b}{c+d}=\dfrac{a+b}{c-2d}$

## 3 • SISTEMAS DE DUAS EQUAÇÕES DO PRIMEIRO GRAU A DUAS INCÓGNITAS

Resolução de um sistema de duas equações a duas incógnitas

- **Exemplo 1**

Resolver o sistema $\begin{cases} 2x+3y+7=0 \\ y=\dfrac{3}{5}x-4 \end{cases}$

*1º) Método de adição*

Escrevendo:

$$2x+3y+7=0 \Leftrightarrow 2x+3y=-7$$

e também:

$$y=\frac{3}{5}x-4 \Leftrightarrow 5y=3x-20 \Leftrightarrow 3x-5y=20,$$

o sistema fica: $\begin{cases} 2x+3y=-7 \\ 3x-5y=20 \end{cases}$.

Daí em diante, é possível aplicar o método de adição. Podemos multiplicar a primeira equação por 5 e a segunda por 3, obtendo:

$$\begin{cases} 2x+3y=-7 \\ 3x-5y=20 \end{cases} \Leftrightarrow \begin{cases} 10x+15y=-35 \\ 9x-15y=60 \end{cases}.$$

A adição das duas equações conduz a $19x=25 \Leftrightarrow x=\frac{25}{19}$. Depois, na primeira equação encontramos:

$$2\cdot\frac{25}{19}+3y=-7 \Leftrightarrow 50+57y=-133 \Leftrightarrow y=-\frac{183}{57}=-\frac{61}{19}.$$

A solução do sistema é: $\left(\frac{25}{19}; -\frac{61}{19}\right)$.

*2º) Método de substituição*

Podemos, também, aproveitar que a incógnita *y* já está isolada na segunda equação e substituir sua expressão na primeira. Teremos:

$$2x+3\left(\frac{3}{5}x-4\right)+7=0 \Leftrightarrow 2x+\frac{9}{5}x-12+7=0 \Leftrightarrow$$

$$\Leftrightarrow 10x+9x-60+35=0 \Leftrightarrow 19x=25 \Leftrightarrow x=\frac{25}{19}.$$

Depois, a resolução prossegue como no método anterior.

- **Exemplo 2**

Maurício recebeu seu salário, de R$ 1.940,00, em notas de R$ 50,00 e de R$ 20,00, num total de 49 notas. Ele deu todas as notas de R$ 20,00 a sua filha Thaís. Qual foi a quantia que Thaís recebeu?

Note que, para sabermos a quantia recebida por Thaís, devemos determinar *quantas notas* de R$ 20,00 ela recebeu. Vamos executar as três etapas indicadas.

*1ª) Definir as incógnitas*

Escrevemos:

$x$ = número de notas de R$ 50,00
$y$ = número de notas de R$ 20,00.

*2ª) Construir as equações*

Como o número total de notas recebidas é igual a 49, escrevemos: $x + y = 49$.
Sendo R$ 1.940,00 a quantia total recebida, escrevemos: $50x + 20y = 1.940$.

Desse modo, obtemos o sistema: $\begin{cases} x + y = 49 \\ 50x + 20y = 1.940 \end{cases}$.

*3ª) Resolver o sistema de equações obtido*

Se quisermos resolver o sistema pelo método de substituição, então, da primeira equação, devemos tirar $y = 49 - x$, que, substituída na segunda, resulta:

$$50x + 20(49 - x) = 1.940 \Leftrightarrow 50x + 980 - 20x = 1.940 \Leftrightarrow 30x = 960 \Leftrightarrow x = 32.$$

Daí obtemos: $y = 49 - x = 49 - 32 = 17$, portanto Maurício recebeu 32 notas de R$ 50,00 e 17 notas de R$ 20,00.
A quantia que Thaís recebeu é igual a: $17 \cdot 20 = 340$, ou seja, R$ 340,00.

- **Exemplo 3**

Para pagar uma dívida, propus ao banco credor dar meu apartamento, recebendo de troco R$ 91.000,00 em dinheiro. O banco fez outra proposta, que consiste em eu dar meu carro e mais R$ 91.000,00. Se o carro e o apartamento juntos valem R$ 278.000,00, quanto vale cada um e qual é o valor da dívida?

*1º) Definição das incógnitas*

Indiquemos: $x$ = valor do apartamento e $y$ = valor do carro.

*2º) Construção das equações do sistema*

O valor total da dívida é igual ao valor do apartamento menos R$ 91.000,00. Esse mesmo valor é também igual ao valor do carro mais R$ 91.000,00.

Assim, $x - 91.000 = y + 91.000$.

Como o apartamento e o carro valem, juntos, 278.000, então: $x + y = 278.000$.

Temos, portanto, o sistema:

$$\begin{cases} x - 91.000 = y + 91.000 \\ x + y = 278.000 \end{cases}$$

*3º) Resolução do sistema*

O sistema pode ser escrito na forma:

$$\begin{cases} x - y = 182.000 \\ x + y = 278.000 \end{cases}$$

Somando-se essas equações, temos: $2x = 460.000 \Leftrightarrow x = 230.000$.

Na segunda, obtemos: $230.000 + y = 278.000 \Leftrightarrow y = 48.000$

Para o valor da dívida, temos $x - 91.000 = 230.000 - 91.000 = 139.000$.

**Resposta:** O apartamento vale R$ 230.000,00, o carro vale R$ 48.000,00 e a dívida é de R$ 139.000,00.

☐ **1.** | $\begin{cases} x - 4y = -5 \\ 2x + 2y = 10 \end{cases}$

☐ **2.** | $\begin{cases} 2x - 3y = 7 \\ 3x + 2y = 8 \end{cases}$

☐ **3.** | $\begin{cases} x + 3y = 5 \\ 3x - 2y = 4 \end{cases}$

☐ **4.** | $\begin{cases} y - 3x = 0 \\ 2x + y = 5 \end{cases}$

5. | $\begin{cases} 12p + 4q = 5 \\ 3p - 4q = 0 \end{cases}$

7. | $\begin{cases} \dfrac{u}{10} - \dfrac{v}{5} = 0 \\ u + 2v = 40 \end{cases}$

6. | $\begin{cases} \dfrac{r}{4} - \dfrac{s}{6} = 0 \\ 2r - s = 3 \end{cases}$

8. | $\begin{cases} \dfrac{x - 2y}{4} = 3 \\ \dfrac{x + y}{3} = x - 9 \end{cases}$

## EXERCÍCIOS DE APLICAÇÃO

Nos exercícios a seguir (de 9 a 18), o estudante deve interpretar o enunciado, construindo um sistema de equações que permita determinar os valores solicitados.

9. | Paga-se uma conta de R$ 2.950,00 com notas de R$ 100,00 e de R$ 50,00, num total de 38 notas. Quantas notas há de cada valor?

10. | Uma peça de tecido mede 5 m mais do que outra. A mais comprida custa R$ 100,00 o metro, e a mais curta, R$ 92,00 o metro. Se a peça mais longa vale R$ 1.100,00 mais do que a outra, calcule o comprimento de cada uma.

11. | Dois tonéis cheios contêm juntos 293 litros de vinho. Tirando-se 73 litros do primeiro e 24 litros do segundo, sobra a mesma quantidade de vinho nos dois tonéis. Qual é a capacidade de cada um?

12. | Numa fábrica, empregam-se homens e mulheres adultos, bem como aprendizes menores. O número de homens adultos é o triplo do número de mulheres adultas, o qual, por sua vez, é o dobro do número de aprendizes. Há 216 pessoas no total. Quantos homens adultos, mulheres adultas e aprendizes há?

13. | Foi encomendada certa quantidade de fio para instalar uma linha elétrica de 3 condutores. Por razões técnicas, resolveu-se instalar a linha com 4 condutores. Sendo assim, com o fio encomendado faltará fio para instalar 2,45 km de linha. Qual é o comprimento previsto originalmente para a linha?

14. | Uma confecção comprou uma peça de tecido de 1,10 m de largura e pretende fazer faixas de 2,2 m de largura, com uma costura no meio, ao longo do comprimento. Se as faixas tivessem 3,5 m de comprimento, sobraria 1m de tecido não aproveitado. Foram feitas, então, faixas de apenas 3 m,

de modo que toda a peça de tecido foi aproveitada e foram feitas 4 faixas a mais. Qual é o comprimento da peça de tecido?

☐ **15.** | Um pai e um filho têm, juntos, 80 anos. Tirando-se 15 anos da idade do pai para acrescentá-los à idade do filho, as idades ficam iguais. Qual é a idade de cada um?

☐ **16.** | Cada um de dois vendedores percorre, em 12 dias, certa distância. As distâncias percorridas pelos dois vendedores perfazem um total de 528 km. Se o primeiro viaja por dia 12 km mais do que o segundo, quanto cada um viaja por dia?

☐ **17.** | Para pagar uma dívida, posso dar o meu carro e mais R$ 40.000,00, ou então, posso dar o meu apartamento e receber de troco R$ 40.000,00. Se o carro e o apartamento juntos valem R$ 100.000,00, quanto vale cada um e qual é o valor da dívida?

☐ **18.** | Reparta R$ 42.000,00 entre três pessoas, de modo que a segunda receba 4 vezes mais do que a primeira, e a terceira receba 4 vezes mais do que a segunda.

## 4 • EQUAÇÕES DO SEGUNDO GRAU

**Equação do segundo grau** é toda equação da forma $ax^2+bx+c=0$, com $a\in\mathbb{R}$, $b\in\mathbb{R}$, $c\in\mathbb{R}$ e $a\neq 0$.

**RESUMO DOS CASOS POSSÍVEIS**

**Fórmulas**

Equação: $ax^2+bx+c=0$

Discriminante: $\Delta=b^2-4ac$

Se $\Delta\geq 0$, então $x=\dfrac{-b\pm\sqrt{\Delta}}{2a}$ (Fórmula de Bhaskara)

sendo $x_1=\dfrac{-b+\sqrt{\Delta}}{2a}$ e $x_2=\dfrac{-b-\sqrt{\Delta}}{2a}$.

**Casos possíveis**

Se $\Delta>0$: $S=\{x_1;x_2\}$ $(x_1\neq x_2)$

Se $\Delta=0$: $S=\{x_1\}$ $(x_1=x_2)$ raiz dupla

Se $\Delta<0$: $S=\varnothing$

- **Exemplo 1**

Para a equação $-2x^2-5x+12=0$, os coeficientes são $a=-2$, $b=-5$ e $c=12$, logo, o delta é $\Delta=b^2-4ac=(-5)^2-4\cdot(-2)\cdot12=121$. Pela fórmula de Bhaskara, temos

$$x=\frac{-b\pm\sqrt{\Delta}}{2a}=\frac{-(-5)\pm\sqrt{121}}{2\cdot(-2)}=\frac{5\pm11}{-4},$$

do que resultam as raízes $x_1=-4$ e $x_2=\frac{3}{2}$. Em forma de conjunto, temos $S=\left\{-4;\ \frac{3}{2}\right\}$.

- **Exemplo 2**

Para a equação $3x^2-18x+27=0$, os coeficientes são $a=3$, $b=-18$ e $c=27$, logo, o discriminante é $\Delta=b^2-4ac=(-18)^2-4\cdot3\cdot27=0$. Pela fórmula de Bhaskara, temos

$$x=\frac{-b\pm\sqrt{\Delta}}{2a}=\frac{-(-18)\pm\sqrt{0}}{2\cdot3}=\frac{18\pm0}{6},$$

do que resultam as raízes $x_1=\frac{18-0}{6}=3$ e $x_2=\frac{18+0}{6}=3$. Em forma de conjunto, temos $S=\{3\}$, ou seja, nesse caso a equação tem uma única raiz real, que é o número 3. Dizemos também que a equação tem uma *raiz dupla* igual a 3.

- **Exemplo 3**

Para a equação $x^2-2x+5=0$, os coeficientes são $a=1$, $b=-2$ e $c=5$, logo, o discriminante é $\Delta=b^2-4ac=(-2)^2-4\cdot1\cdot5=-16$. Sendo $\varnothing$ negativo, a equação não tem raízes reais. Podemos dizer que *não existem raízes reais*, ou então, em forma de conjunto, podemos dizer que *o conjunto solução é vazio*, o que é indicado pelo símbolo $S=\varnothing$.

- **Exemplo 4**

Para resolver a equação $(2x+3)^2-(x-5)^2=-23$, é preciso antes desenvolver a expressão. Temos, sucessivamente:

$$(2x+3)(2x+3)-(x-5)(x-5)=-23$$

$$(4x^2+6x+6x+9)-(x^2-5x-5x+25)=-23$$

$$4x^2+12x+9-x^2+10x-25=-23$$

$$3x^2+22x-16=-23$$

$$3x^2+22x+7=0.$$

Nessa equação, os coeficientes são $a=3$, $b=22$ e $c=7$ e o delta é:

$$\Delta=b^2-4ac=22^2-4\cdot 3\cdot 7=400.$$

Pela fórmula de Bhaskara, temos:

$$x=\frac{-b\pm\sqrt{\Delta}}{2a}=\frac{-22\pm\sqrt{400}}{2\cdot 3}=\frac{-22\pm 20}{6},$$

do que resultam as raízes $x_1=-7$ e $x_2=-\frac{1}{3}$. Em forma de conjunto, temos $S=\left\{-7;-\frac{1}{3}\right\}$.

## EXERCÍCIOS DE FIXAÇÃO

Resolva cada uma das equações propostas a seguir (exercícios de 1 a 16).

☐ **1.** | $x^2-5x+4=0$

☐ **2.** | $x^2-14x+4=0$

☐ **3.** | $x^2+7x+12=0$

☐ **4.** | $x^2-3x-18=0$

☐ **5.** | $x^2+2x-12=0$

☐ **6.** | $t^2-\frac{t}{3}-8=0$

7. | $u^2 - \frac{2}{3}u = \frac{5}{4}$

8. | $3v^2 - 2v - 65 = 0$

9. | $3x^2 - 27 = 0$

10. | $x^2 - 25 = 0$

11. | $x^2 - 12 = 0$

12. | $x^2 + 7 = 0$

13. | $x^2 - 5x = 0$

14. | $2x^2 + 3x = 0$

15. | $(7+z)(9-z)+(7-z)(9+z)=76$

16. | $(2x-5)^2 - (x-6)^2 = 80$

## 5 • POTÊNCIAS

**RESUMO**

**Leis das potências**

1. Para $n$ inteiro e $n \geq 2$ : $a^n = \underbrace{aaa \cdots a}_{n \text{ vezes}}$

2. $a^1 = a$

3. Para $a \neq 0$ : $a^0 = 1$

4. Para $a \neq 0$ : $a^{-n} = \frac{1}{a^n}$

5. **Regras de operação**

$$(a \cdot b)^n = a^n \cdot b^n \qquad \left(\frac{a}{b}\right)^n = \frac{a^n}{b^n}$$

$$a^p \cdot a^q = a^{p+q} \qquad \frac{a^p}{a^q} = a^{p-q}$$

$$(a^p)^q = a^{p \cdot q}$$

- **Exemplo 1**

Para calcular $5^{-2} \cdot 5^{-3}$, podemos notar primeiro que

$$5^{-2} = \frac{1}{5^2} = \frac{1}{5 \cdot 5} = \frac{1}{25} = 0{,}04 \text{ e } 5^{-3} = \frac{1}{5^3} = \frac{1}{5 \cdot 5 \cdot 5} = \frac{1}{125} = 0{,}008$$

e, depois, fazer: $5^{-2} \cdot 5^{-3} = \frac{1}{25} \cdot \frac{1}{125} = \frac{1}{3.125} = 0{,}00032.$

Outro modo é usar a regra de operação $a^p \cdot a^q = a^{p+q}$ e escrever:

$$5^{-2} \cdot 5^{-3} = 5^{(-2)+(-3)} = 5^{-5} = \frac{1}{5^5} = \frac{1}{3.125} = 0{,}00032.$$

- **Exemplo 2**

Para calcular $(-3)^4 \cdot (-3)^3$, podemos notar primeiro que:

$$(-3)^4 = (-3) \cdot (-3) \cdot (-3) \cdot (-3) = 81 \text{ e } (-3)^3 = (-3) \cdot (-3) \cdot (-3) = -27$$

e, depois, fazer: $(-3)^4 \cdot (-3)^3 = 81 \cdot (-27) = -2.187$ .

Outro modo é usar a regra de operação $a^p \cdot a^q = a^{p+q}$ e escrever:

$$(-3)^4 \cdot (-3)^3 = (-3)^{4+3} = (-3)^7 = (-3) \cdot (-3) \cdot (-3) \cdot (-3) \cdot (-3) \cdot (-3) \cdot (-3) = -2.187.$$

- **Exemplo 3**

Para calcular $\left(2^{-5} \cdot 2^{-3}\right)^{-2}$, podemos notar primeiro que:

$$2^{-5} = \frac{1}{2^5} = \frac{1}{32} = 0{,}03125 \quad \text{e} \quad 2^{-3} = \frac{1}{2^3} = \frac{1}{8} = 0{,}125$$

e, depois, fazer: $2^{-5}.2^{-3} = \frac{1}{32} \cdot \frac{1}{8} = \frac{1}{256} = 0{,}003906250.$

A expressão pedida fica assim:

$$\left(2^{-5} \cdot 2^{-3}\right)^{-2} = \left(\frac{1}{256}\right)^{-2} = 256^2 = 65.536.$$

Outro modo é usar primeiro a regra de operação $a^p \cdot a^q = a^{p+q}$ e escrever:

$$\left(2^{-5} \cdot 2^{-3}\right)^{-2} = \left(2^{(-5)+(-3)}\right)^{-2} = \left(2^{-8}\right)^{-2}.$$

Em seguida, usar a regra de operação $\left(a^p\right)^q = a^{p \cdot q}$ obtendo:

$$\left(2^{-8}\right)^{-2} = 2^{(-8)\cdot(-2)} = 2^{16} = 65.536.$$

**Nota:** Se o problema pedisse apenas para *simplificar* a expressão, uma resposta satisfatória seria $\left(2^{-5} \cdot 2^{-3}\right)^{-2} = 2^{16}$.

## EXERCÍCIOS DE FIXAÇÃO

Calcule o valor de cada uma das seguintes expressões (exercícios de 1 a 7):

☐ **1.** | a) $4^3$ b) $\left(\frac{1}{2}\right)^4$ c) $(0{,}01)^3$

d) $9^0$ e) $1^{12}$ f) $0^8$

g) $(1{,}21)^2$ h) $\left(3+\frac{1}{2}\right)^3$ i) $1.259^1$

☐ **2.** | $4^3 + 6^2 \div 3^2 + 1^8$

☐ **3.** | $4^3 + 6^2 \div (3^2 + 1^8)$

☐ **4.** | $\left[\left(\frac{1}{2}\right)^3\right]^2$

☐ **5.** | a) $3^{-2}$ b) $4^{-4}$ c) $12^{-1}$ d) $8^{-3}$

e) $(-5)^3$ f) $(-1)^{-8}$ g) $(-1)^{-5}$ h) $3^{-4}$

☐ **6.** | $3^{-4} \cdot 3^{-2}$

☐ **7.** | $(-5)^{-3} \div (-5)^{-4}$

☐ **8.** | Simplifique : $\left(3^{-2} \cdot 3^{-4}\right)^{-3}$

## 6 • RAÍZES

**RESUMO**

**Leis das raízes**

1. Para $n$ inteiro e $n \geq 2$:

$$\sqrt[n]{a} = x \Leftrightarrow a = x^n$$

2. **Regras de operação**

$$\sqrt[n]{a \cdot b} = \sqrt[n]{a} \cdot \sqrt[n]{b} \qquad \sqrt[n]{\frac{a}{b}} = \frac{\sqrt[n]{a}}{\sqrt[n]{b}}$$

$$\sqrt[p]{\sqrt[q]{a}} = \sqrt[pq]{a} \qquad \sqrt[p]{a^q} = \left(\sqrt[p]{a}\right)^q \qquad \sqrt[pn]{a^{qn}} = \sqrt[p]{a^q}$$

3. **Potência de expoente racional**

$$a^{\frac{p}{q}} = \sqrt[q]{a^p} \quad (q \geq 2 \text{ e } a > 0)$$

- **Exemplo 1**

Para simplificar a expressão $\sqrt{75} + \sqrt{48} - \sqrt{27}$, devemos decompor em fatores primos cada um dos valores dentro dos radicais.

| 75 | 3 | 48 | 2 | 27 | 3 |
|---|---|---|---|---|---|
| 25 | 5 | 24 | 2 | 9 | 3 |
| 5 | 5 | 12 | 2 | 3 | 3 |
| 1 | | 6 | 2 | 1 | |
| | | 3 | 3 | | |
| | | 1 | | | |

Em seguida, escrevemos:

$$\sqrt{75} = \sqrt{3 \cdot 5^2} = \sqrt{3} \cdot \sqrt{5^2} = 5\sqrt{3}$$

$$\sqrt{48} = \sqrt{2^4 \cdot 3} = \sqrt{2^4} \cdot \sqrt{3} = 2^2 \cdot \sqrt{3} = 4\sqrt{3}$$

$$\sqrt{27} = \sqrt{3^3} = \sqrt{3^2 \cdot 3} = \sqrt{3^2} \cdot \sqrt{3} = 3\sqrt{3}.$$

A expressão dada fica assim:

$$\sqrt{75}+\sqrt{48}-\sqrt{27}=5\sqrt{3}+4\sqrt{3}-3\sqrt{3}=6\sqrt{3}.$$

- **Exemplo 2**

Uma potência cujo expoente seja uma fração pode ser transformada em raiz. Assim, temos:

$$3^{\frac{1}{5}}=\sqrt[5]{3}\,,\ 2^{\frac{1}{3}}=\sqrt[3]{2}\,,\ 5^{\frac{1}{2}}=\sqrt{5}\,,\ 7^{\frac{2}{3}}=\sqrt[3]{7^2}=\sqrt[3]{49}\,,$$

$$8^{\frac{5}{3}}=\sqrt[3]{8^5}=\left(\sqrt[3]{8}\right)^5=2^5=32.$$

Uma raiz pode ser transformada em uma potência, utilizando expoente fracionário. Temos:

$$\sqrt[3]{4}=4^{\frac{1}{3}},\ \sqrt{5}=5^{\frac{1}{2}},\ \sqrt[3]{x^2}=x^{\frac{2}{3}},\ \sqrt{x^3}=x^{\frac{3}{2}}.$$

O expoente fracionário pode também ser negativo, como a seguir:

$$3^{-\frac{1}{5}}=\frac{1}{3^{\frac{1}{5}}}=\frac{1}{\sqrt[5]{3}},$$

$$5^{-\frac{1}{2}}=\frac{1}{5^{\frac{1}{2}}}=\frac{1}{\sqrt{5}},$$

$$\frac{1}{\sqrt[3]{4^5}}=\frac{1}{4^{\frac{5}{3}}}=4^{-\frac{5}{3}},$$

$$\frac{\sqrt[4]{x^3}}{\sqrt{x^5}}=\frac{x^{\frac{3}{4}}}{x^{\frac{5}{2}}}=x^{\frac{3}{4}-\frac{5}{2}}=x^{\frac{3-10}{4}}=x^{-\frac{7}{4}}=\frac{1}{x^{\frac{7}{4}}}=\frac{1}{\sqrt[4]{x^7}}.$$

Com o último exemplo, podemos ver que uma mesma expressão pode ser escrita de várias formas.

- **Exemplo 3**

Racionalizar uma fração é transformá-la em outra fração, cujo denominador não contém raízes.

Por exemplo, para *racionalizar* a fração $\frac{1}{\sqrt{5}}$, basta multiplicar o numerador e o denominador por $\sqrt{5}$, obtendo:

$$\frac{1}{\sqrt{5}} = \frac{1\sqrt{5}}{\sqrt{5}\cdot\sqrt{5}} = \frac{\sqrt{5}}{\sqrt{25}} = \frac{\sqrt{5}}{5}.$$

- **Exemplo 4**

Para racionalizar uma fração cujo denominador é formado pela soma ou pela diferença de duas raízes quadradas, fazemos como nos casos mostrados a seguir.

**1º)** Seja a fração $\frac{1}{\sqrt{7}+\sqrt{2}}$. Devemos multiplicar o numerador e o denominador pela *diferença* $\sqrt{7}-\sqrt{2}$, obtendo:

$$\frac{1}{\sqrt{7}+\sqrt{2}} = \frac{1\cdot\left(\sqrt{7}-\sqrt{2}\right)}{\left(\sqrt{7}+\sqrt{2}\right)\left(\sqrt{7}-\sqrt{2}\right)} =$$

$$= \frac{\sqrt{7}-\sqrt{2}}{\sqrt{49}-\sqrt{14}+\sqrt{14}-\sqrt{4}} = \frac{\sqrt{7}-\sqrt{2}}{7-2} = \frac{\sqrt{7}-\sqrt{2}}{5}.$$

**2º)** Seja a fração $\frac{1}{\sqrt{7}-\sqrt{2}}$. Devemos multiplicar o numerador e o denominador pela *soma* $\sqrt{7}+\sqrt{2}$, obtendo:

$$\frac{1}{\sqrt{7}-\sqrt{2}} = \frac{1\cdot\left(\sqrt{7}+\sqrt{2}\right)}{\left(\sqrt{7}-\sqrt{2}\right)\left(\sqrt{7}+\sqrt{2}\right)} =$$

$$\frac{\sqrt{7}+\sqrt{2}}{\sqrt{49}+\sqrt{14}-\sqrt{14}-\sqrt{4}} = \frac{\sqrt{7}+\sqrt{2}}{7-2} = \frac{\sqrt{7}+\sqrt{2}}{5}.$$

## EXERCÍCIOS DE FIXAÇÃO

☐ **1.** | Calcule: $\sqrt[6]{64}$

☐ **2.** | Calcule: $\sqrt[5]{243}$

☐ **3.** | Simplifique: $\sqrt{12} \cdot \sqrt{8}$

☐ **4.** | Simplifique: $\sqrt{15} \cdot \sqrt{6}$

☐ **5.** | Simplifique:

$$\sqrt{384} + \sqrt{96} - \sqrt{24}$$

☐ **6.** | Simplifique:

$$\sqrt{4.374} + \sqrt{486} - \sqrt{54}$$

☐ **7.** | Racionalize : $\dfrac{15}{\sqrt{6}}$

☐ **8.** | Racionalize : $\dfrac{10}{\sqrt{15}}$

☐ **9.** | Racionalize : $\dfrac{\sqrt{2}+3}{5\sqrt{2}}$

☐ **10.** | Racionalize : $\dfrac{\sqrt{3}+4}{5\sqrt{3}}$

☐ **11.** | Racionalize : $\dfrac{1}{\sqrt{3}+\sqrt{2}}$

☐ **12.** | Racionalize : $\dfrac{3}{\sqrt{5}-1}$

Transforme as seguintes potências em expressões com raízes, procurando simplificar o resultado (exercícios de 13 a 17).

☐ **13.** | $7^{\frac{1}{3}}$

☐ **14.** | $4^{\frac{2}{3}}$

☐ **15.** | $5^{\frac{3}{4}}$

☐ **16.** | $8^{\frac{3}{2}}$

☐ **17.** | $16^{\frac{5}{6}}$

Transforme as seguintes raízes em expressões com potências, procurando simplificar o resultado (exercícios de 18 a 23).

☐ **18.** | $\sqrt[3]{4^5}$

☐ **19.** | $\sqrt[5]{4^3}$

☐ **20.** | $\sqrt[4]{5^6}$

☐ **21.** | $\sqrt{x^7}$

☐ **22.** | $\sqrt{x^{\frac{2}{3}}}$

☐ **23.** | $\sqrt[3]{x^{\frac{3}{2}}}$

Simplifique as expressões seguintes, dando a resposta em forma de raízes (suponha $x$ positivo) ( exercícios de 24 a 31).

**24.** $\sqrt[4]{x^6}$

**25.** $\sqrt[6]{x^2}$

**26.** $\sqrt[3]{x}\cdot\sqrt{x}$

**27.** $\sqrt[4]{x^3}\cdot\sqrt[3]{x}$

**28.** $\sqrt{x}\cdot\sqrt[3]{x^2}$

**29.** $\dfrac{\sqrt{x^3}}{\sqrt[3]{x^2}}$

**30.** $\dfrac{\sqrt{x^5}}{\sqrt[3]{x}}$

**31.** $\sqrt[5]{x^{\frac{10}{3}}}$

## 7 • FATORAÇÃO

### Método 1: colocar em evidência o fator comum

- **Exemplo 1**

Para fatorar $ma^2 - mb^2 + mab$, notamos primeiro que $m$ é fator comum aos três termos. Se $m$ for colocado em evidência e os três termos forem divididos por $m$, obteremos o resultado $ma^2 - mb^2 + mab = m\left(a^2 - b^2 + ab\right)$, que é a forma fatorada.

- **Exemplo 2**

Há casos em que o fator comum é uma expressão com a forma de uma soma. Por exemplo, na expressão $a(x+y)-b(x+y)$, a soma $(x+y)$ é fator comum a ambos os termos e pode ser colocada em evidência, do que resulta: $a(x+y)-b(x+y)=(x+y)(a-b)$.

- **Exemplo 3**

Para fatorar a expressão $ax+ay+bx+by+cx+cy$, fazemos primeiro o agrupamento dos termos:

$$\underbrace{ax+ay}+\underbrace{bx+by}+\underbrace{cx+cy}=a(x+y)+b(x+y)+c(x+y)=(x+y)(a+b+c).$$

## Método 2: produtos notáveis

*1º) Produto da soma pela diferença*

$$a^2 - b^2 = (a+b)(a-b)$$

- **Exemplo 4**

Nas fatorações a seguir usamos o método mostrado acima.

$$p^2 - 4q^2 = (p+2q)(p-2q)$$

$$m^2n^2 - 9 = (mn+3)(mn-3)$$

$$25 - a^2b^4 = (5+ab^2)(5-ab^2)$$

$$\frac{a^2}{25} - \frac{b^2}{4} = \left(\frac{a}{5} + \frac{b}{2}\right)\left(\frac{a}{5} - \frac{b}{2}\right)$$

$$a^4 - 16 = (a^2+4)(a^2-4) = (a^2+4)(a+2)(a-2)$$

*2º) Quadrados perfeitos*

$$a^2 + 2ab + b^2 = (a+b)^2$$
$$a^2 - 2ab + b^2 = (a-b)^2$$

- **Exemplo 5**

$$p^2 + 4pq + 4q^2 = (p+2q)^2$$

$$m^2n^2 + 6mn + 9 = (mn+3)^2$$

$$25 - 10ab^2 + a^2b^4 = (5+ab^2)^2$$

$$a^4 - 8a^2 + 16 = (a^2-4)^2 = (a+2)^2(a-2)^2$$

*3º. Trinômios do segundo grau*

$$ax^2+bx+c=a(x-x_1)(x-x_2)$$

- **Exemplo 6**

1) Para o trinômio $2x^2-22x+56$, temos $x_1=4$ e $x_2=7$, logo:

$$2x^2-22x+56=2(x-4)(x-7).$$

2) Do mesmo modo, para o trinômio $x^2-5x-24$, temos $x_1=-3$ e $x_2=8$, logo:

$$x^2-5x-24=(x+3)(x-8).$$

3) As raízes do trinômio $6x^2-5x+2$ são $x_1=\frac{1}{2}$ e $x_2=\frac{2}{3}$, logo:

$$6x^2-5x+2=6\left(x-\frac{1}{2}\right)\left(x-\frac{2}{3}\right)=6\left(\frac{2x-1}{2}\right)\left(\frac{3x-2}{3}\right)=(2x-1)(3x-2).$$

## Aplicando fatoração para simplificar expressões

- **Exemplo 7**

$$\frac{x^3-25x}{x^3-10x^2+25x}=\frac{x(x^2-25)}{x(x^2-10x+25)}=\frac{x(x+5)(x-5)}{x(x-5)^2}=\frac{x+5}{x-5}$$

# EXERCÍCIOS DE FIXAÇÃO

## Fator comum

**1.** | Fatore : $3a+3b$

**2.** | Fatore : $6x-3y$

**3.** | Fatore : $2ax+3ay$

4. | Fatore : $2x^3 - 4x^2 + 6x$

5. | Fatore : $5x^4 + 10x^3 + 15x^2$

6. | Fatore : $40m^2n - 25mn^2 - 30mn$

7. | Fatore : $x(a+3) - y(a+3)$

8. | Fatore : $p(a^2+b^2) + q(a^2+b^2) - r(a^2+b^2)$

9. | Fatore : $(a-b)^3 + (a-b)^2$

## Produtos notáveis

*1º) Produto da soma pela diferença*

$$a^2 - b^2 = (a+b)(a-b)$$

*2º) Quadrados perfeitos*

$$a^2 + 2ab + b^2 = (a+b)^2$$
$$a^2 - 2ab + b^2 = (a-b)^2$$

*3º) Trinômios do segundo grau*

$$ax^2 + bx + c = a(x - x_1)(x - x_2)$$

*4º) Produtos notáveis envolvendo somas ou diferenças de cubos*

$$a^3 + b^3 = (a+b)(a^2 - ab + b^2)$$
$$a^3 - b^3 = (a-b)(a^2 + ab + b^2)$$

**10.** | Desenvolva: $(x+5)(x-5)$

**11.** | Desenvolva: $(3x+2)(3x-2)$

**12.** | Desenvolva: $(x^3+y^2)(x^3-y^2)$

**13.** | Desenvolva: $(3x-5)(5+3x)$

**14.** | Desenvolva: $\left(\frac{x}{3}+\frac{1}{4}\right)\left(\frac{x}{3}-\frac{1}{4}\right)$

**15.** | Desenvolva: $(x+y)(x-y)(x^2+y^2)$

**16.** | Desenvolva: $(x+3)^2$

**17.** | Desenvolva: $\left(2x+\frac{1}{2}\right)^2$

**18.** | Desenvolva: $(2x-5)^2$

**19.** | Desenvolva: $\left(\frac{x}{2}-\frac{1}{3}\right)^2$

## Fatoração usando produtos notáveis

**20.** | Fatore: $x^2-9$

**21.** | Fatore: $9x^2-16$

**22.** | Fatore: $\frac{x^2}{4}-\frac{y^2}{9}$

**23.** | Fatore: $1-25x^4$

**24.** | Fatore: $x^2+2x+1$

**25.** | Fatore: $x^2-6x+9$

**26.** | Fatore: $9x^2-6x+1$

**27.** | Simplifique: $\frac{x^2-3x}{x^2-9}$

**28.** | Simplifique: $\frac{(a+b)^2-4ab}{a^2-b^2}$

**29.** | Simplifique:

$$\frac{x^2+4x+4}{(x^2-4)+(x+2)^2}$$

## Trinômio do segundo grau

**30.** | Fatore: $x^2 - 5x + 6$

**31.** | Fatore: $3x^2 - 10x + 3$

**32.** | Fatore: $x^2 + 3x + 2$

**33.** | Simplifique: $\dfrac{x^2 + 5x + 6}{x^2 - 4}$

**34.** | Simplifique: $\dfrac{x^2 + 11x + 30}{x^2 - 25}$

## Soma e diferença de cubos

**35.** | Fatore: $x^3 + 1$

**36.** | Fatore: $x^3 - 8$

**37.** | Fatore: $x^5 - x^3 + x^2 - 1$

**38.** | Fatore: $27x^3 - 8y^3$

**39.** | Simplifique:

$$\frac{x^3 + a^3}{x^2 - a^2} \cdot \frac{x - a}{(x + a)^2}$$

**40.** | Simplifique: $\dfrac{x^3 - 4x^2 + 4x}{x^3 - 8}$

# 8 • LOGARITMOS

Definição de logaritmo

Se $a > 0,\ a \neq 1\ e\ b > 0$, então

$$x = \log_a b \iff a^x = b$$

Tem-se:

$$\log_a 1 = 0$$

$$\log_a a = 1$$

$$\log_a a^n = n$$

e, ainda:

**logaritmo decimal**

$$\log b = \log_{10} b$$

**logaritmo natural ou neperiano**

$$\ln b = \log_e b$$

(em que $e \cong 2{,}7182818$).

**Propriedades dos logaritmos**

1) $\log_a(bc) = \log_a b + \log_a c$

2) $\log_a \dfrac{b}{c} = \log_a b - \log_a c$

3) $\log_a b^\alpha = \alpha \cdot \log_a b$

$$\log_{a^\beta} b = \frac{1}{\beta} \log_a b$$

**Logaritmos de bases diferentes**

1) $\log_a b = \dfrac{\log_c b}{\log_c a}$

2) $\log_c a \cdot \log_a b = \log_c b$

3) $\log_a b = \dfrac{1}{\log_b a}$

- **Exemplo 1**

O valor do logaritmo $\log_{\sqrt{27}} \sqrt[3]{9}$ pode ser calculado, fazendo-se, sucessivamente:

$$\log_{\sqrt{27}} \sqrt[3]{9} = x \Leftrightarrow \left(\sqrt{27}\right)^x = \sqrt[3]{9} \Leftrightarrow \left(\sqrt{3^3}\right)^x = \sqrt[3]{3^2} \Leftrightarrow$$

$$\Leftrightarrow \left(3^{\frac{3}{2}}\right)^x = 3^{\frac{2}{3}} \Leftrightarrow 3^{\frac{3x}{2}} = 3^{\frac{2}{3}} \Leftrightarrow \frac{3x}{2} = \frac{2}{3} \Leftrightarrow x = \frac{4}{9}.$$

Assim, $\log_{\sqrt{27}} \sqrt[3]{9} = \frac{4}{9}$.

- **Exemplo 2**

A expressão $\log\left(a\sqrt[3]{b^4}\right)$ pode ser desenvolvida do seguinte modo:

$$\log\left(a\sqrt[3]{b^4}\right) = \log a + \log \sqrt[3]{b^4} = \log a + \log (b^{\frac{4}{3}}) = \log a + \frac{4}{3}\log b \cdot$$

- **Exemplo 3**

Para representar $\log_3 7$, por meio de logaritmos de base 11, escrevemos $\log_3 7 = \dfrac{\log_{11} 7}{\log_{11} 3}$.

Se desejarmos trabalhar com a base 10, devemos escrever $\log_3 7 = \dfrac{\log_{10} 7}{\log_{10} 3}$, ou, simplesmente, $\log_3 7 = \dfrac{\log 7}{\log 3}$.

Com uma calculadora, podemos determinar que $\log 7 = 0{,}845$ e $\log 3 = 0{,}477$. Pela relação anterior, temos que $\log_3 7 = \dfrac{0{,}845}{0{,}477} = 1{,}771$.

Podemos também escrever $\log_3 7$, utilizando logaritmos de base $e$, ou seja, $\log_3 7 = \dfrac{\log_e 7}{\log_e 3}$, ou, simplesmente, $\log_3 7 = \dfrac{\ln 7}{\ln 3}$.

Como as calculadoras fornecem os valores $\ln 7 = 1,946$ e $\ln 3 = 1,099$, temos:

$$\log_3 7 = \frac{1,946}{1,099} = 1,771.$$

Esse exemplo mostra como podemos calcular o logaritmo de um número em uma base, conhecendo logaritmos em outra base (em geral na base 10 ou na base *e*, que são encontradas em calculadoras científicas ou financeiras).

## EXERCÍCIOS DE FIXAÇÃO

☐ **1.** | Resolva a equação: $125^x = 25$

☐ **2.** | Resolva a equação: $4^x = 8$

☐ **3.** | Resolva a equação: $9^x = \frac{1}{27}$

☐ **4.** | Resolva a equação: $\left(\frac{1}{64}\right)^x = 16$

☐ **5.** | Resolva a equação: $\left(\frac{1}{\sqrt{27}}\right)^x = \frac{1}{81}$

☐ **6.** | Calcule: $\log_{32} 8$

☐ **7.** | Calcule: $\log_{25} \sqrt{5}$

☐ **8.** | Calcule: $\log_{\frac{1}{\sqrt{27}}} 9$

☐ **9.** | Calcule: $\log 1.000$

☐ **10.** | Calcule: $\log \sqrt{10}$

☐ **11.** | Calcule: $\ln e^{\frac{2}{3}}$

☐ **12.** | Determine $x$: $\log_3 x = 2$

☐ **13.** | Determine $x$: $\log_{\frac{1}{3}} x = -4$

☐ **14.** | Determine $x$: $\log x = -3$

☐ **15.** | Determine $x$: $\ln x = 3$

☐ **16.** | Determine $x$: $\ln x = -2$

**17.** | Resolva a equação: $\log x = 3\log 2 - 5\log 3 + \frac{1}{2}\log 5$

**18.** | Resolva a equação: $\ln x = 2 + \frac{1}{2}\ln 4 - 3\ln 3 + \ln 2$

**19.** | Resolva a equação: $3\log_2 x = 5\log_2 x + 3$

**20.** | Resolva a equação: $3\log_5 x = 5 + 2\log_5 x$

**21.** | Resolva a equação: $\log_2^2 x - 6\log_2 x + 8 = 0$

**22.** | Resolva a equação: $6\log^2 x - \log x - 2 = 0$

**23.** | Calcule os logaritmos indicados, sendo: $\log 2 = 0,301$, $\log 3 = 0,477$ e $\log 7 = 0,845$. (Note que $5 = \frac{10}{2}$ e, por isso, $\log 5 = \log\left(\frac{10}{2}\right) =$ $= \log 10 - \log 2$).

a) $\log_7 3$ b) $\log_{27} 7$ c) $\log_5 9$ d) $\log_{\sqrt{8}} 5$

**24.** | Dados $\log 2 = 0,301$ e $\log 3 = 0,477$, calcule:

a) $\log_{72} 18$ b) $\log_{12} 108$

## RESPOSTAS DOS EXERCÍCIOS DE FIXAÇÃO

*1 • Porcentagem*

**1.** | a) 60% b) 125% c) 4% d) 0,3%

**2.** | a) $\frac{3}{10} = 0,3$ b) $\frac{1}{100} = 0,01$ c) $\frac{1}{2} = 0,5$

d) $\frac{7}{1.000} = 0,007$ e) $\frac{513}{100} = 5,13$

**3.** | 8%

**4.** | a) 4.296 d) 329,6
b) 78 e) 500
c) 3,87

**5.** | 122,22% (aprox.)

**6.** | a) aumento de 21%
b) desconto de 19%
c) desconto de 2,25%

**7.** | a

**8.** | d

**9.** | R$ 78,03

**10.** | R$ 1.716,00

**11.** | 58%

**12.** | a) F d) V
b) F e) V
c) F

**13.** | 73,2%

*Exercícios de aplicação: juros simples*

**14.** | 2.898

**15.** | 9

**16.** | 4%

**17.** | R$ 6.660,00

**18.** | R$ 585,48

**19.** | R$ 1.792,00

**20.** | R$ 17.318,16

**21.** | R$ 25.344,00

**22.** | 50 meses

**23.** | R$ 4.160,00

*2 • Equações do Primeiro Grau*

**1.** | 8

**2.** | $\frac{25}{4}$

**3.** | $-\frac{2}{3}$

**4.** | 3

**5.** | $\frac{21}{4}$

**6.** | 11

**7.** | 2

**8.** | –2

**9.** | $\frac{10}{9}$

**10.** | 1

**11.** | $\frac{2}{5}$

**12.** | 2

**13.** | $\frac{25}{7}$

**14.** | 8

**15.** | $x = y - 1;\ y = x + 1$

☐ **16.** | $x=\dfrac{5a+1}{4}$; $a=\dfrac{4x-1}{5}$

☐ **17.** | $p=\dfrac{q}{12}$; $q=12p$

☐ **18.** | $x=\dfrac{15-34a}{6}$; $a=\dfrac{15-6x}{34}$

☐ **19.** | $a=\dfrac{bc}{d}, (d\neq 0)$; $b=\dfrac{ad}{c}, (c\neq 0)$; $c=\dfrac{ad}{b}, (b\neq 0)$; $d=\dfrac{bc}{a}, (a\neq 0)$

☐ **20.** | $a=\dfrac{2bc-bd}{2c-7d}, (2c-7d\neq 0)$; $b=\dfrac{7ad-2ac}{d-2c}, (d-2c\neq 0)$;

$c=\dfrac{7ad-bd}{2a-2b}, (2a-2b\neq 0)$; $d=\dfrac{2bc-2ac}{b-7a}, (b-7a\neq 0)$

*5 • Sistemas de Duas Equações do Primeiro Grau a Duas Incógnitas*

☐ **1.** | $(3;2)$

☐ **2.** | $\left(\dfrac{38}{13};-\dfrac{5}{13}\right)$

☐ **3.** | $(2;1)$

☐ **4.** | $(1;3)$

☐ **5.** | $\left(\dfrac{1}{3};\dfrac{1}{4}\right)$

☐ **6.** | $(6;9)$

☐ **7.** | $(20;10)$

☐ **8.** | $(14;1)$

*Exercícios de aplicação*

☐ **9.** | 21 e 17

☐ **10.** | 80 m e 75 m

☐ **11.** | 171 litros e 122 litros

☐ **12.** | 144 homens, 48 mulheres e 24 aprendizes

☐ **13.** | 9,8 km

☐ **14.** | 162 m

☐ **15.** | 55 e 25

☐ **16.** | 28 km e 16 km

☐ **17.** | O carro vale R$ 10.000,00, o apartamento vale R$ 90.000,00 e a dívida é de R$ 50.000,00.

☐ **18.** | R$ 2.000,00, R$ 8.000,00 e R$ 32.000,00

## 4 • *Equações do Segundo Grau*

- [ ] **1.** | $\{1;4\}$
- [ ] **2.** | $\{7 \pm 3\sqrt{5}\}$
- [ ] **3.** | $\{-3;-4\}$
- [ ] **4.** | $\{-3;6\}$
- [ ] **5.** | $\{-1 \pm \sqrt{13}\}$
- [ ] **6.** | $\left\{3;-\frac{8}{3}\right\}$
- [ ] **7.** | $\left\{\frac{3}{2};-\frac{5}{6}\right\}$
- [ ] **8.** | $\left\{5;-\frac{13}{3}\right\}$
- [ ] **9.** | $\{-3; 3\}$
- [ ] **10.** | $\{-5; 5\}$
- [ ] **14.** | $\{-2\sqrt{3}; 2\sqrt{3}\}$
- [ ] **12.** | $\varnothing$
- [ ] **13.** | $\{0; 5\}$
- [ ] **14.** | $\left\{0; -\frac{3}{2}\right\}$
- [ ] **15.** | $\{5;-5\}$
- [ ] **16.** | $\left\{7;-\frac{13}{3}\right\}$

## 5 • *Potências*

- [ ] **1.** | a) 64 b) $\frac{1}{16}$ c) 0,000001 d) 1 e) 1 f) 0 g) 1,4641 h) $\frac{343}{8}$ i) 1.259
- [ ] **2.** | 69
- [ ] **3.** | $\frac{338}{5} = 67,6$
- [ ] **4.** | $\frac{1}{64}$
- [ ] **5.** | a) $\frac{1}{9}$ b) $\frac{1}{256}$ c) $\frac{1}{12}$ d) $\frac{1}{512}$ e) $-125$ f) 1 g) $-1$ h) $\frac{1}{81}$
- [ ] **6.** | $\frac{1}{729}$
- [ ] **7.** | $-5$
- [ ] **8.** | $3^{18}$

## 6 • *Raízes*

- [ ] **1.** | 2
- [ ] **2.** | 3
- [ ] **3.** | $4\sqrt{6}$
- [ ] **4.** | $3\sqrt{10}$

5. | $10\sqrt{6}$

6. | $33\sqrt{6}$

7. | $\frac{5\sqrt{6}}{2}$

8. | $\frac{2\sqrt{15}}{3}$

9. | $\frac{(\sqrt{2}+3)\sqrt{2}}{10}=\frac{2+3\sqrt{2}}{10}$

10. | $\frac{(\sqrt{3}+4)\sqrt{3}}{15}=\frac{3+4\sqrt{3}}{15}$

11. | $\sqrt{3}-\sqrt{2}$

12. | $\frac{3(\sqrt{5}+1)}{4}$

13. | $\sqrt[3]{7}$

14. | $\sqrt[3]{4^2}=\sqrt[3]{16}=2\sqrt[3]{2}$

15. | $\sqrt[4]{5^3}$

16. | $\sqrt{8^3}=16\sqrt{2}$

17. | $\sqrt[6]{16^5}=\sqrt[6]{\left(2^4\right)^5}=\sqrt[6]{2^{20}}=\sqrt[3]{2^{10}}$

18. | $4^{\frac{5}{3}}$

19. | $4^{\frac{3}{5}}$

20. | $5^{\frac{6}{4}}=5^{\frac{3}{2}}$

21. | $x^{\frac{7}{2}}$

22. | $x^{\frac{\left(\frac{2}{3}\right)}{2}}=x^{\frac{2}{6}}=x^{\frac{1}{3}}$

23. | $x^{\frac{\left(\frac{3}{2}\right)}{3}}=x^{\frac{3}{6}}=x^{\frac{1}{2}}$

24. | $\sqrt[4]{x^6}=x^{\frac{6}{4}}=x^{\frac{3}{2}}=\sqrt{x^3}=\sqrt{x^2\cdot x}=x\sqrt{x}$

25. | $\sqrt[6]{x^2}=x^{\frac{2}{6}}=x^{\frac{1}{3}}=\sqrt[3]{x}$

26. | $\sqrt[3]{x}\cdot\sqrt{x}=x^{\frac{1}{3}}\cdot x^{\frac{1}{2}}=x^{\frac{1}{3}+\frac{1}{2}}=x^{\frac{5}{6}}=\sqrt[6]{x^5}$

27. | $\sqrt[4]{x^3}\cdot\sqrt[3]{x}=x^{\frac{3}{4}}\cdot x^{\frac{1}{3}}=x^{\frac{3}{4}+\frac{1}{3}}=x^{\frac{13}{12}}=\sqrt[12]{x^{13}}=\sqrt[12]{x^{12}\cdot x}=x\cdot\sqrt[12]{x}$

28. | $\sqrt{x}\cdot\sqrt[3]{x^2}=x^{\frac{1}{2}}\cdot x^{\frac{2}{3}}=x^{\frac{1}{2}+\frac{2}{3}}=x^{\frac{7}{6}}=\sqrt[6]{x^7}=\sqrt[6]{x^6\cdot x}=x\cdot\sqrt[6]{x}$

29. | $\dfrac{\sqrt{x^3}}{\sqrt[3]{x^2}} = \dfrac{x^{\frac{3}{2}}}{x^{\frac{2}{3}}} = x^{\frac{3}{2}-\frac{2}{3}} = x^{\frac{5}{6}} = \sqrt[6]{x^5}$

30. | $\dfrac{\sqrt{x^5}}{\sqrt[3]{x}} = \dfrac{x^{\frac{5}{2}}}{x^{\frac{1}{3}}} = x^{\frac{5}{2}-\frac{1}{3}} = x^{\frac{13}{6}} = \sqrt[6]{x^{13}} = \sqrt[6]{x^{12} \cdot x} = x^2 \cdot \sqrt[6]{x}$

31. | $\sqrt[5]{x^{\frac{10}{3}}} = x^{\frac{\left(\frac{10}{3}\right)}{5}} = x^{\frac{10}{15}} = x^{\frac{2}{3}} = \sqrt[3]{x^2}$

*7 • Fatoração*

*Fator comum*

1. | $3(a+b)$

2. | $3(2x-y)$

3. | $a(2x+3y)$

4. | $2x(x^2-2x+3)$

5. | $5x^2(x^2+2x+3)$

6. | $5mn(8m-5n-6)$

7. | $(a+3)(x-y)$

8. | $(a^2+b^2)(p+q-r)$

9. | $(a-b)^2(a-b+1)$

*Produtos notáveis*

10. | $x^2-25$

11. | $9x^2-4$

12. | $x^6-y^4$

13. | $9x^2-25$

14. | $\dfrac{x^2}{9}-\dfrac{1}{16}$

15. | $x^4-y^4$

16. | $x^2+6x+9$

17. | $4x^2+2x+\dfrac{1}{4}$

18. | $4x^2-20x+25$

19. | $\dfrac{x^2}{4}-\dfrac{x}{3}+\dfrac{1}{9}$

*Fatoração usando produtos notáveis*

20. | $(x+3)(x-3)$

21. | $(3x+4)(3x-4)$

22. | $\left(\dfrac{x}{2}+\dfrac{y}{3}\right)\left(\dfrac{x}{2}-\dfrac{y}{3}\right)$

☐ **23.** $\left(1+5x^2\right)\left(1-5x^2\right)=\left(1+5x^2\right)\left(1+\sqrt{5}\cdot x\right)\left(1-\sqrt{5}\cdot x\right)$

☐ **24.** $(x+1)^2$

☐ **25.** $(x-3)^2$

☐ **26.** $(3x-1)^2$

☐ **27.** $\dfrac{x}{(x+3)}$

☐ **28.** $\dfrac{a-b}{a+b}$

☐ **29.** $\dfrac{x+2}{2x}$

*Trinômio do segundo grau*

☐ **30.** $(x-2)(x-3)$

☐ **31.**

$$3(x-3)\left(x-\frac{1}{3}\right)=(x-3)(3x-1)$$

☐ **32.** $(x+1)(x+2)$

☐ **33.** $\dfrac{x+3}{x-2}$

☐ **34.** $\dfrac{x+6}{x-5}$

*Soma e diferença de cubos*

☐ **35.** $(x+1)\left(x^2-x+1\right)$

☐ **36.** $(x-2)\left(x^2+2x+4\right)$

☐ **37.** $(x-1)^2(x+1)\left(x^2+x+1\right)$

☐ **38.** $(3x-2y)\left(9x^2+6xy+4y^2\right)$

☐ **39.** $\dfrac{x^2-ax+a^2}{(x+a)^2}$

☐ **40.** $\dfrac{x(x-2)}{x^2+2x+4}$

*8 • Logaritmos*

☐ **1.** $\dfrac{2}{3}$

☐ **2.** $\dfrac{3}{2}$

☐ **3.** $-\dfrac{3}{2}$

☐ **4.** $-\dfrac{2}{3}$

☐ **5.** $\dfrac{8}{3}$

☐ **6.** $\dfrac{3}{5}$

☐ **7.** $\dfrac{1}{4}$

☐ **8.** $-\dfrac{4}{3}$

☐ **9.** 3

☐ **10.** $\dfrac{1}{2}$

☐ **11.** | $\frac{2}{3}$

☐ **12.** | 9

☐ **13.** | 81

☐ **14.** | $\frac{1}{1.000}$

☐ **15.** | $e^3$

☐ **16.** | $\frac{1}{e^2}$

☐ **17.** | $\frac{8\sqrt{5}}{243}$

☐ **18.** | $\frac{4e^2}{27}$

☐ **19.** | $\frac{\sqrt{2}}{4}$

☐ **20.** | 3.125

☐ **21.** | $\{4; 16\}$

☐ **22.** | $\left\{\sqrt[3]{100}; \frac{\sqrt{10}}{10}\right\}$

☐ **23.** | a) 0,564 c) 1,365

b) 0,590 d) 1,548

☐ **24.** | a) 0,676 b) 1,884

# CAPÍTULO 2
## CONCEITO DE FUNÇÃO

*Neste capítulo, estudaremos os conceitos de variável e função, que constituem os fundamentos da parte da Matemática usualmente chamada Cálculo. Como o objetivo principal das ciências ligadas à Economia é estabelecer e estudar relações entre variáveis econômicas, os conceitos de variável e de função são uma ferramenta indispensável e o ponto de partida natural para o estudo dessas ciências. Alguns conceitos e algumas propriedades das funções serão expostos neste capítulo de modo intuitivo. As definições teóricas e as demonstrações serão apresentadas somente quando forem indispensáveis ao entendimento.*

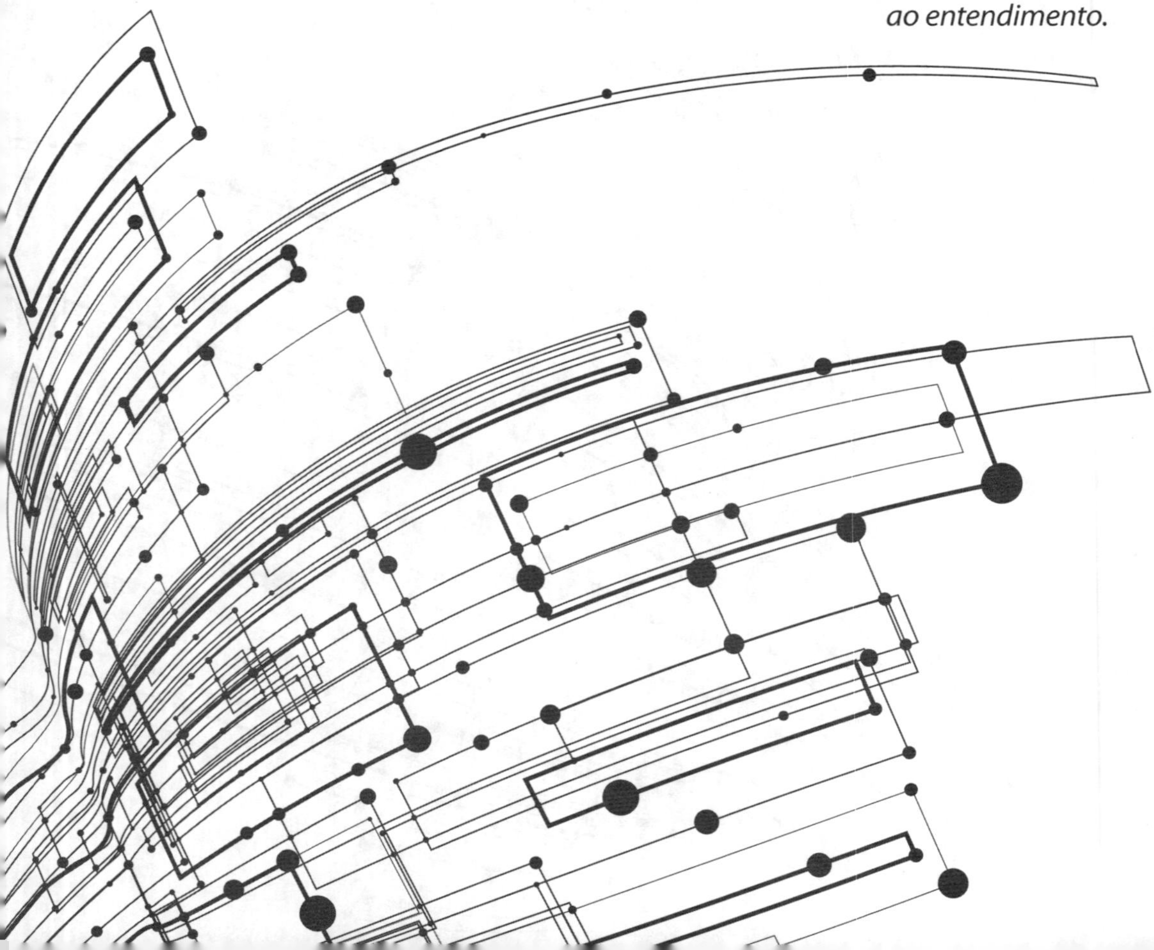

## 1 • VARIÁVEL

**Variável** é um símbolo qualquer que representa elementos de um conjunto.

Os elementos do conjunto $A = \{3, 4, 5, 6\}$ têm várias propriedades em comum. Todos eles são *menores do que* 7, isto é, $3 < 7$, $4 < 7$, $5 < 7$ e $6 < 7$. Em vez de citar essa propriedade para cada elemento, usamos um símbolo (em geral uma letra). Então, se $x$ representa qualquer elemento de $A$, escrevemos $x < 7$ e, desse modo, exprimimos que a propriedade vale para todos os elementos de $A$.

Tabela 1

| Valores de $x$ | Valores de $E$ |
|---|---|
| 3 | 6 |
| 1,27 | 4,27 |
| 12,043 | 15,043 |
| $\sqrt{2}$ | $\sqrt{2}+3$ |
| $\frac{5}{3}$ | $\frac{14}{3}$ |

Se desejarmos dizer que todos os elementos do conjunto $A$ são *maiores do que* 2, basta escrever $x > 2$.

A letra $x$ chama-se *variável* e pode ser substituída por qualquer um dos elementos do conjunto $A$.

Para o conjunto dos números reais, $\mathbb{R}$, se indicarmos qualquer um de seus elementos por $x$, então, a variável $x$ poderá ser substituída por qualquer número real.

Considere a *expressão* $E = x + 3$. A **Tabela 1** mostra como, cada vez que substituímos $x$ por um número real, a expressão adquire um *valor numérico*, que é dado pela *fórmula* $E = x + 3$. Nesse exemplo, a letra $E$ também é uma variável e representa os números reais da segunda coluna. Por meio da fórmula dada, as duas variáveis, $x$ e $E$, estão *relacionadas* entre si, isto é, cada valor de $\boldsymbol{x}$ *corresponde* a um valor de $E$.

## 2 • FUNÇÃO

O uso de variáveis e das relações entre as variáveis é essencial ao estudo de qualquer ciência.

Assim, quando estudamos a demanda de mercado, há uma relação entre a variável $x$, que representa a quantidade procurada de um bem, e a variável $p$, que representa o preço desse bem. Em geral, quanto maior o preço $p$ de um bem, menor é a demanda $x$ que esse bem atinge no mercado. É importante saber *como* as duas variáveis se relacionam.

Da mesma forma, o custo de produção de um bem depende (entre outros fatores) da quantidade de matéria-prima que esse bem absorve. Se $C$ indica o custo de produção e $x$, a quantidade de matéria-prima exigida, interessa-nos saber *como* as duas variáveis se relacionam.

Como é que a variação da cotação do dólar afeta a taxa de juros? Um aumento nos preços internacionais do petróleo influi nos índices de inflação de nosso país? O aumento das exportações de produtos agrícolas provoca um aumento nos preços desses produtos no mercado interno?

Em Matemática, a forma mais apropriada de estudarmos as relações entre variáveis é a *função*. Neste capítulo, veremos o significado do termo e como as funções podem ser usadas para relacionar variáveis.

## 3 • FUNÇÃO REAL DE UMA VARIÁVEL REAL

Consideremos dois conjuntos $A$ e $B$, ambos subconjuntos de $\mathbb{R}$, e também duas variáveis, $x$ e $y$, sendo $x \in A$ e $y \in B$.

> Uma **função** $f$ é uma *regra* que, a cada valor da variável $x$, associa *um único* valor da variável $y$. Dizemos que $f$ é uma função *de A em* B e indicamos $f : A \to B$. O conjunto $A$ é o **domínio** de $f$.

Se o conjunto $B$ não for mencionado, ficará subentendido que esse conjunto é $\mathbb{R}$, isto é, o conjunto dos números reais.

A fórmula $y = x + 3$ representa uma função $f$ que relaciona as variáveis $x$ e $y$. Para cada valor de $x$, pode-se determinar o correspondente valor de $y$, bastando executar os cálculos da fórmula. A **Figura 1** ilustra essa correspondência. Nesse caso, temos $A = \mathbb{R}$ e $B = \mathbb{R}$. Por isso, dizemos que $f$ é uma função *de* $\mathbb{R}$ *em* $\mathbb{R}$ e escrevemos $f : \mathbb{R} \to \mathbb{R}$.

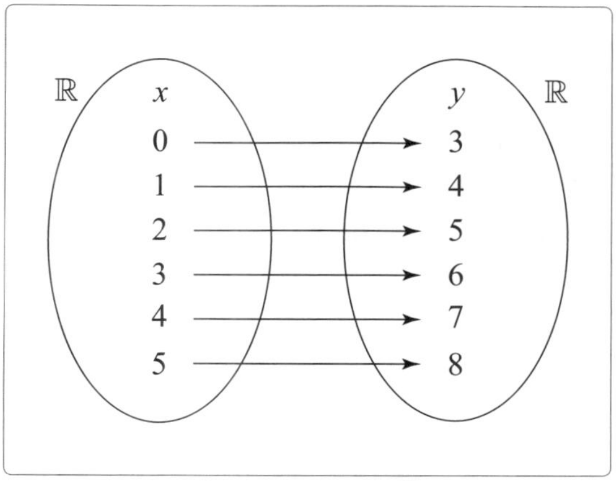


FIGURA 1

## 4 • IMAGEM DE UM ELEMENTO

Na função do exemplo acima, o valor $x=0$ corresponde a $y=3$. Dizemos que 3 é a **imagem** de 0 por meio da função *f* e indicamos $3=f(0)$. Dizemos também que 3 é o *valor numérico* da função *f, para* $x=0$. Temos $4=f(1)$, $5=f(2)$, $6=f(3)$ e assim por diante. Em geral, escreve-se $y=f(x)$. Quando uma função é dada por uma fórmula, como acontece no exemplo, escrevemos, indiferentemente, $y=x+3$ ou $f(x)=x+3$.

## 5 • VARIÁVEL INDEPENDENTE E VARIÁVEL DEPENDENTE

Dada uma função $f: A \to B$, na qual $y=f(x)$, a variável *x* chama-se **variável independente** e a variável y chama-se **variável dependente**.

É costume dizer que "*y* depende de *x*", ou, ainda, que "*y* é função de *x*".

## 6 • IMAGEM ÚNICA

Pela definição de função, é essencial que a imagem *y* seja única para cada valor de *x* no domínio. A fórmula $y^2=x$ também define uma relação entre *x* e *y*, mas não é considerada uma função $f: \mathbb{R} \to \mathbb{R}$, porque há valores de $x \in \mathbb{R}$ que *não possuem imagem* e também outros que *possuem mais de uma imagem*.

Por exemplo, na **Figura 2**, para $x = -4$, a equação $y^2 = -4$ não tem solução em $\mathbb{R}$, ou seja, não existe $f(-4)$. Por outro lado, para $x = 4$, a equação $y^2 = 4$ apresenta *duas* soluções em $\mathbb{R}$, que são $y = 2$ e $y = -2$, ou seja, $f(4) = 2$ e também $f(4) = -2$. Neste estudo, só consideraremos como funções as fórmulas que atribuam imagem única a cada valor de *x*.

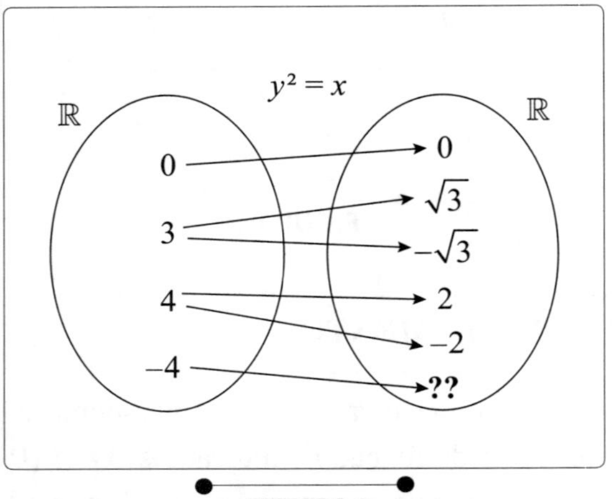


**FIGURA 2**

A mesma fórmula $y^2 = x$ pode definir uma função se restringirmos o domínio e o contradomínio. Usando $A = \mathbb{R}_+$ e utilizando o contradomínio $\mathbb{R}_+$, teremos apenas $f(4) = 2$, e o caso $f(-4)$ deixa de existir (lembre-se de que $\mathbb{R}_+$ indica o conjunto dos números reais *não negativos*). Portanto, a fórmula $y^2 = x$ passa a definir uma função $f : \mathbb{R}_+ \to \mathbb{R}_+$ e pode ser escrita também $y = \sqrt{x}$. Veja a **Figura 3**.

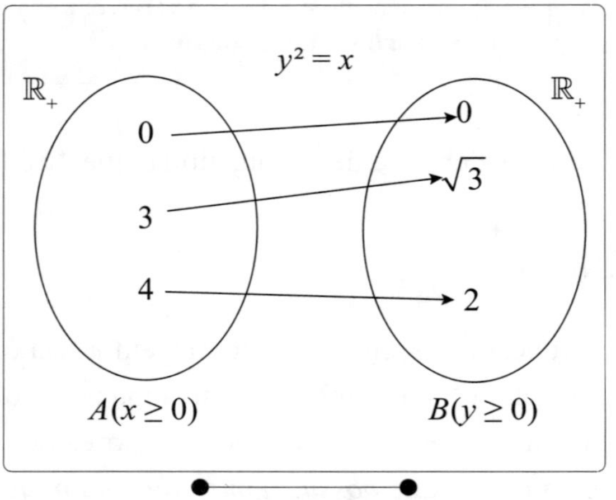


**FIGURA 3**

## 7 • ELEMENTOS COM IMAGENS IGUAIS

Não há problema se ocorre o contrário, isto é, se dois valores diferentes de $x$ apresentam a mesma imagem $y$. Por exemplo, a fórmula $y = x^2$ define uma função $f : \mathbb{R} \to \mathbb{R}$, para a qual $f(3) = 9$ e $f(-3) = 9$. Aos valores $x = 3$ e $x = -3$ corresponde uma mesma imagem $y = 9$, mas isso não invalida a função, porque tanto 3 como –3 possuem *imagem única*, que é 9.

## 8 • DOMÍNIO

A função *f*, dada pela fórmula $y = \frac{1}{x}$, apresenta uma particularidade. Ao valor $x = 0$ não corresponde nenhuma imagem, pois a divisão por zero não é possível. Assim, os *valores possíveis* de $x$ nessa função são tais que $x \neq 0$, isto é, a variável $x$ representa os elementos do conjunto $\mathbb{R}^*$ (o símbolo $\mathbb{R}^*$ indica o conjunto dos números reais *diferentes de zero*). O domínio de *f* é $\mathbb{R}^*$, isto é, $f : \mathbb{R}^* \to \mathbb{R}$.

> Se uma função é dada por uma fórmula, relacionando variáveis reais, sem que haja referência ao seu domínio, consideraremos que o domínio é o mais amplo subconjunto de $\mathbb{R}$, no qual as operações indicadas pela fórmula são possíveis.

Na função *f*, dada por $y = \frac{1}{x}$, o domínio é $\mathbb{R}^*$.

As fórmulas $y = x + 3$ e $y = x^2$, que vimos anteriormente, definem funções de $\mathbb{R}$ em $\mathbb{R}$, portanto o domínio dessas funções é $\mathbb{R}$.

- **Exemplos**

A função *f*, dada por $y = f(x) = \frac{1}{x^2 - 4}$, só tem significado para $x \neq \pm 2$; logo, o seu domínio é $A = \mathbb{R} - \{-2; 2\} = \{x \in \mathbb{R} \mid x \neq -2 \ e \ x \neq 2\}$ e então $f : A \to \mathbb{R}$.

A função *g*, dada por $y = g(x) = \sqrt{x}$, só tem significado real para $x \geq 0$ e, assim, seu domínio é $A = \{x \in \mathbb{R} \mid x \geq 0\} = \mathbb{R}_+$ e temos $f : A \to \mathbb{R}$, isto é, $f : \mathbb{R}_+ \to \mathbb{R}$.

Nessas funções, o domínio é restrito porque as fórmulas que as definem envolvem operações que não podem ser efetuadas em todo o conjunto real.

## 9 • DOMÍNIO RESTRITO PELO SIGNIFICADO DAS VARIÁVEIS

Uma função teria seu domínio restrito a um subconjunto (não vazio) de $\mathbb{R}$, com $A \neq \mathbb{R}$, por duas razões possíveis: pela *natureza da fórmula* (como nos exemplos anteriores) ou pelo *significado prático da variável.*

- **Exemplo**

Se uma montadora vende carros a R$ 50.000,00 cada, então, a receita $R$ é uma função da quantidade $x$ de carros vendidos, que se escreve na forma $R = f(x) = 50.000x$. É claro que os valores de $x$ nessa função só podem ser números inteiros não negativos, pois $x$ representa o número de carros. Assim, o domínio da função é o conjunto $\mathbb{N}$. Temos $f : \mathbb{N} \to \mathbb{R}$.

O domínio da função, nesse exemplo, é restrito devido ao significado prático da variável.

## 10 • CONJUNTO IMAGEM

Veja o exemplo da **Figura 4**.

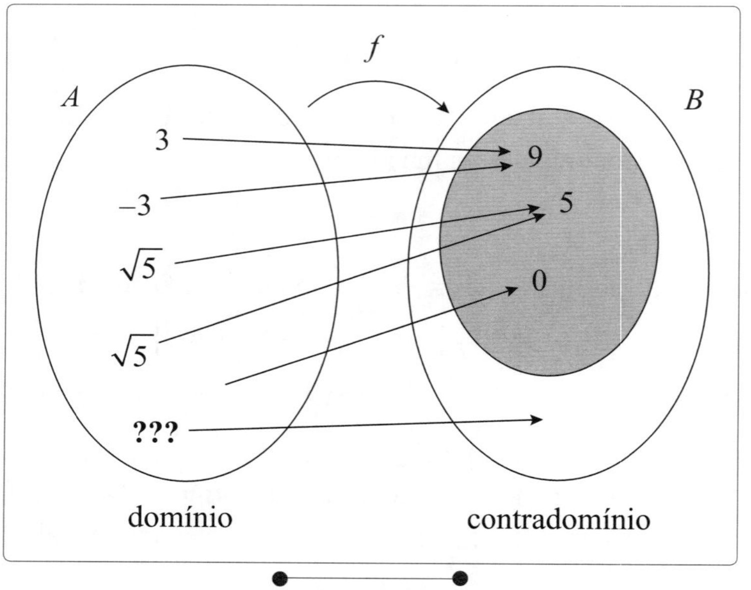


**FIGURA 4**

Para a função $f$ dada por $y = x^2$, temos que $f(3) = 9$ e $f(-3) = 9$, ou seja, 3 e –3 têm a mesma imagem 9. Também, dado o valor $y = 5$, a equação $x^2 = 5$ nos fornece $x = \sqrt{5}$ e $x = -\sqrt{5}$, isto é, $f(\sqrt{5}) = 5$ e $f(-\sqrt{5}) = 5$.

Para $y = 0$, temos $x^2 = 0$ e, assim, $x = 0$, isto é, $f(0) = 0$. O valor $y = 0$ é o único que é imagem de um só valor de $x$.

Se tomarmos, entretanto, $y = -4$, a equação $x^2 = -4$ não irá fornecer nenhum valor real para $x$.

Concluímos, neste ponto, que os valores de $y$ que podem ser imagens de algum valor de $x$ são tais que $y \geq 0$. Em outras palavras, para a função $y = x^2$, o conjunto dos **valores possíveis** de $y$ é $I_f = \{y \in \mathbb{R} \mid y \geq 0\} = \mathbb{R}_+$. Esse conjunto chama-se **conjunto imagem** da função $f$.

Dada uma função $f : A \to B$, chama-se conjunto imagem o conjunto $I_f \subset B$ formado pelos valores possíveis da variável dependente $y$.

Os diagramas de Venn da **Figura 5** ilustram os conceitos vistos acima.

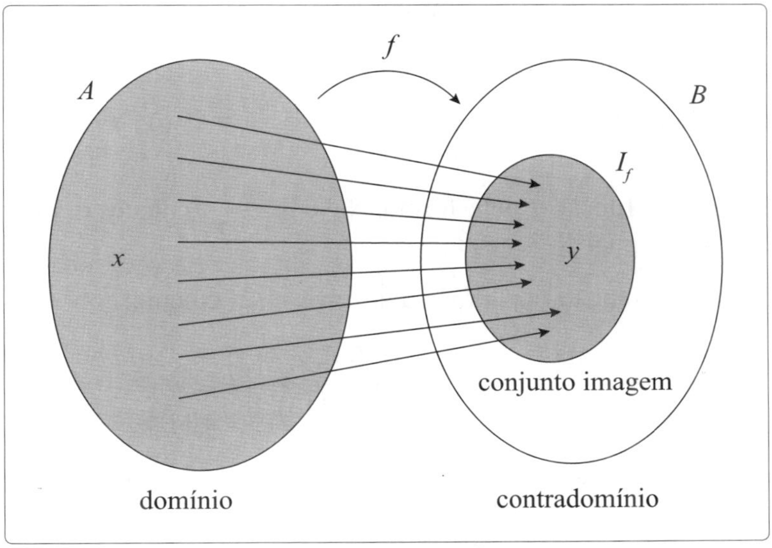


**FIGURA 5**

## RESUMINDO

Dada uma função $f : A \to B$, tal que $y = f(x)$, sendo $A \subset \mathbb{R}$:

1) o conjunto dos valores possíveis de $x$ chama-se **domínio** de $f$ e tem-se $D_f = A$;
2) o conjunto dos valores possíveis de $y$ chama-se **conjunto imagem** de $f$ e tem-se $I_f \subset B$;
3) se uma função é dada por uma fórmula, sem referência ao seu domínio, fica subentendido que o **domínio** é o mais amplo subconjunto de $\mathbb{R}$ para o qual a fórmula tem significado.

## EXERCÍCIOS DE FIXAÇÃO

**1.** | Dada uma função $f$ pela fórmula $y = 3x - 4$, calcule:

a) $f(4)$ b) $f(-3)$ c) $f\left(\frac{3}{5}\right)$

d) $f(h)$ e) $f(h-3)$ f) $f(x+h)$

**2.** | Dada uma função $f$ pela fórmula $y = 2x - 7$, calcule o valor de $x$ para o qual:

a) $f(x) = 3$ b) $f(x) = -5$ c) $f(x) = \frac{1}{3}$

**3.** | Dada uma função $f$ pela fórmula $y = 3x - \frac{1}{2}$, calcule o valor de $x$ cuja imagem é igual a –3.

**4.** | Dada uma função $f$ pela fórmula $y = 3x + 2$, calcule:

a) $\frac{f(3) - f(5)}{f(2)}$ b) $\frac{3f(1) - 4f(2)}{2f(3)}$

**5.** | Dada uma função $f$ pela fórmula $y = x^2 - 3x + 2$, calcule:

a) $f(1)$ b) $f(0)$ c) $f(-3)$

d) $f\left(\frac{1}{4}\right)$ e) $f(2+h)$ f) $f(x+1)$

**6.** | Dada uma função $f$ pela fórmula $y = x^2 - x - 6$, calcule os valores de $x$ para os quais:

a) $f(x) = 14$  b) $f(x) = 0$  c) $f(x) = -4$  d) $f(x) = -6$

**7.** | Dada uma função f pela fórmula $y = x^2 - 2x + 3$, calcule:

a) $\dfrac{f(x+3) - f(x)}{3}$  b) $\dfrac{f(x+h) - f(x)}{h}$

**8.** | Dada uma função $f$ pela fórmula $y = ax - 7$, calcule o valor de $a$ para o qual $f(2) = -3$.

**9.** | Dada uma função $f$ pela fórmula $y = 3x + b$, calcule o valor de $b$ para o qual $f(-1) = 4$.

**10.** | Dada uma função $f$ pela fórmula $y = ax + b$, calcule os valores de $a$ e $b$ para os quais $f(1) = 4$ e $f(3) = -5$.

**11.** | Determine $a$ e $b$ na fórmula $f(x) = ax + b$, sabendo que $f(-1) = 5$ e $f(4) = -2$.

**12.** | Dada uma função $f$ pela fórmula $y = \dfrac{3x - 4}{2}$, determine o valor de $t$ para o qual $f(t-1) = t$.

**13.** | Determine o domínio da função: $y = \dfrac{1}{x}$

**14.** | Determine o domínio da função: $y = \dfrac{1}{x - 2}$

**15.** | Determine o domínio da função: $y = \dfrac{1}{x^2 - 5x + 6}$

**16.** | Determine o domínio da função: $y = \sqrt{x}$

**17.** | Determine o domínio da função: $y = \sqrt{x - 5}$

**18.** | Determine o domínio da função: $y = \dfrac{1}{\sqrt{x}}$

**19.** | Determine o domínio da função: $y = \dfrac{1}{\sqrt{x - 4}}$

## RESPOSTAS DOS EXERCÍCIOS DE FIXAÇÃO

**1.** a) 8 b) $-13$ c) $-\dfrac{11}{5}$

d) $3h-4$ e) $3h-13$ f) $3x+3h-4$

**2.** a) 5 b) 1 c) $\dfrac{11}{3}$

**3.** $-\dfrac{5}{6}$

**4.** a) $-\dfrac{3}{4}$ b) $-\dfrac{17}{22}$

**5.** a) 0 b) 2 c) 20

d) $\dfrac{21}{16}$ e) $h^2+h$ f) $x^2-x$

**6.** a) $\{-4;5\}$ b) $\{-2;3\}$ c) $\{-1;2\}$ d) $\{0;1\}$

**7.** a) $2x+1$ b) $2x+h-2$

**8.** 2

**9.** 7

**10.** $a=-\dfrac{9}{2}$; $b=\dfrac{17}{2}$

**11.** $a=-\dfrac{7}{5}; b=\dfrac{18}{5}$

**12.** 7

**13.** $\{x\in\mathbb{R} \mid x\neq 0\}$

**14.** $\{x\in\mathbb{R} \mid x\neq 2\}$

**15.** $\{x\in\mathbb{R} \mid x\neq 2 \ e \ x\neq 3\}$

**16.** $\{x\in\mathbb{R} \mid x\geq 0\}$

**17.** $\{x\in\mathbb{R} \mid x\geq 5\}$

**18.** $\{x\in\mathbb{R} \mid x>0\}$

**19.** $\{x\in\mathbb{R} \mid x>4\}$

# CAPÍTULO 3
## APLICAÇÕES DAS FUNÇÕES: CUSTO, RECEITA E LUCRO

*Neste capítulo, examinaremos exemplos de como as funções comparecem em problemas ligados ao desempenho financeiro de uma empresa. Veremos as relações entre os custos, a receita e o lucro.*

## 1 • CUSTO, RECEITA E LUCRO

Com relação a uma empresa qualquer, indiquemos:

$x$: quantidade produzida de um produto;
$c$: custo de produção de uma unidade do produto (ou custo unitário);
$p$: preço de venda de cada unidade do produto;
$C$: custo total de produção;
$C_F$: custo fixo;
$C_V$: custo variável;
$R$: receita total;
$L$: lucro total.

O custo fixo $C_F$ é constituído por parcelas que não dependem da quantidade produzida, como aluguel, material de escritório, material de limpeza, seguros e outros. Trata-se de um conjunto de despesas que a empresa teria que pagar mesmo que parasse de produzir.

O custo variável $C_V$ é formado por parcelas que dependem de $x$, como matéria-prima, mão de obra direta, energia e outros. São custos diretamente ligados à produção. A relação entre o custo variável e a quantidade de produto é expressa por $C_V = cx$.

O custo total é a soma do custo variável com o custo fixo e representa o total dos gastos que a empresa tem dentro de um período considerado. Vale a relação $C = C_C + C_F$.

A receita total $R$ é a quantia recebida pela venda da quantidade total $x$ do produto. Se o preço de venda unitário $p$ é fixo, temos $R = px$.

O lucro total $L$ é a diferença entre a receita total e o custo total: $L = R - C$.

## 2 • PONTO DE NIVELAMENTO

O **ponto de nivelamento** é a quantidade $x$ de um produto, produzida e vendida, para a qual a receita total é igual ao custo total, ou seja, o lucro total é *zero*: $R = C \Rightarrow L = 0$.

## 3 • CUSTO MÉDIO

Dividindo-se o custo total pela quantidade do produto, obtém-se o **custo médio**:

$$C_M = \frac{C}{x}.$$

- **Exemplo 1**

Em uma empresa, o custo fixo mensal é igual a R$ 3.900,00. O custo de produção de cada unidade do produto é R$ 13,00, e o preço de venda de cada unidade desse produto é R$ 42,00. Sabe-se que, mensalmente, a empresa fabrica e vende 380 unidades. Determine:

a) a receita total mensal;
b) o custo variável mensal;
c) o custo total mensal;
d) o lucro total mensal.

Para resolver essa questão, note, primeiro, que se tem: $C_F = 3.900$, $c = 13$, $p = 42$ e $x = 380$. Devemos ter em mente as relações entre as diversas grandezas, dadas pelas fórmulas vistas acima.

a) Temos: $R = px = 42 \cdot 380 = 15.960$, logo a receita total é R$ 15.960,00.
b) O custo variável é $C_V = cx = 13 \cdot 380 = 4.940$, isto é, R$ 4.940,00.
c) O custo total mensal é dado por $C = C_V + C_F = 4.940 + 3.900 = 8.840$, isto é, R$ 8.840,00.
d) Para determinar o lucro total mensal, basta fazer: $L = R - C = 15.960 - 8.840 = 7.120$, isto é, R$ 7.120,00.

- **Exemplo 2**

Uma empresa tem receita total igual a R$ 12.656,00 e o custo fixo igual a R$ 2.655,00. O custo unitário de produção é R$ 27,00. Determine quantas unidades devem ser fabricadas e vendidas para que o lucro total da empresa seja igual a R$ 6.950,00. Determine, também, o preço unitário de venda nesse caso.

Nessa questão, temos: $R = 12.656$, $C_F = 2.655$, $c = 27$ e $L = 6.950$. Vamos substituir esses valores nas fórmulas vistas acima. Obtemos:

$$R = px \Leftrightarrow 12.656 = p \cdot x \quad \textbf{(1)}$$

$$C_V = cx \Leftrightarrow C_V = 27x \quad \textbf{(2)}$$

$$C = C_V + C_F \Leftrightarrow C = C_V + 2.655 \quad \textbf{(3)}$$

$$L = R - C \Leftrightarrow 6.950 = 12.656 - C \quad \textbf{(4)}$$

Da equação (4), tiramos $C = 12.656 - 6.950 = 5.706$. Esse valor, substituído na equação (3), dá: $5.706 = C_V + 2.655 \Leftrightarrow C_V = 5.706 - 2.655 = 3.051$.

Na (2), obtemos $3.051 = 27x \Leftrightarrow x = \dfrac{3.051}{27} \Leftrightarrow x = 113$.

Finalmente, da equação (1) resulta: $12.656 = p \cdot 113 \Leftrightarrow p = \dfrac{12.656}{113} \Leftrightarrow p = 112$.

Sendo assim, devem ser fabricadas 113 unidades do produto, e o preço unitário de venda deve ser de R$ 112,00.

- **Exemplo 3**

Em uma empresa, o custo fixo de fabricação é igual a R$ 4.200,00. O custo de produção de cada unidade é R$ 16,00, e o preço de venda de cada unidade desse produto é R$ 33,00. Determine as funções que representam o custo variável, o custo total, a receita total e o lucro total dessa empresa.

Determine também:

a) o custo total para a produção de 250 unidades;
b) a receita total para a venda de 180 unidades;
c) o lucro total para a produção e venda de 300 unidades;
d) a quantidade de produto necessária para que o lucro total seja de R$ 526,00;
e) a mínima quantidade do produto necessária para que a empresa não tenha prejuízo;
f) qual será o custo médio de produção de cada unidade, se forem produzidas 420 unidades;
g) a quantidade do produto e a receita total correspondentes ao ponto de nivelamento.

Sendo $x$ a quantidade de unidades fabricadas e vendidas, temos:

1º) o custo variável é dado por $C_V = cx = 16x$;

2º) o custo total é dado por $C = C_V + C_F$, isto é, $C = 16x + 4.200$;

3º) a receita total é $R = px = 33x$;

4º) a fórmula que exprime o lucro total é:

$$L = R - C = 33x - (4.200 + 16x) \Leftrightarrow L = 17x - 4.200$$

De posse dessas funções, podemos responder a várias perguntas do problema:

a) Temos, para $x = 250$, $C(250) = 4.200 + 16 \cdot 250 = 8.200$. O custo total é de R$ 8.200,00.

b) Pondo $x = 180$, resulta $R(180) = 33 \cdot 180 = 5.940$. A receita é de R$ 5.940,00

c) Temos $L(300) = 17 \cdot 300 - 4.200 = 900$. O lucro total é de R$ 900,00.

d) Devemos ter $L(x) = 526$, em que $17x - 4.200 = 526$ e, assim, $x = 278$.

e) Prejuízo significa lucro negativo. Desejamos que $L(x) \geq 0$, isto é, $17x - 4.200 \geq 0$.

Essa inequação fornece $x \geq \frac{4.200}{17} = 247,06$. Observe que o valor 247,06 é o ponto de nivelamento.

f) Temos $C_M(420) = \frac{C(420)}{420} = \frac{4.200 + 16 \cdot 420}{420} = 26$.

Assim, o custo de produção de cada unidade, em média, é de R$ 26,00.

g) No ponto de nivelamento, deve-se ter lucro igual a zero. Então:

$$L = 0 \Leftrightarrow 17x - 4.200 = 0 \Leftrightarrow x = \frac{4.200}{17} \Leftrightarrow x \simeq 247,06$$

Nesse caso, a receita total é $R = 33x = 33 \cdot 247,06 = 8.152,98$.

**Observação:** nada impede que a quantidade $x$ não seja um número inteiro. A "unidade" do produto depende do tipo de produto que a empresa fabrica. Se forem objetos, como móveis ou eletrodomésticos, esses produtos são compatíveis com quantidades inteiras. Entretanto, se a empresa fabrica um produto líquido, ou em pó, pode-se ter uma quantidade não inteira, como 52,5 litros, ou 3,76 kg e assim por diante. No caso do ponto de nivelamento, devemos notar que o valor considerado é um *ponto de referência*, que não precisa corresponder a uma quantidade efetivamente produzida, por isso mesmo não importa que ele não seja inteiro.

- **Exemplo 4**

Com custo unitário de R$ 42,00, uma empresa fabrica 520 unidades de um produto. Determine o preço unitário de venda para que a empresa tenha lucro de 23% sobre a receita total, sabendo que o custo fixo é igual a R$ 6.188,00.

Os dados do enunciado podem ser escritos: $c = 42$ e $x = 520$. Temos, também, a relação $L = 23\%R = 0,23R$.

Sendo $p$ o preço unitário de venda, temos: $R = p \cdot 520$. Além disso, para o custo total podemos escrever: $C = cx + C_F = 42 \cdot 520 + 6.188 = 28.028$.

A expressão do lucro fica: $L = R - C = 520p - 28.028$ .

Devemos ter:

$$L = 0,23R \Leftrightarrow 520p - 28.028 = 0,23 \cdot 520p \Leftrightarrow$$

$$\Leftrightarrow 520p - 119,6p = 28.028 \Leftrightarrow 400,4p = 28.028 \Leftrightarrow p = 70$$

Portanto, o preço unitário de venda deverá ser de R$ 70,00.

Note que, a esse preço, a receita total seria igual a $R = p \cdot 520 = 70 \cdot 520 = 36.400$ e o lucro total seria $L = 520p - 28.028 = 520 \cdot 70 - 28.028 = 8.372$. Temos, então:

$$23\%R = 0,23 \cdot 36400 = 8372 = L$$

confirmando que a condição pedida no problema foi satisfeita.

## EXERCÍCIOS DE FIXAÇÃO

☐ **1.** | Em uma empresa, o custo fixo de fabricação é igual a R$ 3.500,00. O custo de produção de cada unidade é R$ 12,00 e o preço de venda de cada unidade desse produto é R$ 22,00. Sendo $x$ a quantidade de unidades fabricadas e vendidas, obtenha:

a) a função custo total $C(x)$;

b) a função receita total $R(x)$;

c) a função lucro total $L(x)$.

☐ **2.** | Uma empresa vende cada unidade de um produto por um preço 30% maior do que o custo unitário variável, que é de R$ 4,80. Qual é a receita total obtida na venda de 180 unidades?

☐ **3.** | Um enfeite de Natal tem um custo de fabricação de R$ 14,00 e é vendido por R$ 32,00. O fabricante produziu e vendeu 230 unidades e obteve um lucro total de R$ 1.820,00. Qual é o custo fixo de produção desses enfeites?

☐ **4.** | Com um custo fixo de produção de R$ 105,00 e um custo unitário de R$ 1,30, uma empresa verifica que, em determinado período, teve uma receita total de R$ 630,00 e o lucro total de 40% dessa receita. Determine:

a) quantas unidades foram produzidas e vendidas;

b) o preço unitário de venda desse produto.

Nos exercícios a seguir (5 e 6), determine o ponto de nivelamento correspondente às funções dadas.

**5.** | $C(x) = 70 + 3x$ e $R(x) = 5x$

**6.** | $C(x) = 1.200 + 17x$ e $R(x) = 21x$

**7.** | Mensalmente, a indústria Nossopé Calçados S.A. produz calçados masculinos, que são vendidos a R$ 85,00 o par. O custo fixo mensal é de R$ 13.978,00 e o custo variável é de R$ 56,00 por par. Determine:

a) o ponto de nivelamento;

b) a quantidade que deverá ser produzida e vendida para que a fábrica tenha lucro mensal de R$ 11.977,00.

**8.** | Uma fábrica de ferramentas produz furadeiras elétricas, que são vendidas a R$ 110,00 cada. O custo fixo mensal é de R$ 4.940,00 e o custo variável é de R$ 72,80 por unidade. Determine:

a) o ponto de nivelamento;

b) a quantidade que deverá ser produzida e vendida por mês para que a fábrica tenha lucro mensal de 20% em relação à receita total.

**9.** | Uma empresa tem custo fixo mensal de R$ 8.000,00, custo variável de R$ 48,00 por unidade do produto e o preço de venda por unidade é de R$ 64,00.

a) Que quantidade deve ser produzida e vendida para que o lucro mensal seja de R$ 3.200,00?

b) Nesse caso, qual será o custo médio por unidade do produto?

**10.** | A fabricação de certo produto apresenta um custo fixo mensal de R$ 12.900,00 e um custo variável unitário de R$ 123,00. Qual deve ser a quantidade produzida para que o custo médio de fabricação seja de R$ 153,00 por unidade?

## RESPOSTAS DOS EXERCÍCIOS DE FIXAÇÃO

**1.** a) $C(x) = 3.500 + 12x$ b) $R(x) = 22x$ c) $L(x) = 10x - 3.500$

**2.** R$ 1.123,20

**3.** R$ 2.320,00

**4.** a) 210 b) R$ 3,00

**5.** 35

**6.** 300

**7.** a) 482 b) 895

**8.** a) 132,8 b) 325

**9.** a) 700 b) R$ 59,43

**10.** 430

# CAPÍTULO 4
## GRÁFICO DE UMA FUNÇÃO REAL DE VARIÁVEL REAL

## 1 • GRÁFICO DE UMA FUNÇÃO REAL DE VARIÁVEL REAL

Um litro de certo produto químico custa R$ 0,75. A relação entre a quantidade $x$ (em litros) e o preço $y$ do produto (em R$) é dada pela fórmula $y = f(x) = 0,75x$. Essa fórmula define uma função $f : \mathbb{R}_+ \rightarrow \mathbb{R}$, cujo domínio é $\mathbb{R}_+$ e o conjunto imagem também é $\mathbb{R}_+$, porque a quantidade e o preço do produto não podem ser negativos. A função $f$ pode ser representada parcialmente por um *diagrama de flechas*, como na **Figura 1**, ou por meio de uma tabela (**Tabela 1**):

Tabela 1

| quantidade ($\ell$) | preço (R$) |
|---|---|
| 1 | 0,75 |
| 2 | 1,50 |
| 4 | 3,0 |
| 5 | 3,75 |
| 6 | 4,50 |
| 8 | 6,00 |
| 9 | 6,75 |
| 10 | 7,50 |

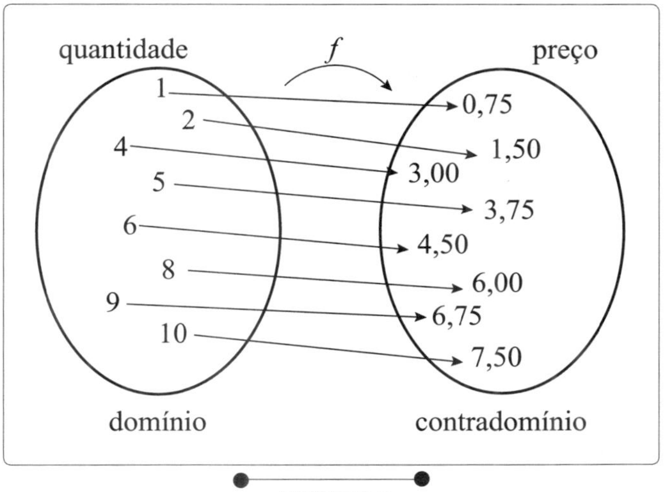


**FIGURA 1**

Mas a forma mais comum e mais importante de se representar uma função, além da sua fórmula, é o *gráfico*, como na **Figura 2**. O gráfico representa a função com o auxílio do sistema cartesiano.

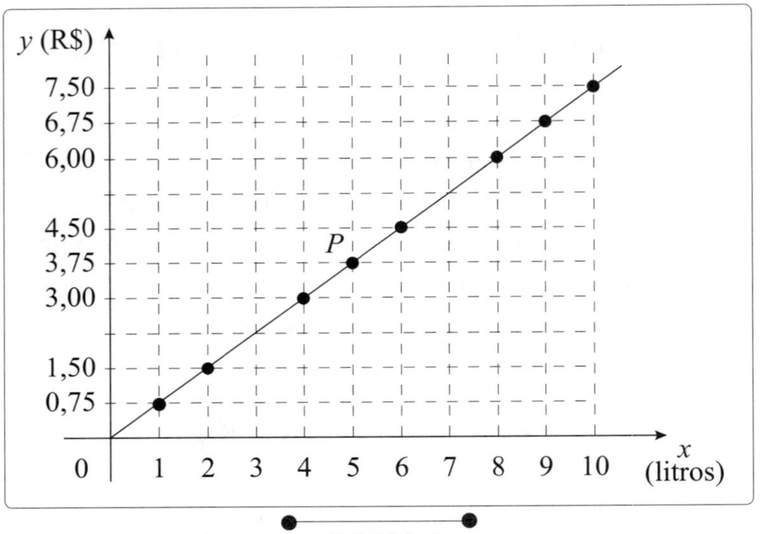


**FIGURA 2**

Nessa figura, o domínio da função está situado sobre o eixo dos $x$, e o conjunto imagem, sobre o eixo dos $y$. A relação $y = f(x)$ é indicada pelo ponto de coordenadas $(x; y)$. Por exemplo, 5 litros do produto custam R$ 3,75 e essa correspondência é representada pelo ponto $P = (5; 3,75)$. O gráfico é o conjunto de todos os pontos $P = (x; y)$ do plano, com $x \in \mathbb{R}_+$, tais que $y = 0,75x$. No caso desse exemplo, a figura obtida é uma *reta* (ou parte de uma reta).

> Para uma função $f : A \rightarrow B$, o gráfico é o conjunto de todos os pontos $P = (x; y)$, do plano cartesiano, tais que $x \in A$ e $y = f(x)$.

As figuras a seguir referem-se aos exemplos 1, 2, 3 e 4.

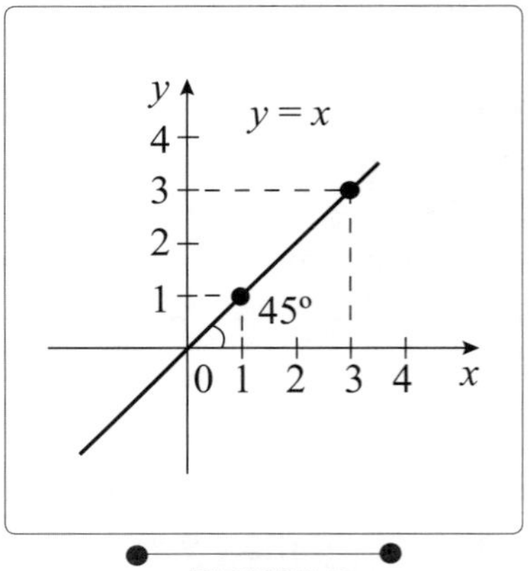


**FIGURA 3**

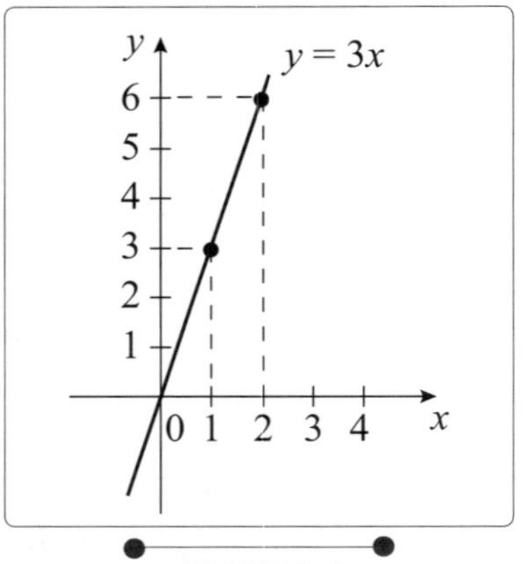


**FIGURA 4**

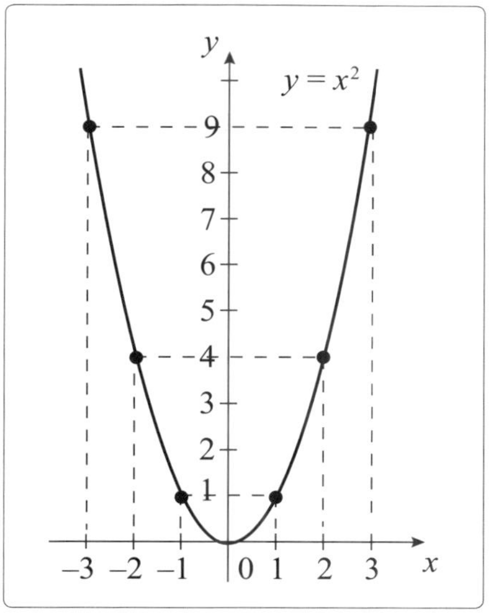


FIGURA 5

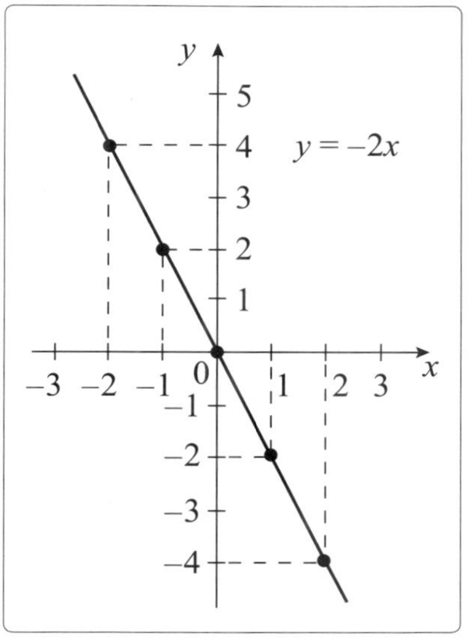


FIGURA 6

- **Exemplo 1**

Na **Figura 3**, temos o gráfico da função $f : \mathbb{R} \to \mathbb{R}$ dada por $y = x$. É a reta bissetriz do 1º e do 3º quadrantes (forma 45º com o eixo dos *x*).

- **Exemplo 2**

O gráfico da função $f : \mathbb{R} \to \mathbb{R}$, dada por $y = 3x$, é mostrado na **Figura 4**. Trata-se também de uma reta, mas com uma inclinação maior do que a do exemplo anterior.

- **Exemplo 3**

A função $f : \mathbb{R} \to \mathbb{R}$, dada por $y = x^2$, tem como gráfico a curva da **Figura 5**. Essa curva é chamada **parábola**.

- **Exemplo 4**

Para a função $f : \mathbb{R} \to \mathbb{R}$, dada por $y = -2x$, obtemos o gráfico da **Figura 6**, que é uma reta com *inclinação para a esquerda*.

## 2 • FUNÇÃO CRESCENTE, DECRESCENTE, CONSTANTE

Nas **Figuras 3** e **4** dos exemplos acima, as retas têm *inclinação para a direita*. As funções, nesses casos, são **crescentes**, porque, à medida que $x$ cresce $y$ também cresce.

Na **Figura 6**, a função tem o gráfico *inclinado para a esquerda*. Ela é **decrescente**, pois, à medida que $x$ cresce, $y$ decresce.

Já a função da **Figura 5** *não é crescente nem decrescente*, porque, para valores negativos de $x$ (o lado esquerdo do gráfico), à medida que $x$ cresce, $y$ decresce. Ao contrário, para valores positivos de $x$ (o lado direito do gráfico), à medida que $x$ cresce, $y$ também cresce. Podemos dizer que a função $y = x^2$ é **crescente** para $x > 0$ e é **decrescente** para $x < 0$.

Uma função pode, também, ser **constante**. Isso significa que todos os valores de $x$ possuem a mesma imagem $y$. A função $f : \mathbb{R} \to \mathbb{R}$, dada por $y = 3$, é um exemplo de função constante (**Figura 7**). O gráfico é uma reta paralela ao eixo dos $x$.

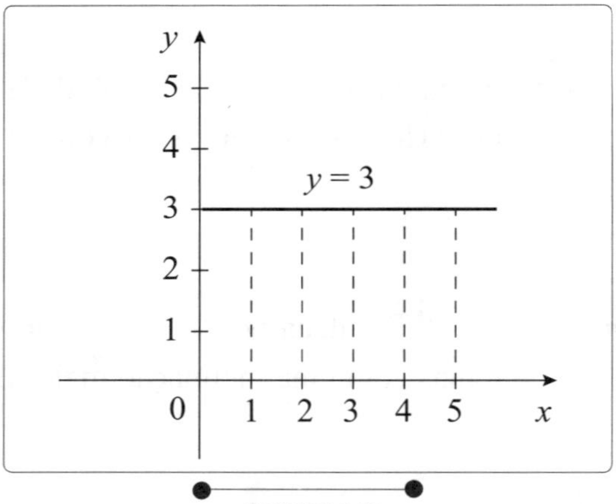


**FIGURA 7**

Vê-se que uma função pode não ser crescente, nem decrescente, nem constante em todo o seu domínio, mas que adquire cada uma dessas qualidades em *parte* do domínio. Frequentemente nós desejamos estudar o comportamento de uma função (crescente, decrescente, constante) em um **intervalo** contido no domínio da função.

A função da **Figura 8** é *decrescente* para $x < -1$ ou $x > 3$, é *crescente* para $-1 < x < 1$ ou $2 < x < 3$ e é *constante* para $1 < x < 2$. O **esquema de variação** é um diagrama que resume os intervalos em que a função é crescente, decrescente ou constante e que estão indicados pelas flechas na figura.

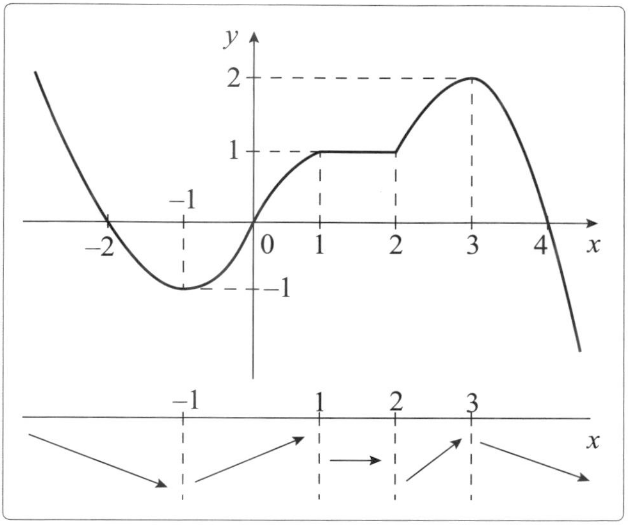


FIGURA 8

**RESUMO**

Seja uma função real de variável real

$$f : A \to B \text{ e um intervalo } I \subset A.$$

A função **f** é **crescente** em $I$ se

$$x_1 < x_2 \Rightarrow f(x_1) < f(x_2)$$

para todos os valores $x_1,\ x_2 \in I$.

A função **f** é **decrescente** em $I$ se

$$x_1 < x_2 \Rightarrow f(x_1) > f(x_2)$$

para todos os valores $x_1,\ x_2 \in I$.

A função **f** é **constante** em $I$ se

$$f(x_1) = f(x_2)$$

para todos os valores $x_1,\ x_2 \in I$.

## 3 • SINAIS DE UMA FUNÇÃO

Pelo gráfico de uma função, podemos identificar os **sinais** assumidos por $y$ nas várias partes do domínio. A função da **Figura 8** é *positiva* nos intervalos $x < 2$ e $0 < x < 4$ e é *negativa* nos intervalos $-2 < x < 0$ e $x > 4$. Temos que $y = 0$, ou seja, a função é *nula* nos pontos $x=-2$, $x=0$ e $x=4$. O esquema de sinais dessa função é resumido no diagrama da **Figura 9.**

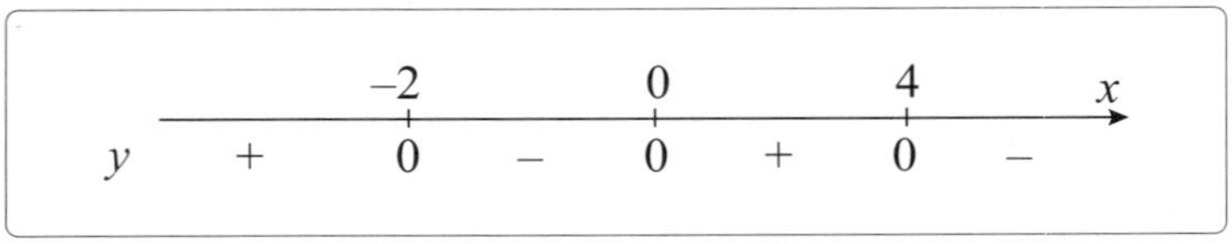


FIGURA 9

## 4 • INTERCEPTOS DE UMA FUNÇÃO

Os **interceptos** de uma função são os pontos em que o gráfico corta os eixos.

Assim como se vê na **Figura 10**, os pontos $(-4;0)$, $(1;0)$ e $(3;0)$ são os **x-interceptos**. As abscissas $x=-4$, $x=1$ e $x=3$ chamam-se **raízes** da função.

O ponto $(0;1)$ é o **y-intercepto**, e a ordenada $y=1$ é chamada simplesmente **intercepto**.

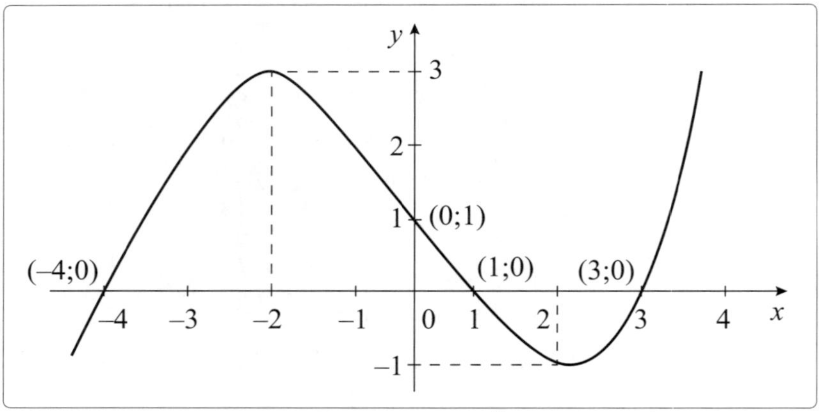


FIGURA 10

**RESUMO**

As **raízes** de uma função $y=f(x)$ são os valores de $x$ para os quais se tem $f(x)=0$. As raízes correspondem aos pontos em que o gráfico corta o eixo dos $x$, isto é, pontos do tipo $(x;0)$.

O **intercepto** de uma função $y=f(x)$ é o valor de $y$, imagem de $x=0$: $y=f(0)$. O intercepto corresponde ao ponto em que o gráfico corta o eixo dos $y$, isto é, o ponto $(0;f(0))$.

## 5 • MÁXIMOS E MÍNIMOS LOCAIS E GLOBAIS

Dada uma função $f : A \to B$, seja $x_0 \in A$.

1) O valor $y_0 = f(x_0)$ é um máximo local (ou **máximo relativo)** no ponto $x_0$ se existe pelo menos um intervalo aberto $I = \{a < x < b\}$, com $a < x_0 < b$, para o qual se tem $f(x) \leq f(x_0)$ para todo $x \in I \cap A$.

2) O valor $y_0 = f(x_0)$ é um mínimo local (ou **mínimo relativo)** no ponto $x_0$ se existe pelo menos um intervalo aberto $I = \{a < x < b\}$, com $a < x_0 < b$, para o qual se tem $f(x) \geq f(x_0)$ para todo $x \in I \cap A$.

3) O valor $y_0 = f(x_0)$ é um máximo global (ou **máximo absoluto)** se $f(x) \leq f(x_0)$ para todo $x \in A$.

4) O valor $y_0 = f(x_0)$ é um mínimo global (ou **mínimo absoluto**) se $f(x) \geq f(x_0)$ para todo $x \in A$.

Na **Figura 11**, temos o exemplo de uma função na qual o valor $y_0 = 3$ é um **máximo local**, que é o maior valor assumido por $y$ nas proximidades de ponto $x_0 = 2$.

Na **Figura 12**, o valor $y_0 = 1$ é um **mínimo local**, pois é o menor valor que $y$ assume nas proximidades do ponto $x_0 = 2$.

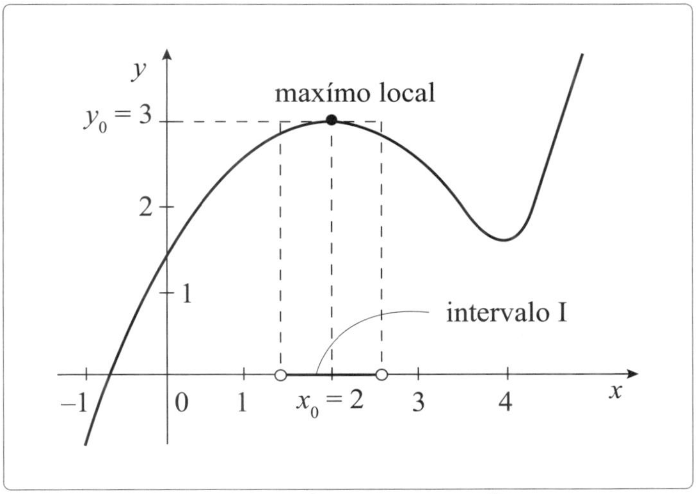


**FIGURA 11**

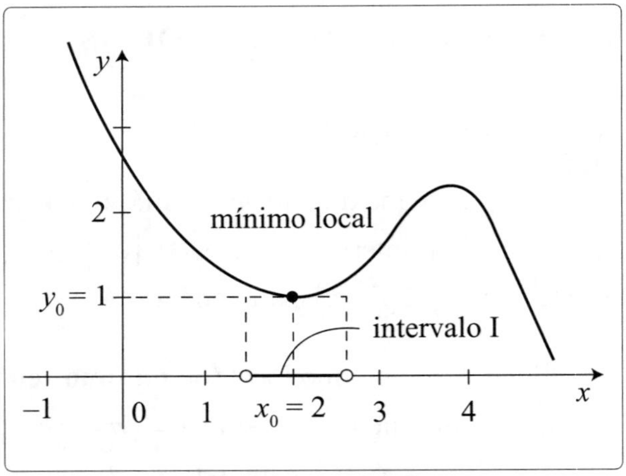


**FIGURA 12**

- **Exemplo 5**

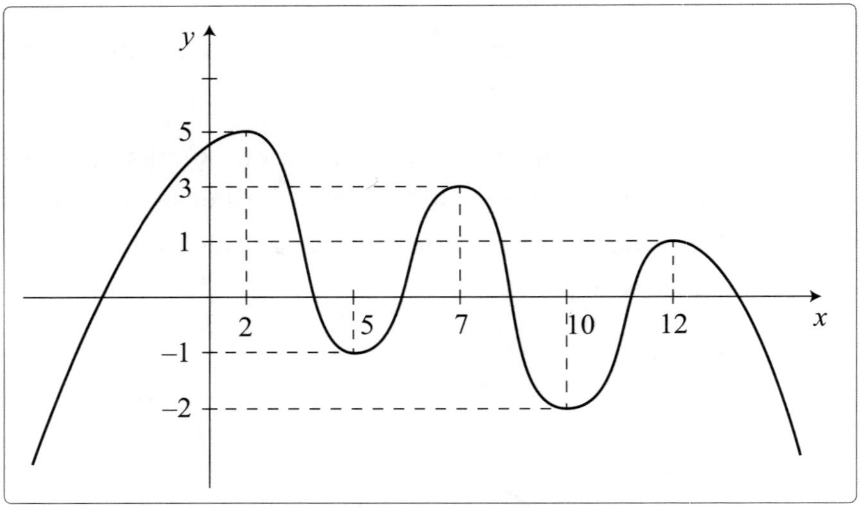


**FIGURA 13**

Para a função ***f*** da **Figura 13**, temos:

1) $f(2) = 5$ é máximo local;

2) $f(5) = -1$ é mínimo local;

3) $f(7) = 3$ é máximo local;

4) $f(10) = -2$ é mínimo local;

5) $f(12)=1$ é máximo local;

6) $f(2)=5$ é máximo global (ou absoluto);

7) a função não possui mínimo global.

- **Exemplo 6**

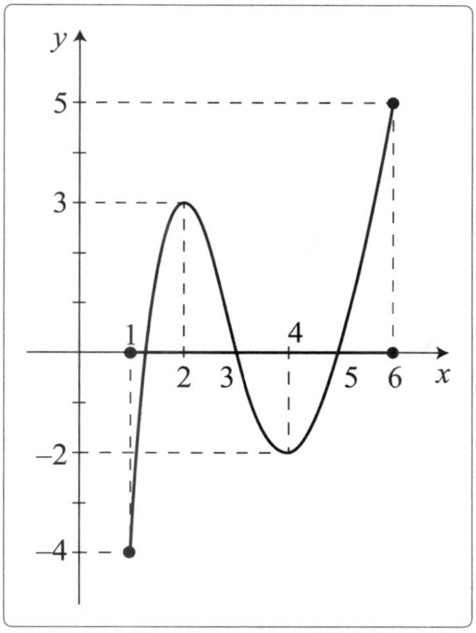


**FIGURA 14**

Para a função **g** da **Figura 14**, temos:

1) $g(1)=-4$ é mínimo local;

2) $g(2)=3$ é máximo local;

3) $g(4)=-2$ é mínimo local;

4) $g(6)=5$ é máximo local;

5) $g(6)=5$ é máximo global;

6) $g(1)=-4$ é mínimo global.

Nesse exemplo, como o domínio da função **g** é o intervalo fechado $1 \leq x \leq 6$, o valor $g(1)=-4$ é chamado mínimo **de fronteira** e o valor $g(6)=5$ é chamado máximo **de fronteira**, enquanto os outros dois são mínimo e máximo **de interior**.

## EXERCÍCIO RESOLVIDO

**1.** | Para a função **f** cujo gráfico é representado na figura, determine:

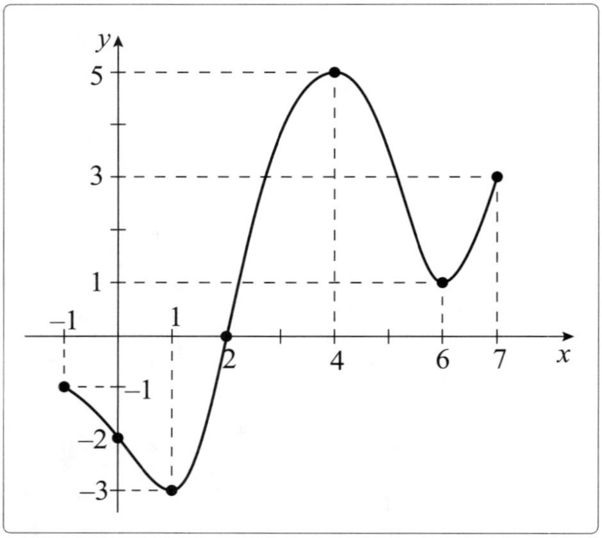


a) as raízes;

b) o intercepto $f(0)$;

c) os pontos de mínimo local e os pontos de máximo local;

d) o máximo global e o mínimo global;

e) os intervalos em que a função é crescente, decrescente ou constante;

f) o esquema de sinais e o esquema de variação;

g) o domínio e o conjunto imagem.

**Resolução**

a) As raízes correspondem aos pontos em que o gráfico corta o eixo dos $x$: a única raiz é 2.

b) O intercepto $f(0)$ corresponde ao ponto em que o gráfico corta o eixo dos $y$: $f(0) = -2$.

c) Os pontos de mínimo local são $(1;-3)$ e $(6;1)$. Os pontos de máximo local são $(-1;-1)$, $(4;5)$ e $(7;3)$. Os máximos locais $-1$ e 3 são de fronteira.

d) O máximo global é o maior dentre os máximos locais: $f(4)=5$. O mínimo global é o menor dentre os mínimos locais: $f(1)=-3$.

e) A função é crescente nos intervalos $1<x<4$ e $6<x<7$; e é decrescente nos intervalos $-1<x<1$ e $4<x<6$.

f) Esquemas de sinais e de variação da função.

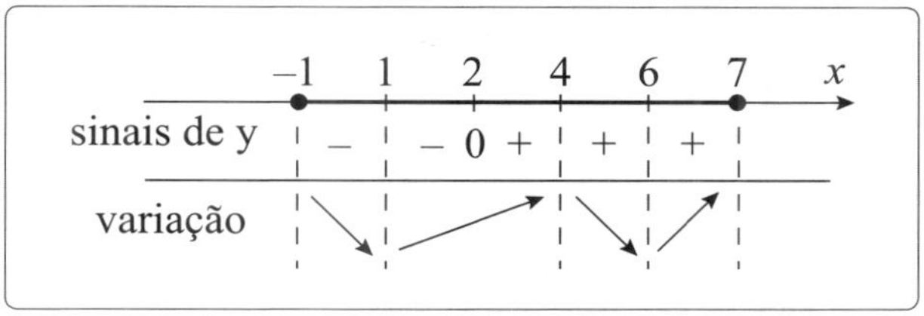


g) O domínio é a projeção do gráfico sobre o eixo dos $x$: $D_f=\{x\in\mathbb{R} \mid -1\leq x\leq 7\}$. O conjunto imagem é a projeção do gráfico sobre o eixo dos $y$: $I_f=\{y\in\mathbb{R} \mid -3\leq y\leq 5\}$

## 6 • INTERSEÇÃO DE DUAS CURVAS

Os gráficos das duas funções $y=2x+1$ e $y=11-3x$ são as retas **r** e **s** da **Figura 15**, as quais se cortam em um ponto $P(x;y)$.

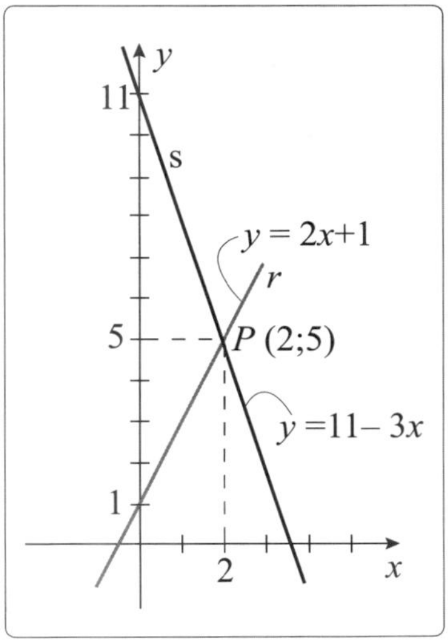


**FIGURA 15**

Como esse ponto pertence a ambas as retas, as suas coordenadas devem satisfazer as duas equações, por isso temos o *sistema de duas equações a duas incógnitas*:

$$\begin{cases} y = 2x + 1 \\ y = 11 - 3x \end{cases}$$

cuja solução é $x = 2$ e $y = 5$. Sendo assim, o ponto P, interseção dos dois gráficos, tem as coordenadas $P = (2;5)$.

O procedimento deste exemplo pode ser usado para quaisquer funções.

Dadas duas funções $y = f(x)$ e $y = g(x)$, os pontos de interseção dos gráficos dessas funções podem ser determinados resolvendo-se o sistema $\begin{cases} y = f(x) \\ y = g(x) \end{cases}$.

## EXERCÍCIOS DE FIXAÇÃO

Em cada um dos exercícios a seguir (de 1 a 5), é dada uma função $y = f(x)$ representada pelo seu gráfico. Determine:

a) as raízes;

b) o intercepto $f(0)$;

c) os pontos de mínimo local e os pontos de máximo local;

d) o máximo global e o mínimo global;

e) os intervalos em que a função é crescente, decrescente ou constante;

f) os esquemas de sinais e de variação;

g) o domínio e o conjunto imagem.

**1.**

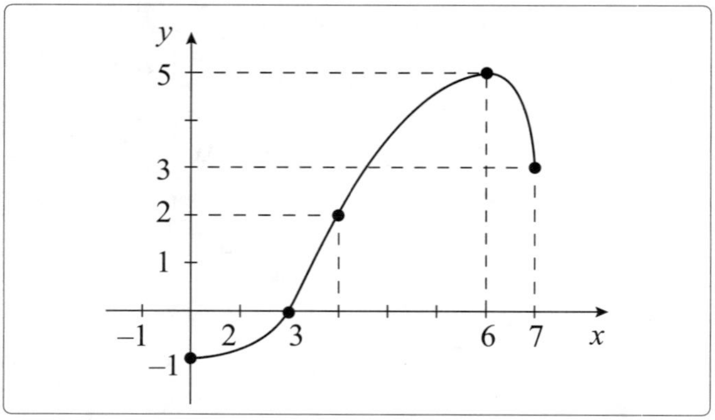

☐ **2.** |

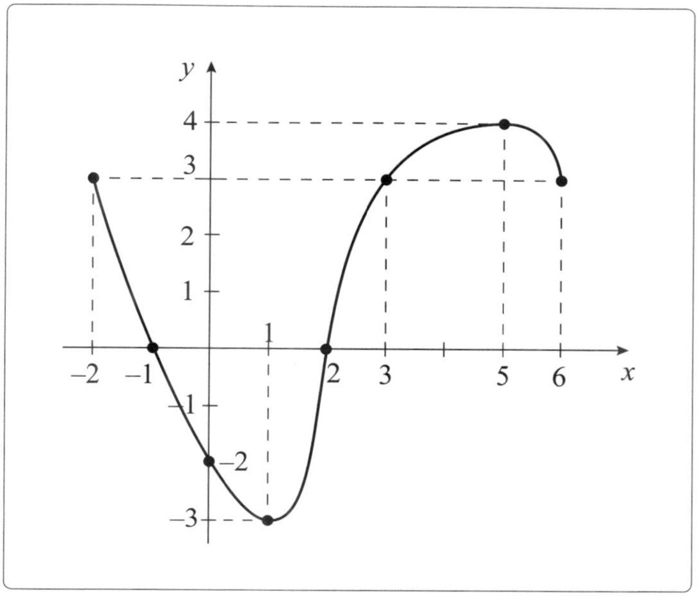


☐ **3.** |

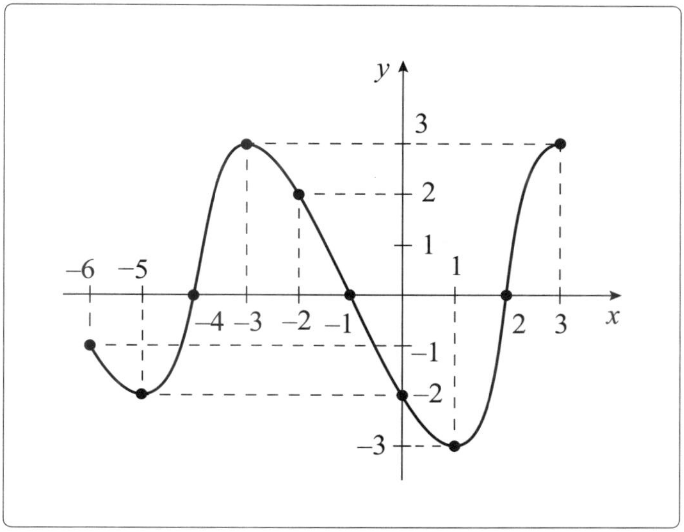

☐ **4.** |

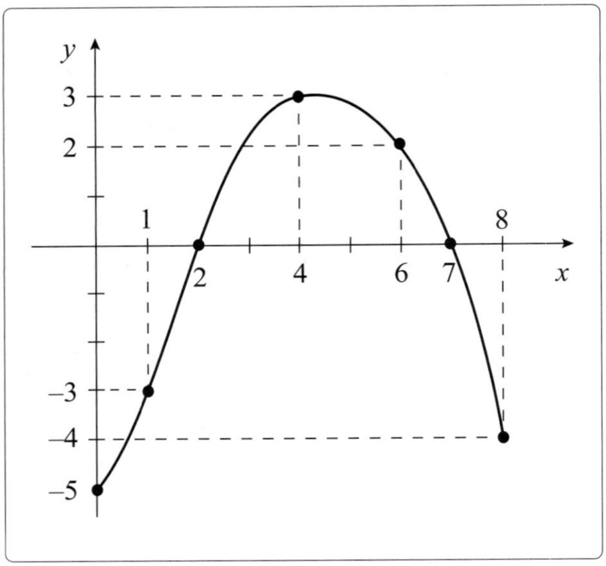


☐ **5.** |

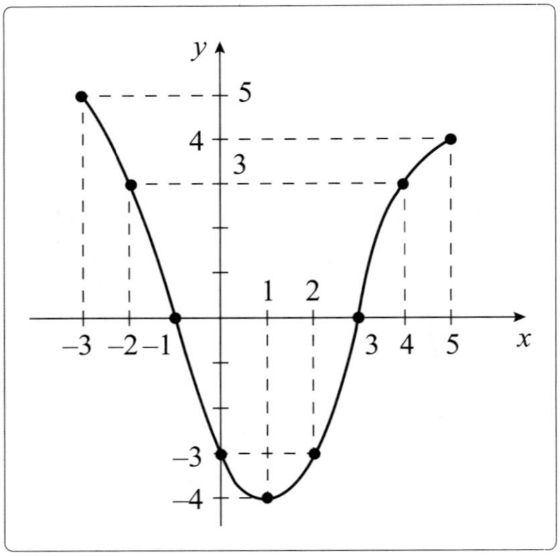


Duas funções **f** e **g** são dadas por seus gráficos. Determine os valores de $x$ para os quais valem as seguintes condições (exercícios de 6 a 9):

a) $f(x) > 0$

b) $f(x) \geq 0$

c) $g(x) < 0$

d) $f(x) > g(x)$

e) $f(x) < g(x)$

f) $f(x) = g(x)$

☐ **6.** |

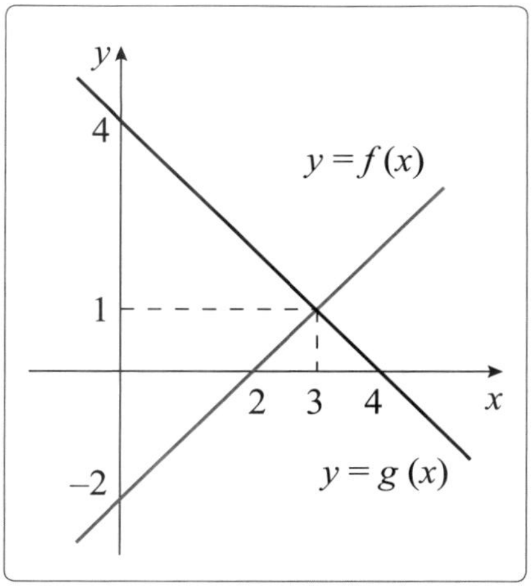


☐ **7.** |

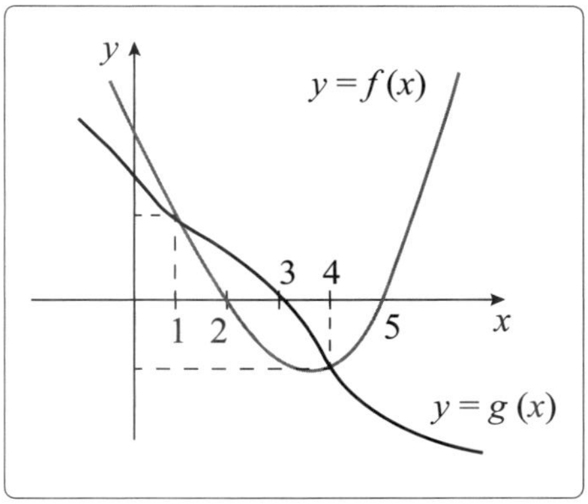


☐ **8.** |

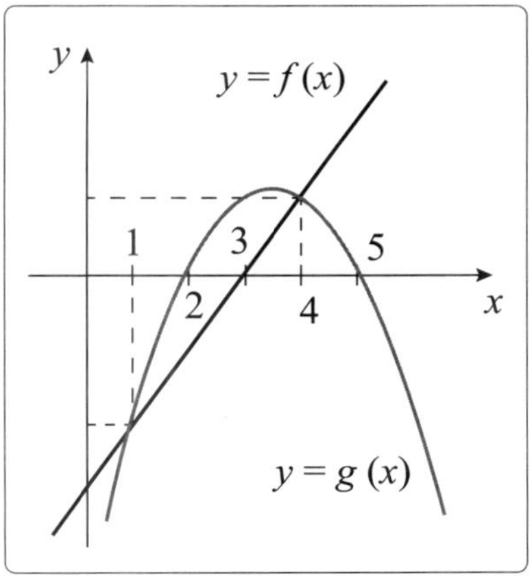

9. |

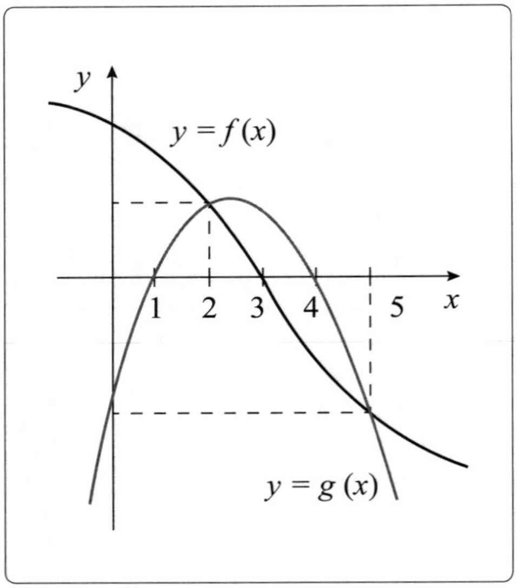


Determine as coordenadas dos pontos de interseção dos gráficos das funções $y = f(x)$ e $y = g(x)$, dadas pelas fórmulas (exercícios de 10 a 18):

10. | $f(x) = 2x + 5$ e $g(x) = -x + 2$

11. | $f(x) = 2x + 8$ e $g(x) = -x + 2$

12. | $f(x) = 3x + 2$ e $g(x) = -2x + 7$

13. | $f(x) = 2x + 4$ e $g(x) = -3x + 4$

14. | $f(x) = 5x - 13$ e $g(x) = -\frac{x}{3} + 3$

15. | $f(x) = x^2 + 5x + 6$ e $g(x) = 4x + 6$

16. | $f(x) = x^2 - 6x + 9$ e $g(x) = -x + 3$

17. | $f(x) = x^2 - 2x + 5$ e $g(x) = -x + 7$

18. | $f(x) = -x^2 - 3x$ e $g(x) = 2x + 4$

## RESPOSTAS DOS EXERCÍCIOS DE FIXAÇÃO

**1.** a) 2

b) $-1$

c) mínimo local $(0;-1)$ e $(7;3)$; máximo local $(6;5)$

d) máximo global $(6;\ 5)$; mínimo global $(0;\ -1)$

e) crescente: $0 < x < 6$, decrescente: $6 < x < 7$

f)

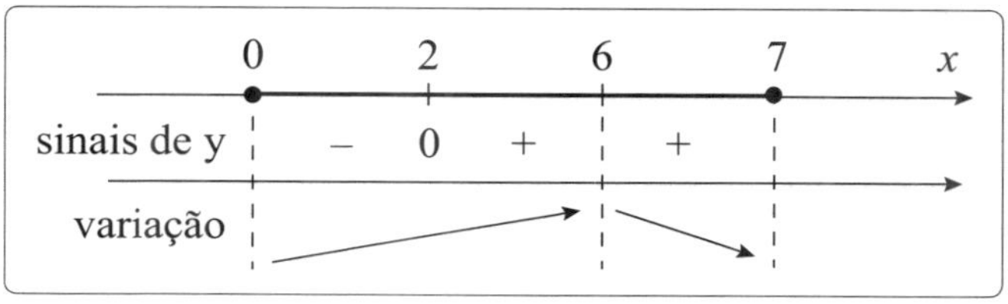


g) $D_f = \{0 \leq x \leq 7\}$, $I_f = \{-1 \leq y \leq 5\}$

**2.** a) $-1$ e 2

b) $-2$

c) mínimo local $(1;-3)$ e $(6;3)$; máximo local $(-2;3)$ e $(5;4)$

d) máximo global $(5;\ 4)$; mínimo global $(1;\ -3)$

e) crescente: $1 < x < 5$, decrescente: $-2 < x < 1$ e $5 < x < 6$

f)

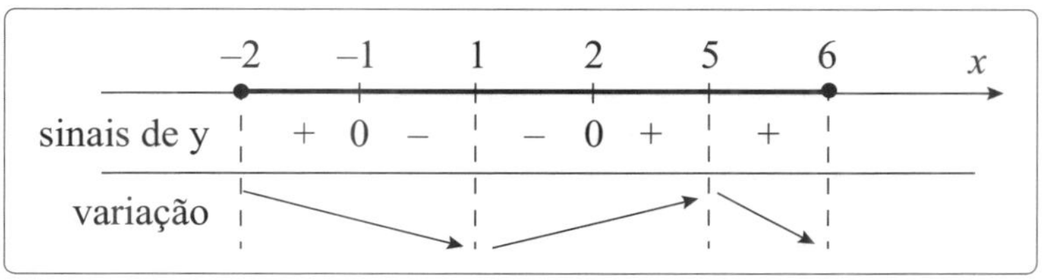


g) $D_f = \{-2 \leq x \leq 6\}$, $I_f = \{-3 \leq y \leq 4\}$

**3.** a) $-4$, $-1$ e 2

b) $-2$

c) mínimo local $(-5;-2)$ e $(1;-3)$; máximo local $(-6;-1)$, $(-3;3)$ e $(3;3)$

d) máximo global $(-3;\ 3)$ e $(3;\ 3)$; mínimo global $(1;\ -3)$

e) crescente: $-5 < x < -3$ e $1 < x < 3$, decrescente: $-6 < x < -5$ e $-3 < x < 1\ 1$

f)

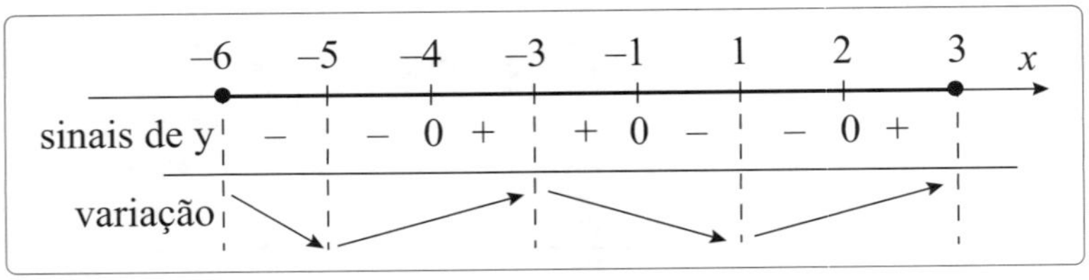


g) $D_f = -6 \leq x \leq 3$, $I_f = -3 \leq y \leq 3$

4.| a) 2 e 7

b) –5

c) mínimo local $(0;-5)$ e $(8;-4)$; máximo local $(4;3)$

d) máximo global $(4;\ 3)$; mínimo global $(0;\ -5)$

e) crescente: $0 < x < 4$, decrescente: $4 < x < 8$

f)

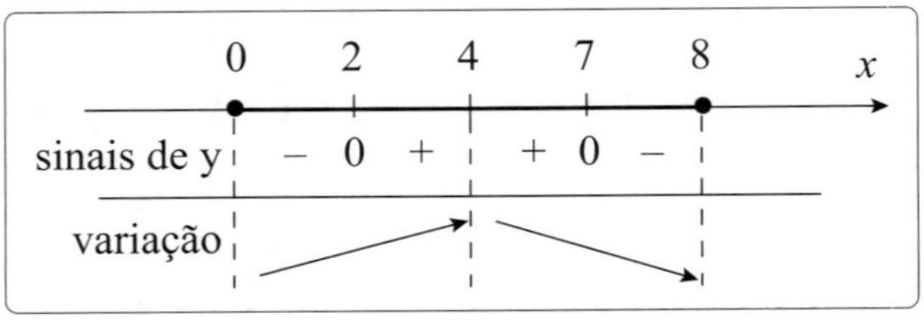


g) $D_f = \{0 \leq x \leq 8\}8,\ I_f = \{-5 \leq y \leq 3\}$

5.| a) –1 e 3

b) –3

c) mínimo local $(1;-4)$; máximo local $(-3;5)$ e $(5;4)$

d) máximo global $(-3;\ 5)$; mínimo global $(1;\ -4)$

e) crescente: $1 < x < 5$, decrescente: $-3 < x < 1$

f)

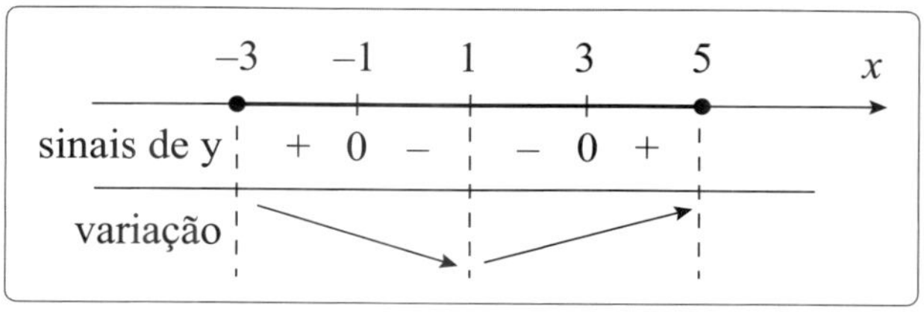


g) $D_f = \{-3 \le x \le 5\}$, $I_f = \{-4 \le y \le 5\}$

**6.** a) $x > 2$

b) $x \ge 2$

c) $x > 4$

d) $x > 3$

e) $x < 3$

f) $x = 3$

**7.** a) $x < 2$ ou $x > 5$

b) $x \le 2$ ou $x \ge 5$

c) $x > 3$

d) $x < 1$ ou $x > 4$

e) $1 < x < 4$

f) $x = 1$ ou $x = 4$

**8.** a) $x > 3$

b) $x \ge 3$

c) $x < 2$ ou $x > 5$

d) $x < 1$ ou $x > 4$

e) $1 < x < 4$

f) $x = 1$ ou $x = 4$

**9.** a) $x < 3$

b) $x \le 3$

c) $x < 1$ ou $x > 4$

d) $x < 2$ ou $x > 5$

e) $2 < x < 5$

f) $x = 2$ ou $x = 5$

**10.** $(-1;3)$

**11.** $(-2;4)$

**12.** $(1;5)$

**13.** $(0;4)$

**14.** $(3;2)$

**15.** $(0;6)$ e $(-1;2)$

**16.** $(2;1)$ e $(3;0)$

**17.** $(2;5)$ e $(-1;8)$

**18.** $(-1;2)$ e $(-4;-4)$

# CAPÍTULO 5

## FUNÇÃO DO 1º GRAU
## COEFICIENTE ANGULAR

# 1. FUNÇÕES DO PRIMEIRO GRAU

Chama-se **função do primeiro grau** uma função dada pela fórmula $y = f(x) = ax + b$, com $a \in \mathbb{R}$, $b \in \mathbb{R}$ e $a \neq 0$.

Trata-se de uma função $f : \mathbb{R} \to \mathbb{R}$ e seu conjunto imagem é $I_f = \mathbb{R}$ (exceto se as variáveis têm alguma restrição devida ao seu significado prático). O número ***a*** chama-se **coeficiente angular** e o número ***b*** chama-se **coeficiente linear**.

O gráfico de uma função do primeiro grau é uma **reta**. A **raiz** é calculada pela condição $f(x) = 0$, ou seja, $ax + b = 0$, em que $x = -\frac{b}{a}$. O **intercepto** da função é o valor $f(0) = a \cdot 0 + b = b$. Na **Figura 1**, a primeira função é crescente e a segunda é decrescente.

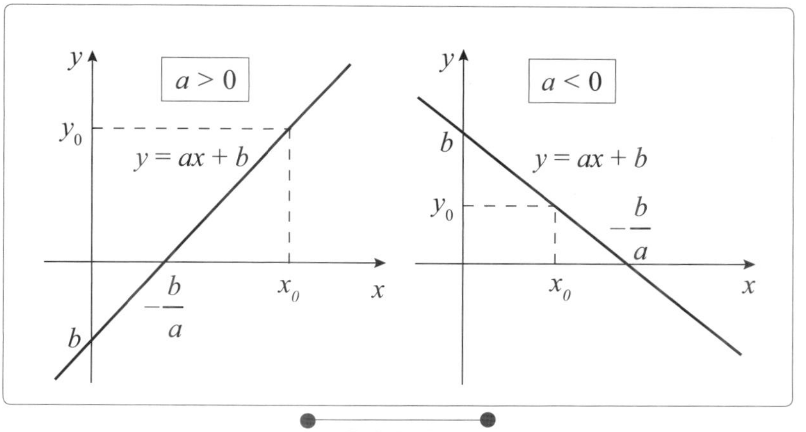


**FIGURA 1**

Se a função do primeiro grau é crescente, seu coeficiente angular é $a > 0$.
Se a função do primeiro grau é decrescente, tem-se $a < 0$.

- **Exemplo 1**

| $x$ | $y$ |
|---|---|
| 0 | –5 |
| $\frac{5}{2}$ | 0 |

| $x$ | $y$ |
|---|---|
| 1 | –3 |
| 4 | 3 |

Para esboçar o gráfico da função $y = 2x - 5$, basta determinar a raiz e o intercepto. Isso pode ser feito construindo-se uma tabela, na qual fazemos $x = 0$ (resultando em $y = -5$) e depois $y = 0$ (resultando em $x = \frac{5}{2}$). Em seguida, basta marcá-los nos eixos e desenhar a reta.

Outra forma de se desenhar o gráfico é determinar dois pontos *quaisquer* que satisfaçam a fórmula da função, como na segunda tabela. Ali, adotamos (arbitrariamente) os valores $x = 1$ e $x = 4$, calculando suas imagens.

Os pontos $(1;-3)$ e $(4;3)$ permitem desenhar a reta, mostrada na **Figura 2**. Veja que a função é crescente e seu coeficiente angular é $a = 2 > 0$.

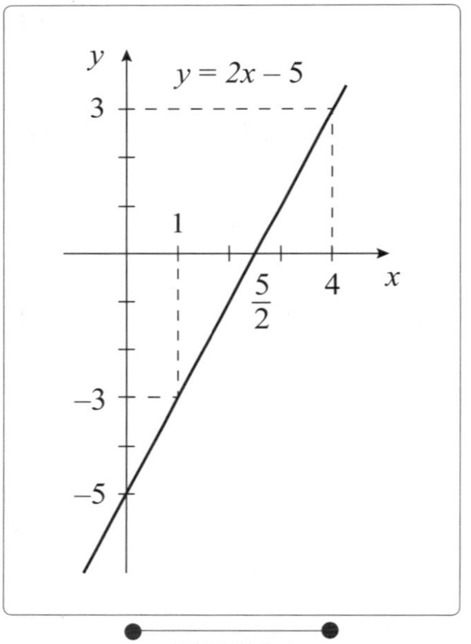


**FIGURA 2**

- **Exemplo 2**

| $x$ | $y$ |
|---|---|
| 0 | 3 |
| 6 | 0 |

| $x$ | $y$ |
|---|---|
| 4 | 1 |
| 2 | 2 |

Para a função $y = 3 - \frac{x}{2}$, a raiz é 6 e o intercepto é igual a 3. O gráfico é a reta da **Figura 3**, que pode também ser obtida por dois pontos escolhidos, como $(4;1)$ e $(2;2)$.

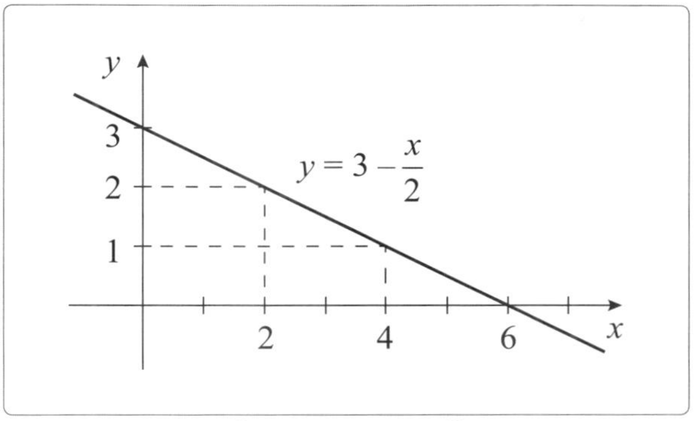


**FIGURA 3**

Veja que a função é decrescente e seu coeficiente angular é $a = -\frac{1}{2} < 0$.

## 2. COEFICIENTE ANGULAR

O coeficiente angular de uma reta à qual pertencem dois pontos de coordenadas $(x_1; x_2)$ e $(y_1; y_2)$ pode ser calculado por:

$$a = \text{tg}\ \theta = \frac{y_2 - y_1}{x_2 - x_1} = \frac{\Delta y}{\Delta x}.$$

É costume utilizar os símbolos $\Delta x$ e $\Delta y$ para indicar as *diferenças* entre as coordenadas dos pontos: $\Delta y = y_2 - y_1$ e $\Delta x = x_2 - x_1$. A expressão $a = \frac{\Delta y}{\Delta x}$ é uma forma de memorizar essa relação.

> Se os pontos $(x_1; y_1)$ e $(x_2; y_2)$ pertencem ao gráfico da função do primeiro grau $y = ax + b$, então:
>
> $$a = \frac{y_2 - y_1}{x_2 - x_1} = \frac{\Delta y}{\Delta x}.$$

No exemplo da **Figura 3**, os pontos $(4;1)$ e $(2;2)$ pertencem ao gráfico da função. Então,

$$a = \frac{\Delta y}{\Delta x} = \frac{2-1}{2-4} = -\frac{1}{2},$$

que é o coeficiente angular da função $y = 3 - \frac{x}{2}$.

Essa expressão permite calcular diretamente o coeficiente angular de uma reta, conhecendo-se as coordenadas de dois de seus pontos.

## Prova

Há um modo interessante de provar essa conclusão.

Como os pontos $(x_1; y_1)$ e $(x_2; y_2)$ devem satisfazer a equação $y = ax + b$, temos o sistema

$$\begin{cases} y_1 = ax_1 + b \\ y_2 = ax_2 + b \end{cases}$$

Portanto, $y_2 - y_1 = (ax_2 + b) - (ax_1 + b) = ax_2 - ax_1 = a(x_2 - x_1)$ e, então,

$$a = \frac{y_2 - y_1}{x_2 - x_1} = \frac{\Delta y}{\Delta x}$$

## Significado geométrico do coeficiente angular

Na **Figura 4**, podemos ver que a relação acima está ligada ao significado geométrico do coeficiente angular.

No gráfico da função $y = ax + b$, marcamos os pontos $(x_1; y_1)$ e $(x_2; y_2)$ e também as diferenças $\Delta y = y_2 - y_1$ e $\Delta x = x_2 - x_1$.

Fica claro que o coeficiente angular $a = \dfrac{y_2 - y_1}{x_2 - x_1} = \dfrac{\Delta y}{\Delta x}$ representa a razão entre os catetos do triângulo retângulo sombreado.

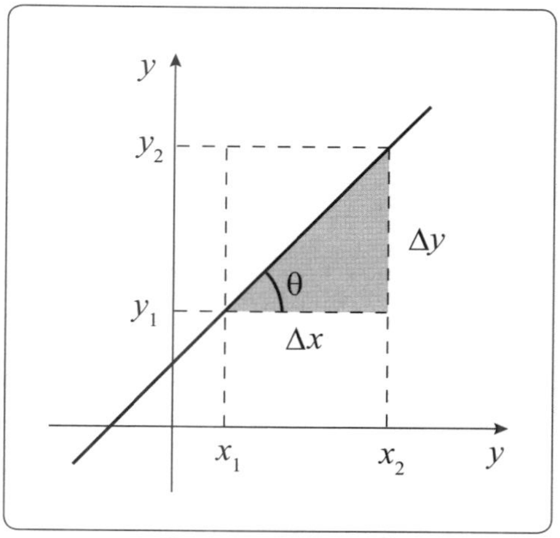


**FIGURA 4**

Essa razão é exatamente a *tangente trigonométrica* do ângulo θ formado pela reta com o eixo dos *x*, isto é, ela caracteriza a inclinação da reta. Temos, então, $a = \dfrac{\Delta y}{\Delta x} = \operatorname{tg}\theta$.

## Caso do coeficiente angular negativo

Se a reta está inclinada *para a esquerda*, ela representa uma função decrescente e o seu coeficiente angular **a** é negativo. Isso é coerente com a Trigonometria, pois dessa disciplina sabemos que ângulos de medida maior do que 90° têm tangente negativa:

$$\text{se } 90° < \theta < 180°, \text{ então } \operatorname{tg}\theta < 0.$$

Na **Figura 5**, o gráfico da função forma com o eixo dos *x* um ângulo $\theta = 120°$ e temos $a = tg\,120° = -\sqrt{3}$.

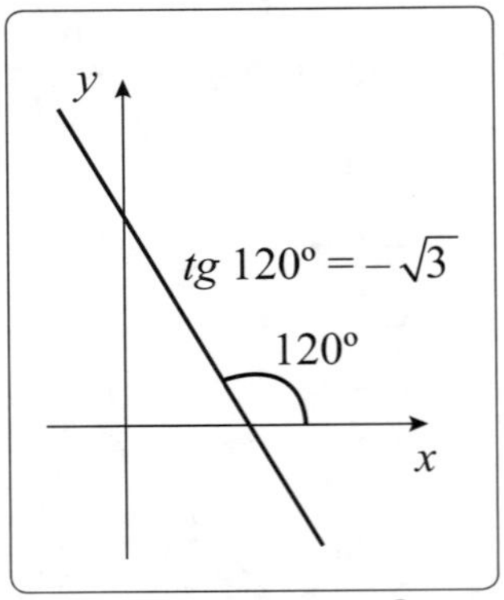


**FIGURA 5**

- **Exemplo 3**

Dado o gráfico de uma função do primeiro grau, determine uma fórmula correspondente a essa função.

A raiz corresponde ao ponto $\left(-\frac{1}{2};0\right)$ e o intercepto, ao ponto $\left(0;\frac{2}{3}\right)$.

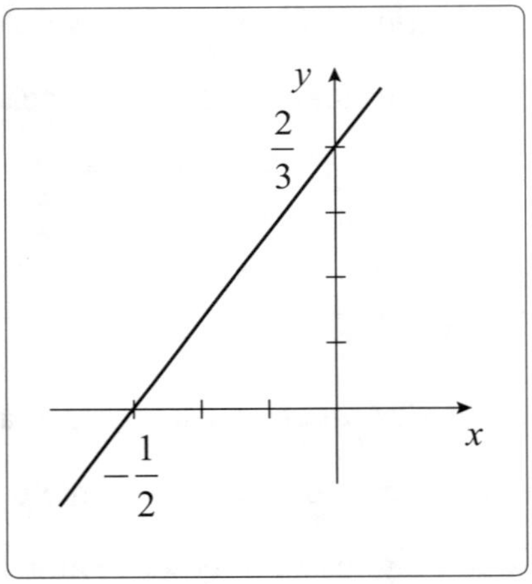


Partindo da fórmula $y = ax + b$, obtemos o sistema de equações:

$$\begin{cases} 0 = a\left(-\frac{1}{2}\right) + b \\ \frac{2}{3} = a \cdot 0 + b \end{cases}$$

que, resolvido, fornece $a=\frac{4}{3}$ e $b=\frac{2}{3}$. Assim, a fórmula da função é $y=\frac{4}{3}x+\frac{2}{3}$.

Veja que poderíamos fazer, também,

$$a=\frac{\Delta y}{\Delta x}=\frac{\frac{2}{3}-0}{0-\left(-\frac{1}{2}\right)}=\frac{4}{3}$$

e, depois, usando apenas a segunda equação do sistema, teríamos $\frac{2}{3}=a\cdot 0+b \Rightarrow b=\frac{2}{3}$.

- **Exemplo 4**

Dado o gráfico de uma função do primeiro grau, determine uma fórmula correspondente a essa função.

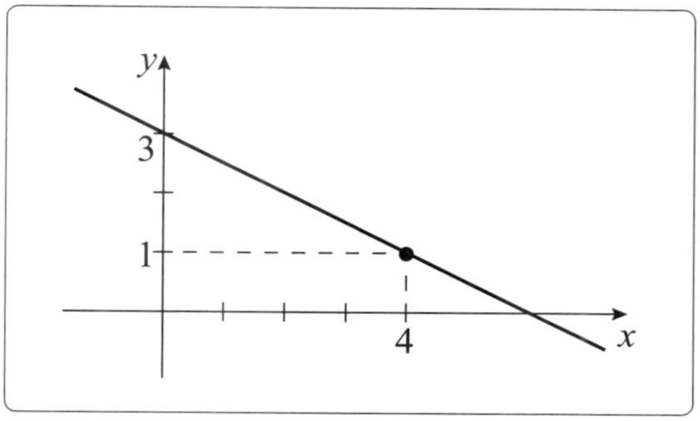


Pelos dados da figura, os pontos $(0;3)$ e $(4;1)$ pertencem ao gráfico. Na fórmula $y=ax+b$, obtemos o sistema

$$\begin{cases} 3=a\cdot 0+b \\ 1=a\cdot 4+b \end{cases}$$

em que $a=-\frac{1}{2}$ e $b=3$, e a fórmula é $y=-\frac{1}{2}x+3$.

Outro modo seria primeiro calcular $a=\frac{\Delta y}{\Delta x}=\frac{1-3}{4-0}=-\frac{1}{2}$.

- **Exemplo 5**

Dado o gráfico de uma função do primeiro grau, determine uma fórmula correspondente a essa função.

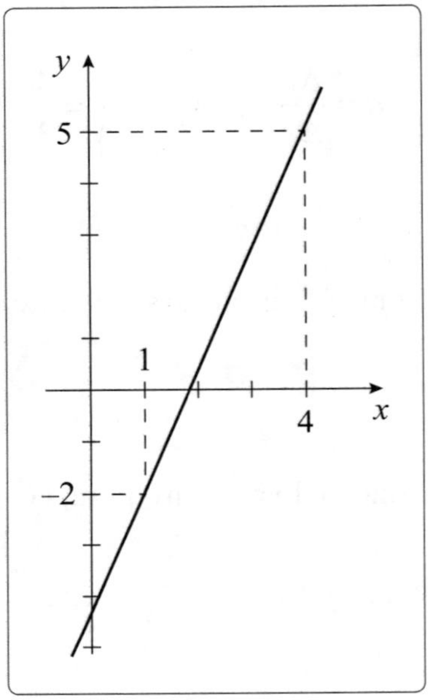


Da figura, obtemos os pontos $(1;-2)$ e $(4;5)$, logo, $a = \frac{\Delta y}{\Delta x} = \frac{5-(-2)}{4-1} = \frac{7}{3}$.

Substituindo na fórmula $y = ax + b$ o ponto $(1;-2)$, temos a equação $-2 = a \cdot 1 + b$ e, daí,

$$-2 = \frac{7}{3} + b \Rightarrow b = -\frac{13}{3}$$

A fórmula fica $y = \frac{7}{3}x - \frac{13}{3}$.

## EXERCÍCIOS DE FIXAÇÃO

Represente graficamente as funções dadas (exercícios de 1 a 6):

☐ **1.** | $y = 5x + 3$

☐ **2.** | $y = 3x - 4$

☐ **3.** | $y = 4 - \frac{2x}{3}$

☐ **4.** | $R = -\frac{t}{2} - 3$

☐ **5.** | $y = 3x$

☐ **6.** | $S = -\frac{u}{2}$

Obtenha a equação da reta que passa pelos pontos dados, ou seja, ache a fórmula da função do primeiro grau cujo gráfico contém esses pontos (exercícios de 7 a 10):

☐ **7.** | $(-2;4)$ e $(3;2)$

☐ **8.** | $(2;6)$ e $(5;4)$

☐ **9.** | $(-2;4)$ e $(-3;-2)$

☐ **10.** | $(3;3)$ e $(-4;0)$

Usando os dados da tabela a seguir, obtenha a equação da reta representada em cada gráfico (exercícios de 11 a 15):

| $\theta$ | 30° | 45° | 60° |
|---|---|---|---|
| $tg\theta$ | $\frac{\sqrt{3}}{3}$ | 1 | $\sqrt{3}$ |

☐ **11.** |

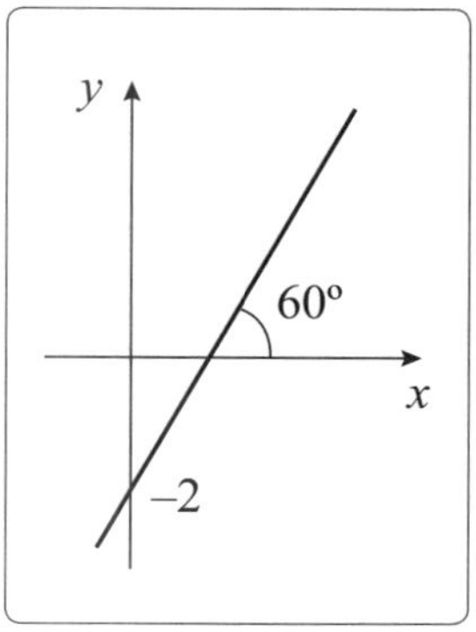

**12.**

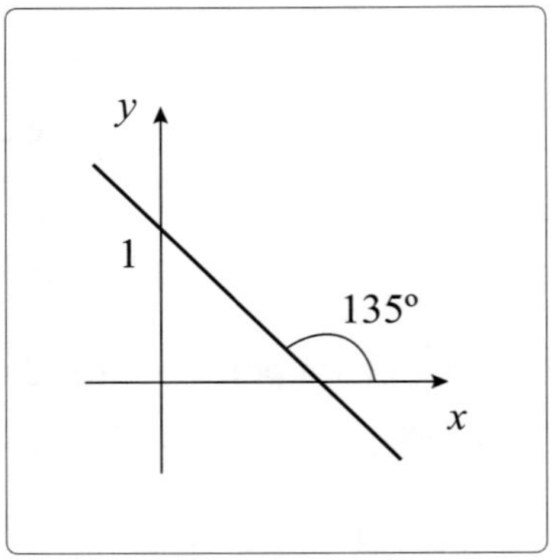


**13.**

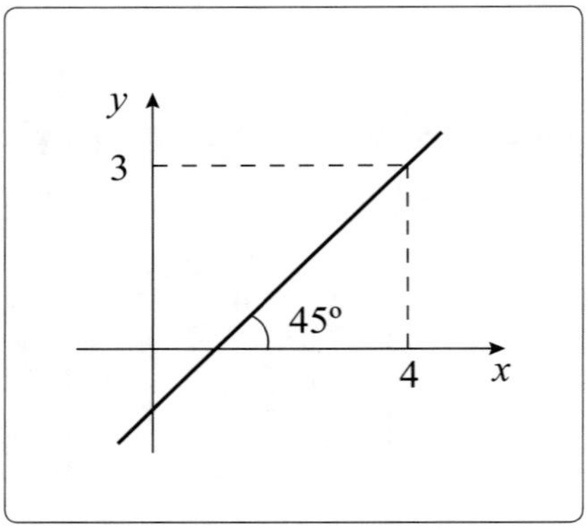


**14.**

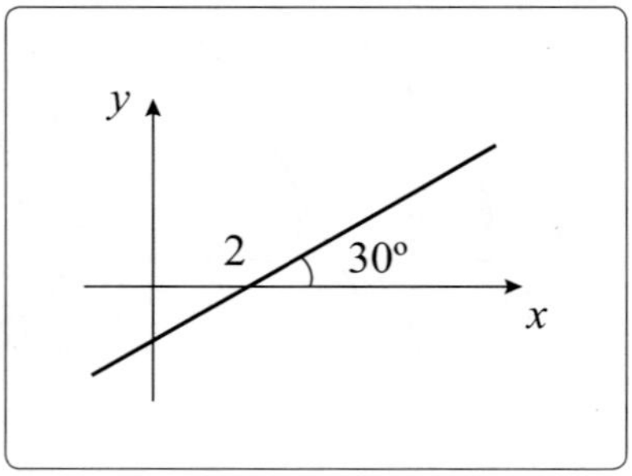

**15.** |

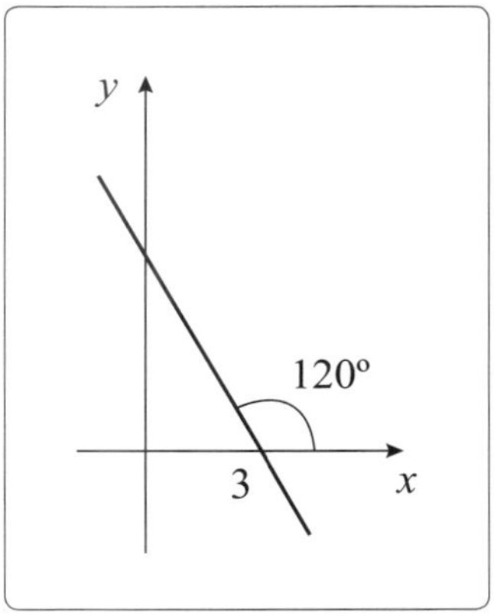


**16.** | Determinar analiticamente as coordenadas do ponto de interseção das retas dadas.

a) $\begin{cases} y = 2x + 5 \\ y = -x + 2 \end{cases}$

b) $\begin{cases} y = 2x + 8 \\ y = -x + 2 \end{cases}$

c) $\begin{cases} y = 3x + 2 \\ y = -2x + 7 \end{cases}$

d) $\begin{cases} y = 2x + 4 \\ y = -3x + 4 \end{cases}$

**17.** | Uma função do primeiro grau é definida pela fórmula $y = (2t - 1)x - 3t$ (sendo $t \neq \frac{1}{2}$).

a) Determine o valor de **t**, sabendo que o ponto $(-3;4)$ pertence ao gráfico;

b) escreva a fórmula $y = ax + b$ que define a função do item a);

c) esboce o gráfico da função obtida acima (indicando sua raiz e o intercepto);

d) esboce o gráfico da função que se obtém para $t = 2$, indicando sua raiz e o intercepto.

## RESPOSTAS DOS EXERCÍCIOS DE FIXAÇÃO

**1.**

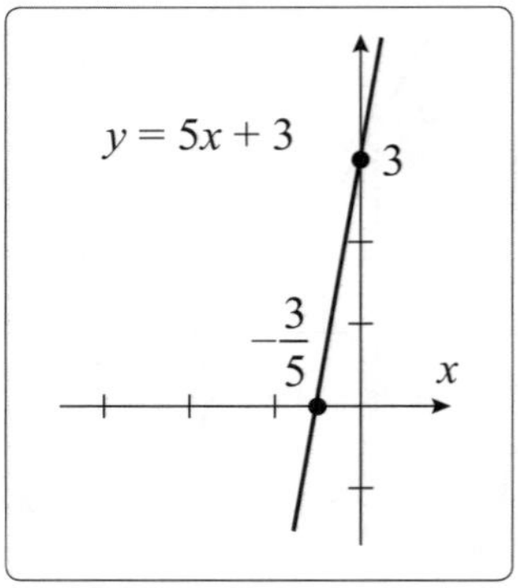


**2.**

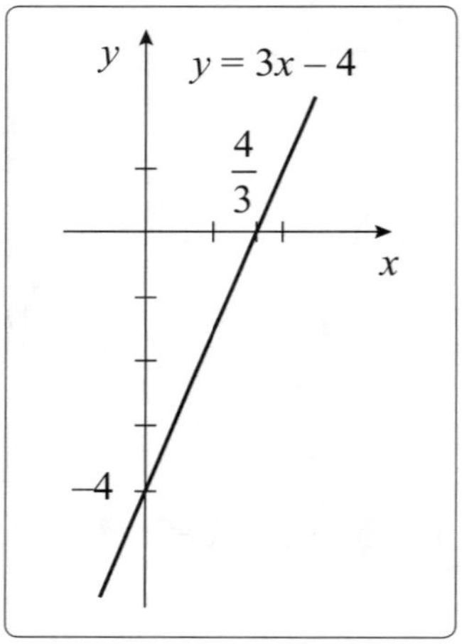


**3.**

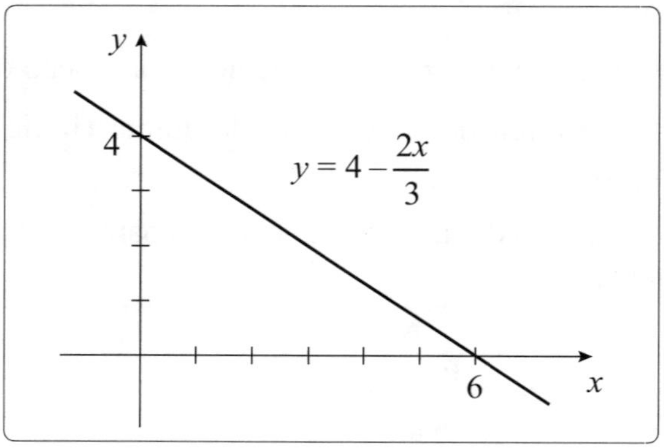

4. |

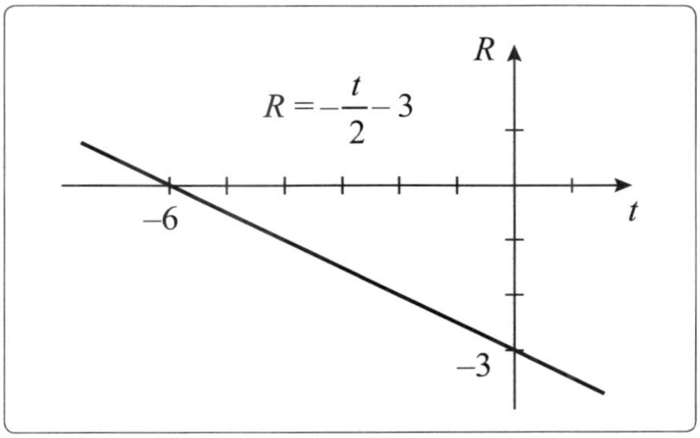


5. |

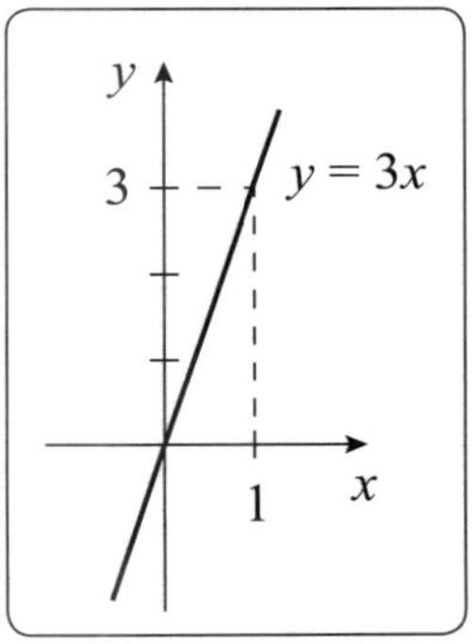


6. |

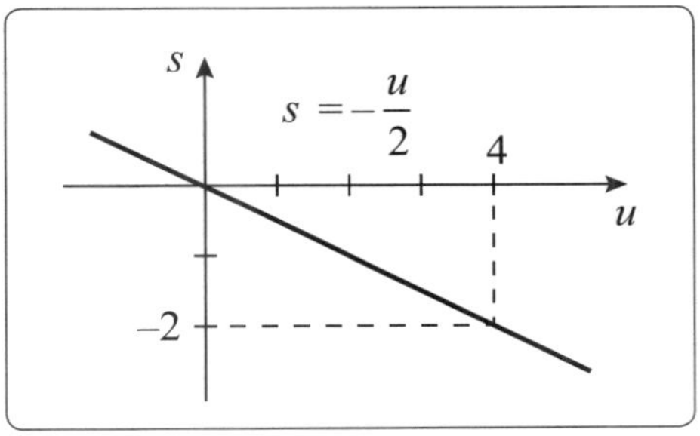


7. | $y = -\frac{2}{5}x + \frac{16}{5}$

8. | $y = -\frac{2x}{3} + \frac{22}{3}$

9. | $y = 6x + 16$

10. | $y = \frac{3}{7}x + \frac{12}{7}$

**11.** | $y = \sqrt{3}x - 2$

**12.** | $y = -x + 1$

**13.** | $y = x - 1$

**14.** | $y = \frac{\sqrt{3}}{3}x - \frac{2\sqrt{3}}{3}$

**15.** | $y = -\sqrt{3}x + 3\sqrt{3}$

**16.** | a) (-1, 3)
b) (-2, 4)
c) (1, 5)
d) (0, 4)

**17.** | a) $t = -\frac{1}{9}$

b) $y = -\frac{11}{9}x + \frac{1}{3}$

c)

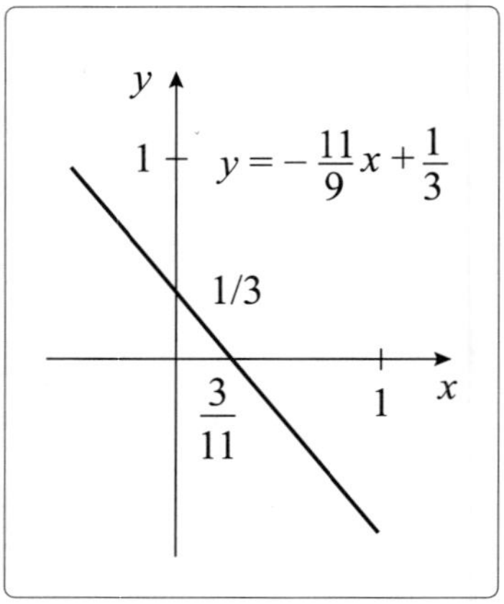


d)

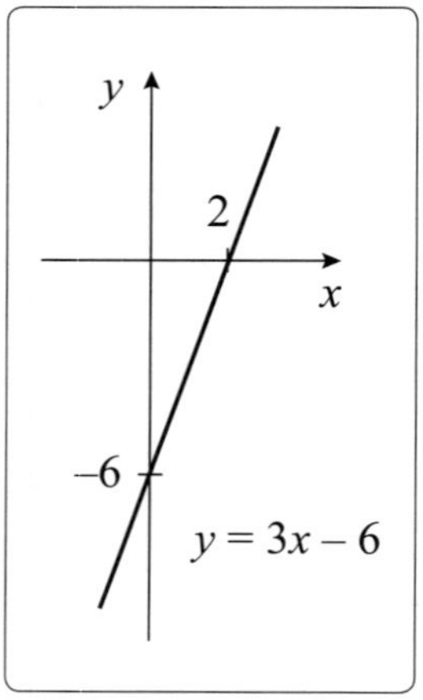

# CAPÍTULO 6

## APLICAÇÕES DAS FUNÇÕES DO 1º GRAU

*Demanda e Oferta*

*Ponto de Equilíbrio de Mercado*

# 1 • FUNÇÃO DE DEMANDA E FUNÇÃO DE OFERTA

## Demanda

A demanda (ou procura) de um produto é a quantidade x desse produto que os consumidores pretendem comprar em um intervalo de tempo (que pode ser um mês, um ano etc.).

A quantidade $x$ demandada pelos consumidores sofre influência de muitos fatores, como o preço de venda, a qualidade do produto, a capacidade aquisitiva do consumidor, a propaganda feita pelos fabricantes e assim por diante. Vamos focalizar nosso estudo numa situação mais simples, examinando apenas a influência do *preço unitário de venda*. Nesse caso, vamos supor que todos os demais fatores, ou permanecem inalterados, ou acarretam à quantidade $x$ uma variação desprezível.

Se indicarmos por $p$ o preço por unidade do produto, então $p$ varia conforme a **demanda**, isto é, $p$ pode ser expresso como uma função da quantidade $x$ demandada: $p = f(x)$. Essa função é conhecida como **função de demanda**, e seu gráfico é parecido com aqueles mostrados nas **Figuras 1**, **2** e **3.**

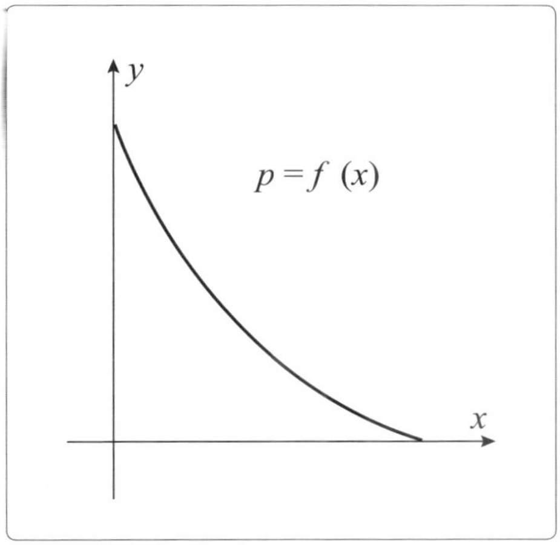


FIGURA 1

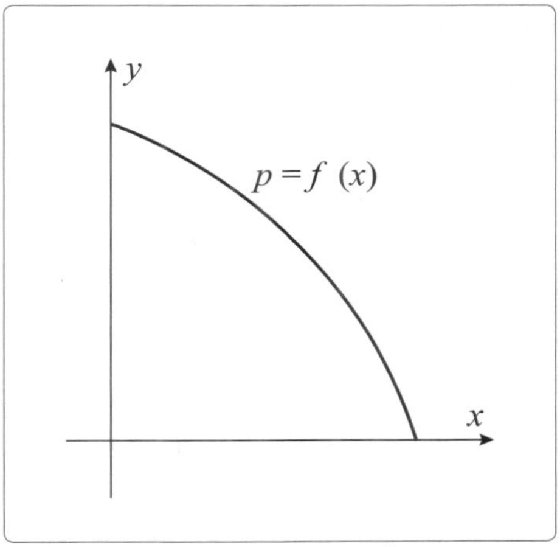


FIGURA 2

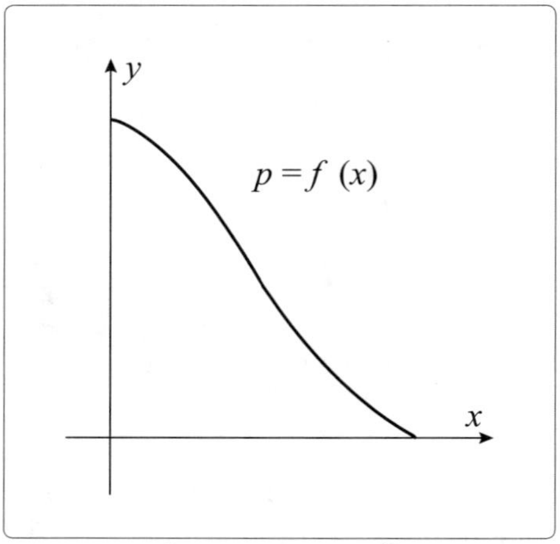


FIGURA 3

Observe que a função de demanda, em geral, é *decrescente*, porque, quando o preço de um produto diminui, há tendência de aumentar a demanda, já que os consumidores se animam a comprar.

Além disso, o gráfico fica restrito aos pontos do primeiro quadrante, porque quantidades ou preços negativos não têm significado.

## Oferta

> A oferta de um produto é a quantidade $x$ desse produto que os produtores pretendem colocar à venda em um intervalo de tempo.

A quantidade $x$ que os produtores estão dispostos a oferecer à venda também sofre influência de muitos fatores, como o preço de venda, a quantidade demandada, os custos de produção, os preços cobrados pelos concorrentes e assim por diante.

Como fizemos no caso da demanda, vamos focalizar nosso estudo em uma situação mais simples, examinando apenas a influência do *preço unitário de venda*. Nesse caso, vamos supor que todos os demais fatores, ou permanecem inalterados, ou acarretam à quantidade $x$ uma variação desprezível.

Sendo assim, o preço unitário $p$ também depende da **oferta** e pode ser expresso como uma função da quantidade $x$ ofertada: $p = g(x)$. Essa função é conhecida como **função de oferta**, e seu gráfico é parecido com aqueles mostrados nas **Figuras 4**, **5** e **6**.

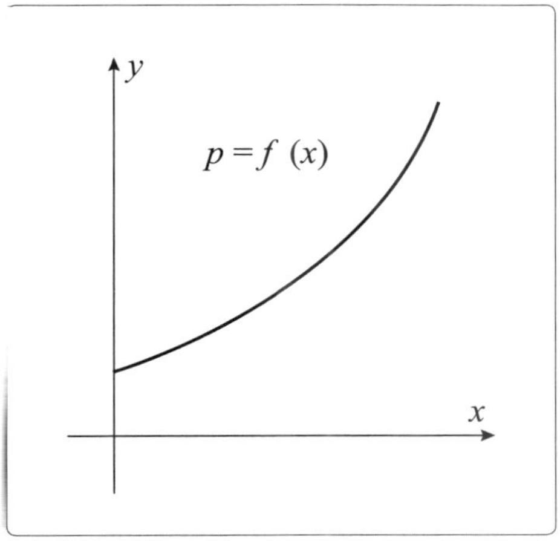


**FIGURA 4**

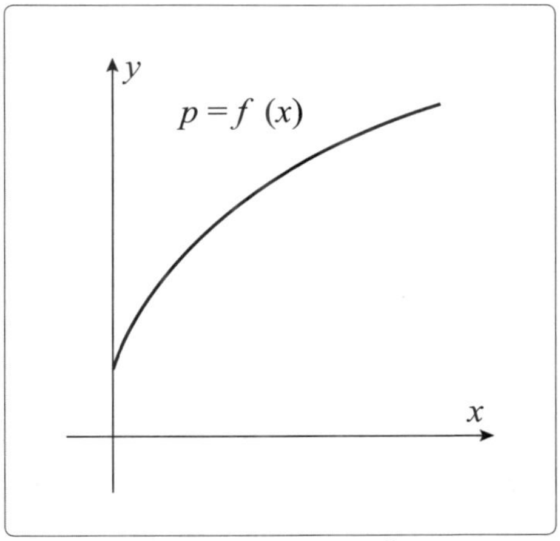


**FIGURA 5**

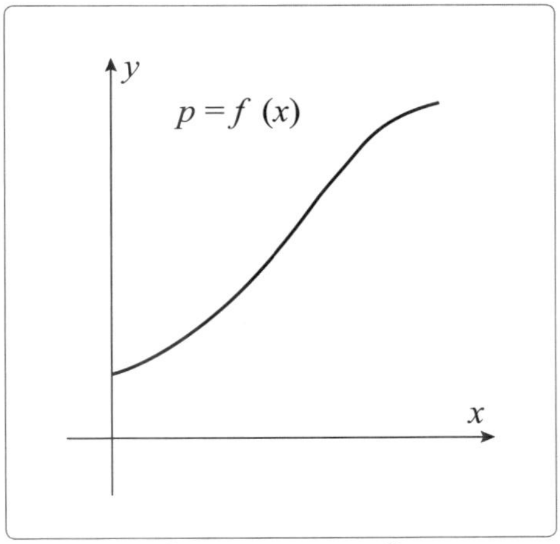


**FIGURA 6**

Note que a função de oferta, em geral, é *crescente*, porque, quando o preço de um produto aumenta, há uma tendência de aumentar a oferta, já que os produtores se animam a oferecer maior quantidade do produto.

## 2 • DEMANDA E OFERTA LINEARES

Se a função de demanda é uma função do primeiro grau $p = ax + b$, o seu gráfico está contido em uma **reta,** como na **Figura 7**.

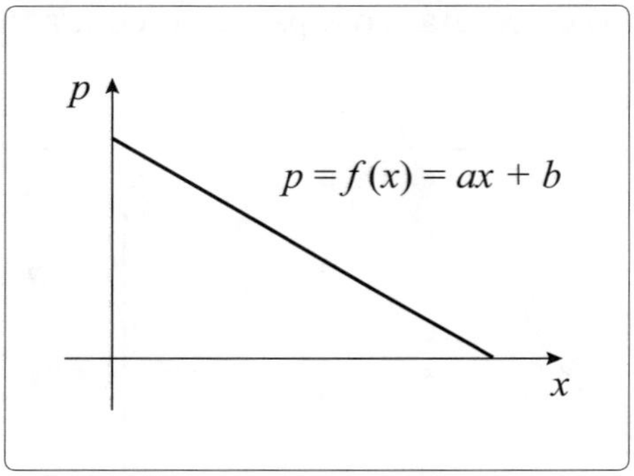


FIGURA 7

A demanda, nesse caso, é chamada **demanda linear** (embora a função não seja linear no sentido estritamente matemático).

A **oferta** também pode ser **linear**, se a sua função for do primeiro grau, $p = cx + d$. O seu gráfico também está contido em uma reta, como na **Figura 8**.

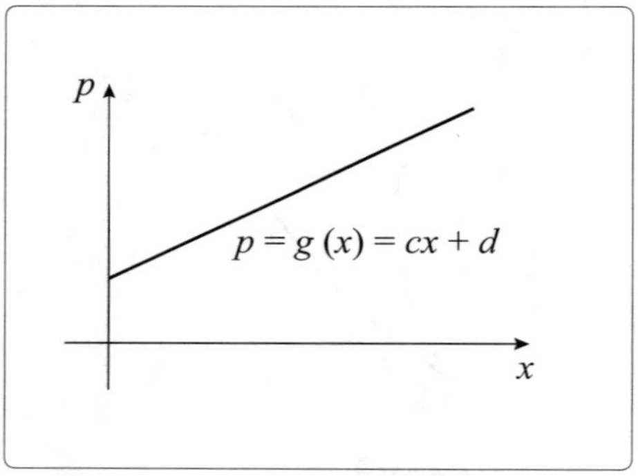


FIGURA 8

## 3 • PONTO DE EQUILÍBRIO DE MERCADO

O ponto de interseção das curvas de demanda e de oferta é chamado **ponto de equilíbrio de mercado** e é caracterizado por um preço $p$ de equilíbrio e uma quantidade $x$ de equilíbrio (veja as **Figuras 9** e **10**).

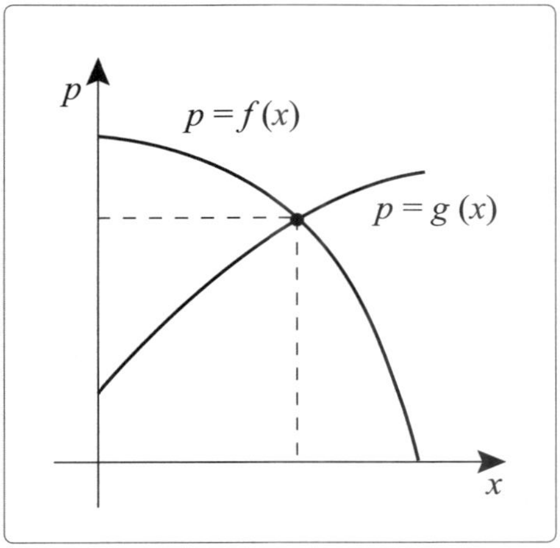


**FIGURA 9**

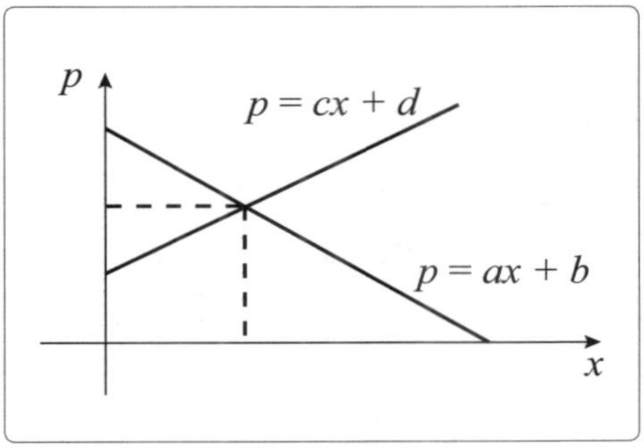


**FIGURA 10**

Para determinar os valores de $x$ e $p$ no ponto de equilíbrio, basta resolver o sistema formado pelas equações da oferta e da procura:

$$\begin{cases} p = ax + b \\ p = cx + d. \end{cases}$$

## Exemplos

- **Exemplo 1**

Um comerciante vende certo produto por R$ 49,00 a unidade e observa que consegue vender 15 unidades por semana. Ele observou que, se cobrasse apenas R$ 35,00 por unidade, conseguiria vender 22 unidades por semana. Determine a função de demanda desse produto, admitindo que a demanda é linear.

Para resolver essa questão, vamos partir da expressão $p = ax + b$, substituindo os valores fornecidos acima:

se $p = 49$, então $x = 15$ : $49 = 15a + b$;

se $p = 35$, então $x = 22$ : $35 = 22a + b$.

Em seguida, resolvemos o sistema formado. Por exemplo, podemos isolar a incógnita $b$ em ambas as equações:

$$\begin{cases} b = 49 - 15a \\ b = 35 - 22a \end{cases}$$

e, depois, igualar as duas expressões: $49 - 15a = 35 - 22a$, obtendo $a = -2$.

Esse valor, na primeira equação, fornece: $b = 49 - 15(-2) \Leftrightarrow b = 79$.

Assim, a função de demanda é dada por $p = -2x + 79$.

Dispondo dessa função, se o comerciante desejar saber a previsão de vendas para o caso de cobrar R\$ 43,00 por unidade, basta fazer: $43 = -2x + 79 \Leftrightarrow x = 18$, isto é, ele venderá 18 unidades por semana.

Se o comerciante desejasse saber que preço deveria cobrar para conseguir vender 30 unidades por semana, bastaria fazer: $p = -2 \cdot 30 + 79 \Leftrightarrow p = 19$, isto é, ele deveria cobrar R\$ 19,00 por unidade.

- **Exemplo 2**

A gerência de uma fábrica, sabendo que o preço de mercado de seu produto é igual a R\$ 317,00 por unidade, decide colocar à venda 424 unidades por mês. Se o preço de mercado fosse de R\$ 426,00, a gerência da fábrica acharia vantagem em oferecer 642 unidades à venda, por mês. Determine a função de oferta desse produto, admitindo que a oferta é linear.

Para resolver essa questão, vamos partir da expressão $p = ax + b$, substituindo os valores acima:

se $p = 317$, então $x = 424 : 317 = 424a + b$;

se $p = 426$, então $x = 642 : 426 = 642a + b$.

Em seguida, resolvemos o sistema formado. Por exemplo, podemos isolar a incógnita $b$ em ambas as equações:

$$\begin{cases} b = 317 - 424a \\ b = 426 - 642a \end{cases}$$

e, depois, igualar as duas expressões: $317 - 424a = 426 - 642a \Leftrightarrow 218a = 109$, obtendo $a = 0,5$.

Esse valor, na primeira equação, fornece: $b = 317 - 424 \cdot (0,5) \Leftrightarrow b = 105$ e, assim, a função de demanda é dada por $p = 0,5x + 105$.

Dispondo dessa função, se o comerciante desejasse saber quantas unidades deveria produzir para o caso de cobrar R$ 360,00 por unidade, bastaria fazer:

$$360 = 0,5x + 105 \Leftrightarrow 0,5x = 255 \Leftrightarrow x = 510,$$

isto é, ele produziria 510 unidades por mês.

Se o comerciante desejasse saber a que preço de mercado ele deveria oferecer 838 unidades por mês, bastaria fazer: $p = 0,5 \cdot 838 + 105 \Leftrightarrow p = 524$, isto é, o preço de mercado deveria ser de R$ 524,00 por unidade.

- **Exemplo 3**

Para um determinado produto, as funções de oferta e de mercado são dadas, respectivamente, pelas expressões:

- demanda: $p = -0,5x + 160$
- oferta: $p = 3x + 48$

Determine a quantidade do produto e o seu preço unitário no ponto de equilíbrio de mercado.

Para resolver essa questão, basta resolver o sistema formado pelas duas equações:

$$\begin{cases} p = -0,5x + 160 \\ p = 3x + 48. \end{cases}$$

Podemos, por exemplo, igualar as duas equações:

$$3x + 48 = -0,5x + 160 \Leftrightarrow 3,5x = 112 \Leftrightarrow x = 32.$$

Esse valor, na primeira equação, fornece: $p = -0,5 \cdot 32 + 160 \Leftrightarrow p = 144$.

Assim, no ponto de equilíbrio de mercado temos que a quantidade do produto é igual a 32 unidades e o preço de equilíbrio é de R$ 144,00 por unidade.

## EXERCÍCIOS DE FIXAÇÃO

**1.** | Uma sala de cinema cobra R$ 20,00 o ingresso por pessoa. A esse preço, comparecem 60 espectadores por sessão. Se o preço cobrado fosse R$ 15,00, haveria 80 espectadores por sessão.

a) Obtenha a função de demanda, admitindo que ela é do primeiro grau.

b) Esboce o gráfico dessa função.

**2.** | Um supermercado que oferece queijo a R$ 12,00 o quilo vende 140 quilos de queijo por semana. Em uma promoção, o mesmo tipo de queijo foi oferecido a R$ 10,00 e verificou-se um aumento de 30% nas vendas daquela semana.

a) Obtenha a função de demanda, admitindo que ela é do primeiro grau.

b) Esboce o gráfico dessa função.

**3.** | Cobrando o preço unitário de R$ 6,00, vendem-se 250 unidades de um produto mensalmente. Se o preço unitário fosse reduzido em 10%, a venda aumentaria em 60%. Supondo que a função de demanda é do primeiro grau,

a) determine a sua expressão;

b) esboce o seu gráfico.

**4.** | Cobrando o preço unitário de R$ 250,00, vendem-se 350 unidades de um produto mensalmente. Se o preço unitário fosse aumentado em 10%, a venda diminuiria em 30%. Supondo que a função de demanda é do primeiro grau,

a) determine a sua expressão;

b) esboce o seu gráfico.

**5.** | Uma empresa decide fabricar 400 unidades de um produto, cujo preço unitário é R$ 8,00. Sabendo que é possível cobrar R$ 9,20 por unidade, a empresa decide colocar à venda 20% a mais de unidades. Se a função de oferta é do primeiro grau,

a) determine a sua expressão;

b) esboce o seu gráfico.

**6.** | Em um país onde a moeda corrente é o "coronado" (Cr$), as funções de oferta e de demanda de um certo produto manufaturado são, respectivamente:

$$p = 0,2x + 8 \text{ e } p = 202 - 0,3x$$

a) Qual é o preço (em "coronados") que acarreta uma produção de 600 unidades para oferta ao mercado?

b) Qual será a demanda ao preço unitário de Cr$ 121,00?

c) Qual é o ponto de equilíbrio de mercado?

7. | As funções de demanda e de oferta de um produto são, respectivamente, $p = 445{,}6 - 0{,}46x$ e $p = 0{,}82x + 36$ (preço em R$).

a) Qual é o preço que acarreta uma produção de 740 unidades para oferta ao mercado?

b) Qual será a demanda ao preço unitário de R$ 215,60?

c) Qual é o ponto de equilíbrio de mercado?

## RESPOSTAS DOS EXERCÍCIOS DE FIXAÇÃO

1. | a) $p = -\frac{x}{4} + 35$

b)

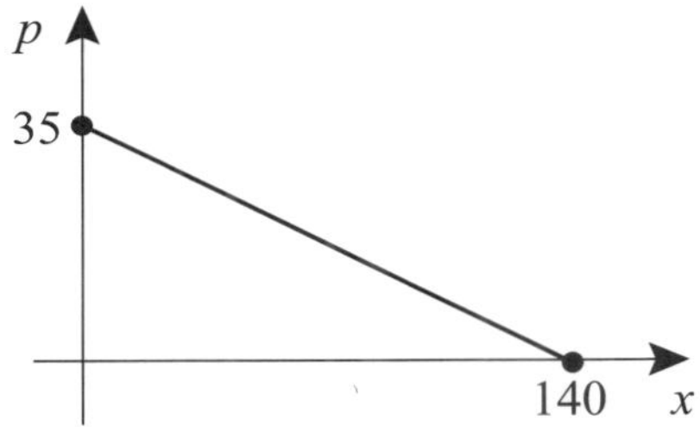


2. | a) $p = -\frac{x}{21} + \frac{56}{3}$

b)

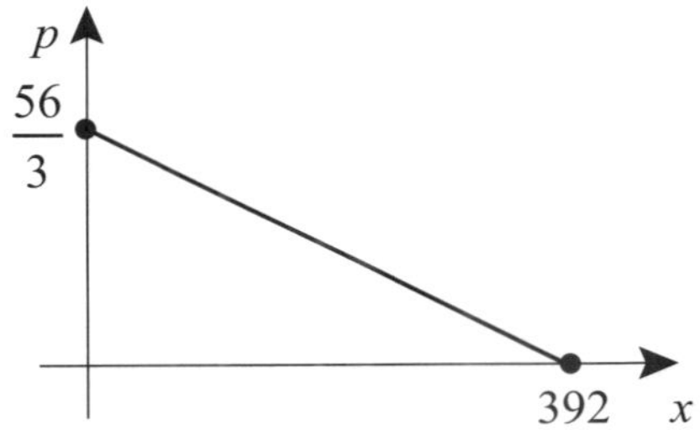


3. | a) $p = -\frac{x}{250} + 7$

b)

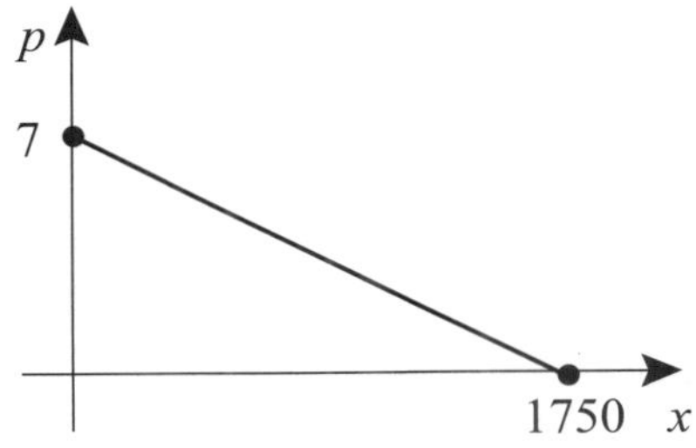

4. a) $p = -\frac{5}{21}x + \frac{1000}{3}$

b)

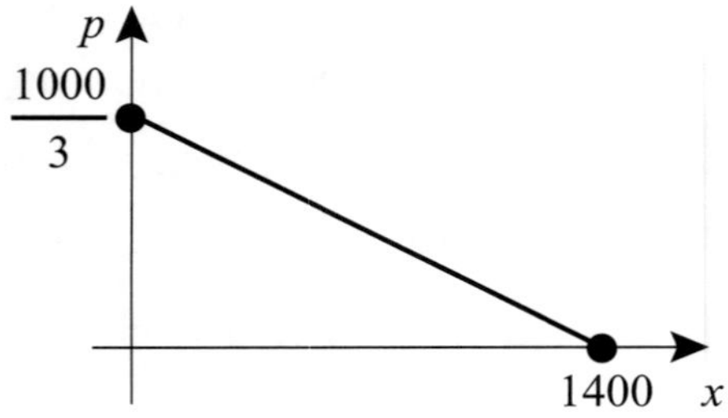


5. a) $p = \frac{3}{200}x + 2$

b)

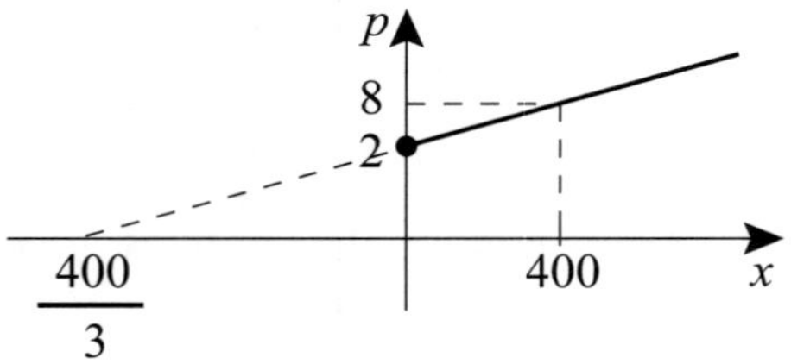


6. a) Cr$ 128,00 b) 270 c) $x = 388$ e $p = Cr\$\ 85{,}60$

7. a) R$ 642,80 b) 500 c) $x = 320$ e $p = R\$\ 298{,}40$

# CAPÍTULO 7
## FUNÇÕES DO 2º GRAU

## 1 • FUNÇÕES DO SEGUNDO GRAU

Chama-se **função do segundo grau** uma função dada pela fórmula $y = f(x) = ax^2 + bx + c$, com $a \in \mathbb{R}$, $b \in \mathbb{R}$, $c \in \mathbb{R}$ e $a \neq 0$.

- **Exemplos**

Para uma função do 2º grau dada por $y = 3x^2 - 7x + 5$, tem-se $a = 3$, $b = -7$ e $c = 5$.

Para a função $y = -x^2 + 15$, tem-se $a = -1$, $b = 0$ e $c = 15$.

Para a função $y = x^2 + 3x$, tem-se $a = 1$, $b = 3$ e $c = 0$.

## 2 • GRÁFICO DA FUNÇÃO DO SEGUNDO GRAU

O gráfico de uma função do segundo grau é uma curva especial chamada **parábola**, mostrada na **Figura 1**.

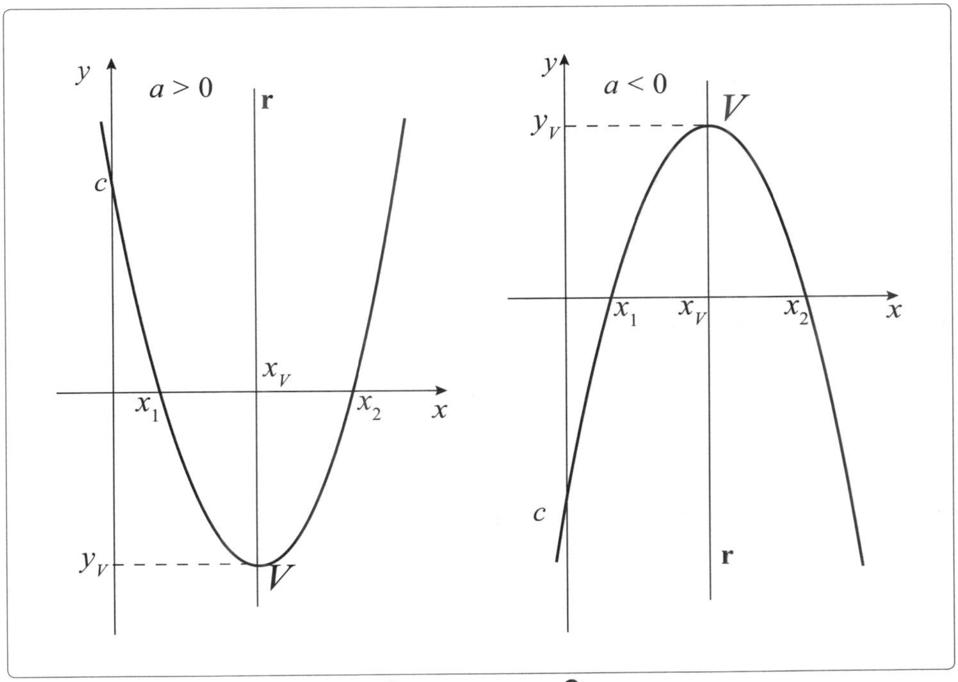


**FIGURA 1**

O gráfico pode ser também uma *parte* da parábola, se o domínio da função não for todo o conjunto real. A parábola tem um eixo de simetria (a reta **r**), que no caso das funções do segundo grau é sempre paralelo ao eixo dos $y$.

A curva pode ter sua concavidade voltada *para cima* ou *para baixo*, dependendo do **sinal** do coeficiente **a**. Se $a > 0$, a concavidade da parábola é para cima, como na figura da esquerda, e, se $a < 0$, a concavidade é para baixo, como na figura da direita.

O ponto $V$ é o **vértice** da parábola, interseção da parábola com seu eixo de simetria. Indicamos as coordenadas do vértice por $V = (x_V; y_V)$.

## 3 • RAÍZES E INTERCEPTO DA FUNÇÃO DO SEGUNDO GRAU

As **raízes** $x_1$ e $x_2$ são calculadas pela condição $ax^2 + bx + c = 0$, ou seja, são as raízes da equação do segundo grau, obtidas pela fórmula:

$$x = \frac{-b \pm \sqrt{\Delta}}{2a}, \text{ para } \Delta \geq 0 \text{ (sendo } \Delta = b^2 - 4ac\text{)}.$$

Há três casos:

1) se $\Delta > 0$, há duas raízes distintas, $x_1$ e $x_2$;
2) se $\Delta = 0$, então $x_1 = x_2$, ou seja, a função tem uma única raiz;
3) se $\Delta < 0$, não existem raízes reais para a função, e, nesse caso, o gráfico não pode ter ponto comum com o eixo dos x.

O **intercepto** da função é o valor $f(0) = a \cdot 0^2 + b \cdot 0 + c = c$.

## 4 • VÉRTICE DA PARÁBOLA

A abscissa $x_V$ pode ser determinada notando-se que o vértice fica no eixo de simetria; logo, o valor $x_V$ é a média entre as raízes. Daí, $x_V = \dfrac{x_1 + x_2}{2}$.

Outro modo de calcular as coordenadas do vértice $V = (x_V; y_V)$ é usar as fórmulas:

$$x_V = -\frac{b}{2a}, \; y_V = -\frac{\Delta}{4a}.$$

## 5 • EXEMPLOS DE FUNÇÕES DO SEGUNDO GRAU

- **Exemplo 1**

Para obter o gráfico da função $y = x^2 - 6x + 5$, executam-se os passos a seguir:

1º) os coeficientes são $a = 1,\ b = -6,\ c = 5$;

2º) o valor do discriminante $\Delta$ é:

$$\Delta = b^2 - 4ac = (-6)^2 - 4 \cdot 1 \cdot 5 = 16\ ;$$

3º) há duas raízes distintas $x_1$ e $x_2$, dadas por:

$$x = \frac{-b \pm \sqrt{\Delta}}{2a} = \frac{6 \pm 4}{2} \text{ e, assim, } x_1 = 1 \text{ e } x_2 = 5\ ;$$

4º) o intercepto é $f(0) = c$, logo, seu valor é $c = 5$;

5º) sabemos que a parábola tem concavidade para cima, pois $a = 1 > 0$;

6º) as coordenadas do vértice são:

$$x_V = -\frac{b}{2a} = -\frac{-6}{2} = 3 \text{ e } y_V = -\frac{\Delta}{4a} = -\frac{16}{4} = -4\ ,$$

e, assim, $V(3;-4)$.

Poderíamos fazer, também, $x_V = \dfrac{x_1 + x_2}{2} = \dfrac{1+5}{2} = 3$.

Com os seis resultados acima, já é possível esboçar o gráfico, dando a localização da parábola com bastante clareza. Frequentemente, esses gráficos são desenhados a mão livre e não há necessidade de escala, desde que os valores indicados estejam de acordo com as características da função. O resultado está na **Figura 2**.

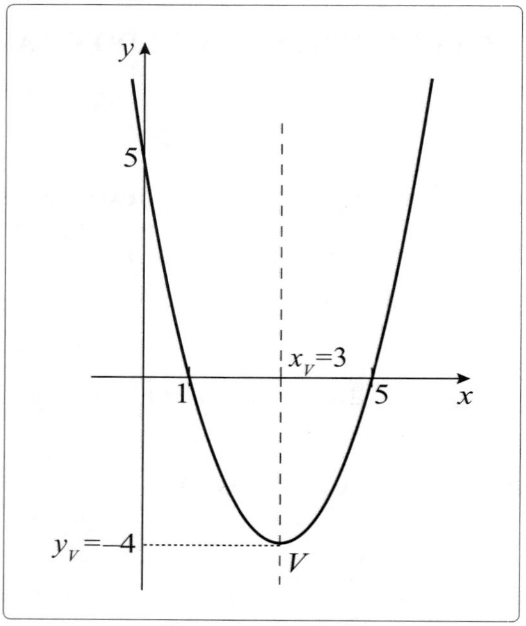


**FIGURA 2**

- **Exemplo 2**

Vamos executar os seis passos do exemplo anterior para a função:

$$y = -x^2 + 2x + 8.$$

1º) coeficientes: $a = -1.\ b = 2.\ c = 8$;

2º) discriminante: $\Delta = 2^2 - 4 \cdot (-1) \cdot 8 = 36$;

3º) raízes: $x = \dfrac{-2 \pm 6}{-2}$, em que $x_1 = -2$ e $x_2 = 4$;

4º) intercepto: $c = 8$;

5º) concavidade: como $a = -1 < 0$, a concavidade é para baixo;

6º) vértice:

$$x_v = -\frac{b}{2a} = -\frac{2}{-1} = 1 \text{ ou } x_V = \frac{x_1 + x_2}{2} = \frac{-2+4}{2} = 1 \text{, e } y_V = -\frac{\Delta}{4a} = -\frac{36}{-4} = 9$$

Assim, $V = (1;9)$. O resultado é o esboço da **Figura 3**.

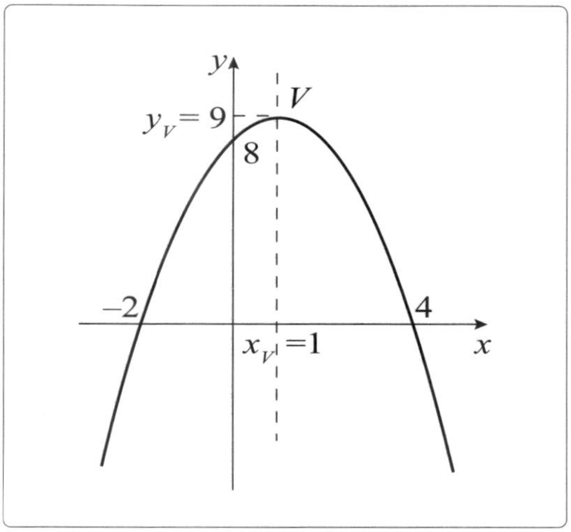


**FIGURA 3**

- **Exemplo 3**

Façamos o gráfico da função $y = 4x^2 - 4x + 1$, por meio dos seis passos.

1º) coeficientes: $a = 4$, $b = -4$, $c = 1$;

2º) discriminante: $\Delta = (-4)^2 - 4 \cdot 4 \cdot 1 = 0$;

3º) raízes: $x = \dfrac{-(-4) \pm 0}{8} = \dfrac{1}{2}$, ou seja, $x_1 = x_2 = \dfrac{1}{2}$;

4º) intercepto: $c = 1$;

5º) concavidade: como $a = 4 > 0$, a concavidade é para cima;

6º) vértice:

$$x_V = -\frac{b}{2a} = -\frac{-4}{8} = \frac{1}{2} \text{ ou } x_V = \frac{x_1 + x_2}{2} = \frac{\frac{1}{2} + \frac{1}{2}}{2} = \frac{1}{2},$$

e $y_V = -\dfrac{\Delta}{4a} = -\dfrac{0}{16} = 0$ e, assim, $V = \left(\dfrac{1}{2}; 0\right)$.

O esboço do gráfico é o que se vê na **Figura 4**. Veja que essa função tem uma única raiz, porque $\Delta = 0$ e, sendo assim, a parábola tangencia o eixo dos $x$.

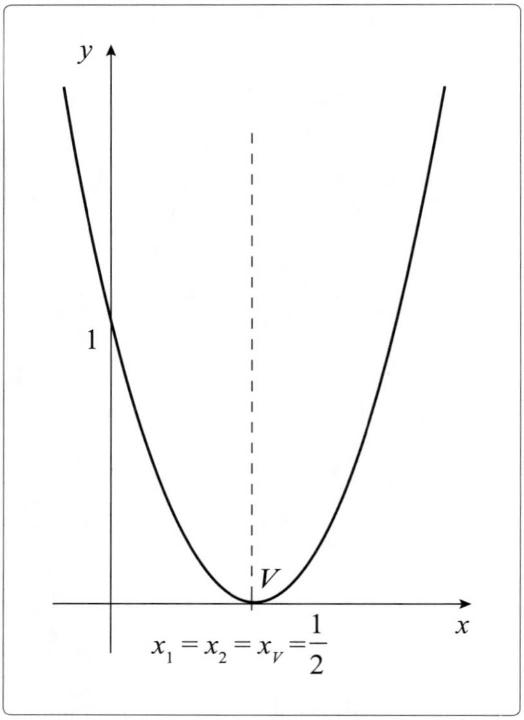


**FIGURA 4**

- **Exemplo 4**

Seja a função $y = -9x^2 - 12x - 4$. Temos:

1º) coeficientes: $a = -9,\ b = -12,\ c = -4$;

2º) discriminante: $\Delta = (-12)^2 - 4(-9)(-4) = 0$;

3º) raízes: $x = \frac{12 \pm 0}{-18} = -\frac{2}{3}$, isto é, $x_1 = x_2 = -\frac{2}{3}$;

4º) intercepto: $c = -4$;

5º) concavidade: para baixo, pois $a = -9 < 0$;

6º) vértice:

$$x_V = -\frac{b}{2a} = -\frac{-12}{-18} = -\frac{2}{3}, \text{ ou } x_V = \frac{x_1 + x_2}{2} = \frac{\left(-\frac{2}{3}\right) + \left(-\frac{2}{3}\right)}{2} = -\frac{2}{3}$$

e $y_V = -\frac{\Delta}{4a} = -\frac{0}{-36} = 0$, isto é, $V = \left(-\frac{2}{3}; 0\right)$.

A **Figura 5** mostra o resultado, em que a parábola tangencia o eixo dos $x$, pois a função tem uma única raiz.

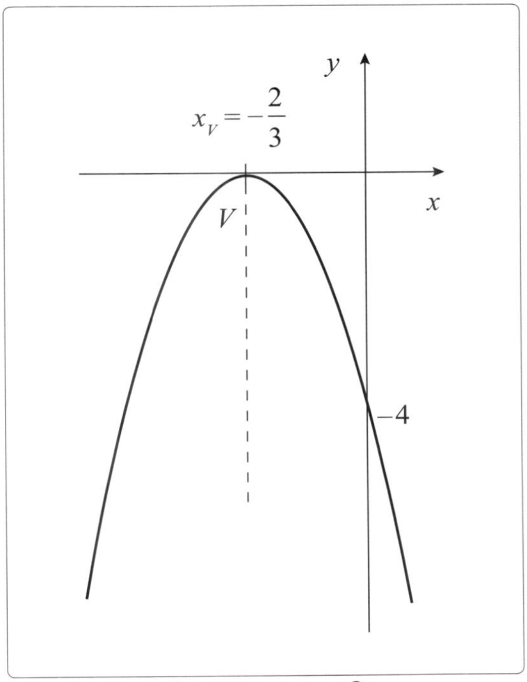


**FIGURA 5**

- **Exemplo 5**

Para a função $y = x^2 - 2x + 5$, temos:

1º) coeficientes: $a = 1,\ b = -2,\ c = 5$;

2º) discriminante: $\Delta = (-2)^2 - 4 \cdot 1 \cdot 5 = -16$;

3º) raízes: não existem raízes reais;

4º) intercepto: $c = 5$;

5º) concavidade: para cima, pois $a = 1 > 0$;

6º) vértice:

$$x_V = -\frac{b}{2a} = -\frac{-2}{2} = 1 \text{ e } y_v = -\frac{\Delta}{4a} = -\frac{-16}{4} = 4 \text{, logo, } V = (1;4).$$

Aqui não podemos usar as raízes para calcular $x_V$.

O gráfico (**Figura 6**) não pode cortar nem tangenciar o eixo dos *x*, porque não existem raízes reais.

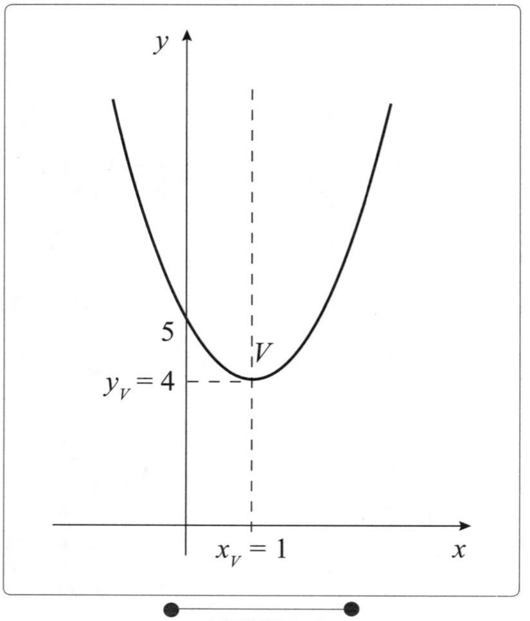


**FIGURA 6**

- **Exemplo 6**

A função $y = -x^2 + x - 1$ tem:

1º) coeficientes: $a = -1$, $b = 1$, $c = -1$;

2º) discriminante: $\Delta = 1^2 - 4(-1)(-1) = -3$;

3º) raízes: não existem;

4º) intercepto: $c = -1$;

5º) concavidade: para baixo ($a = -1 < 0$);

6º) vértice:

$$x_V = -\frac{b}{2a} = -\frac{1}{-2} = \frac{1}{2} \text{ e } y_V = -\frac{\Delta}{4a} = -\frac{-3}{-4} = -\frac{3}{4}\text{, logo, } V = \left(\frac{1}{2}; -\frac{3}{4}\right).$$

A parábola não corta, nem tangencia o eixo dos $x$ (**Figura 7**).

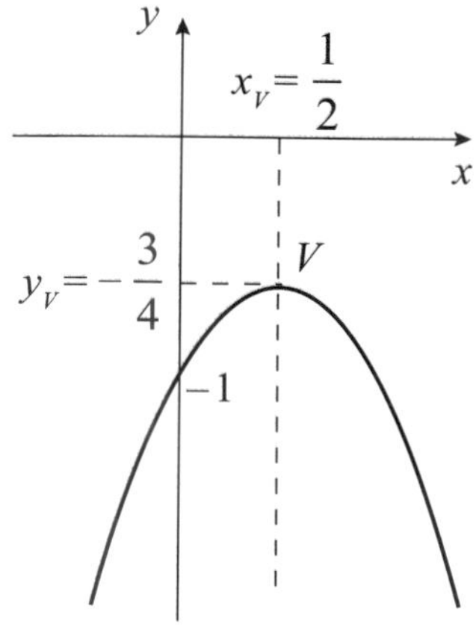


FIGURA 7

## 6 • FORMULÁRIO

Para a função do segundo grau $y = ax^2 + bx + c$, temos:

1. **discriminante**: $\Delta = b^2 - 4ac$;
2. **raízes**: $x = \frac{-b \pm \sqrt{\Delta}}{2a}$ (para $\Delta \geq 0$). Há três casos:
   a) se $\Delta > 0$, há duas raízes distintas, $x_1$ e $x_2$;
   b) se $\Delta = 0$, então $x_1 = x_2$, ou seja, a função tem uma única raiz;
   c) se $\Delta < 0$, não existem raízes reais para a função, e, nesse caso, o gráfico não pode ter ponto comum com o eixo dos $x$.
3. **intercepto**: $f(0) = c$;
4. **concavidade**: para cima se $a > 0$ e para baixo se $a < 0$;
5. **vértice**: $x_V = -\frac{b}{2a}$ e $y_V = -\frac{\Delta}{4a}$. Se $\Delta \geq 0$, temos também $x_V = \frac{x_1 + x_2}{2}$.

## 7 • TIPOS DE GRÁFICO

Nas figuras a seguir, temos um resumo dos seis casos que ocorrem para o gráfico das funções do segundo grau, quanto aos sinais do coeficiente **a** e do discriminante $\Delta$.

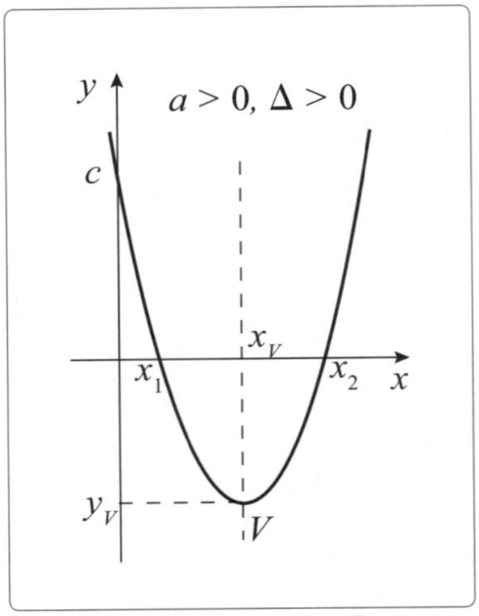


**FIGURA 8**

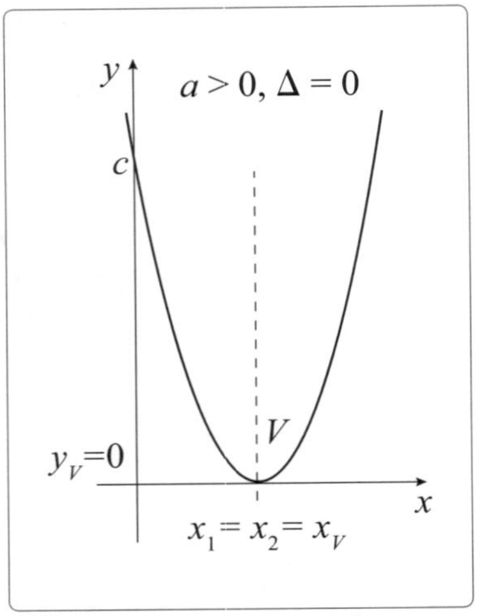


**FIGURA 9**

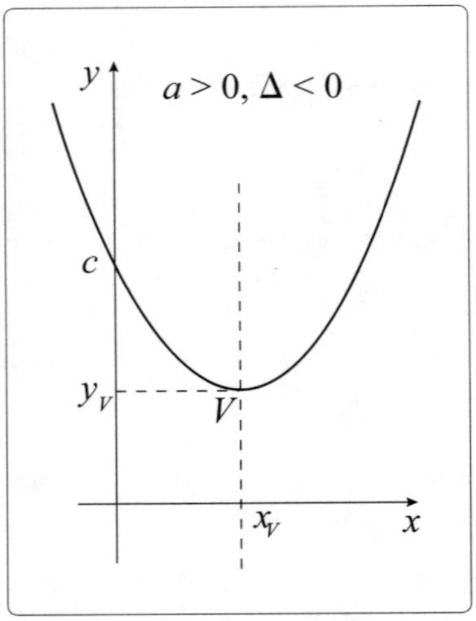


**FIGURA 10**

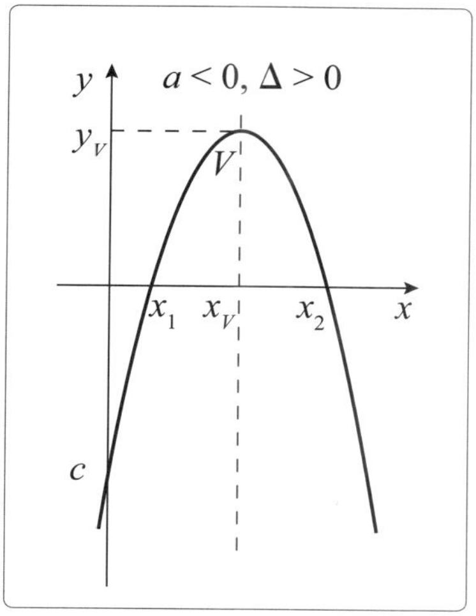


**FIGURA 11**

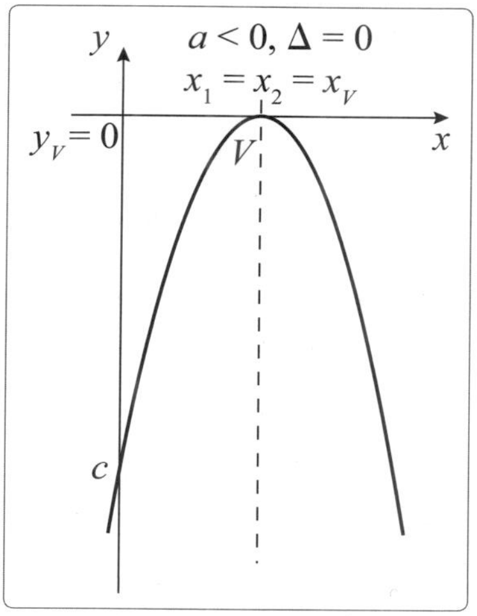


**FIGURA 12**

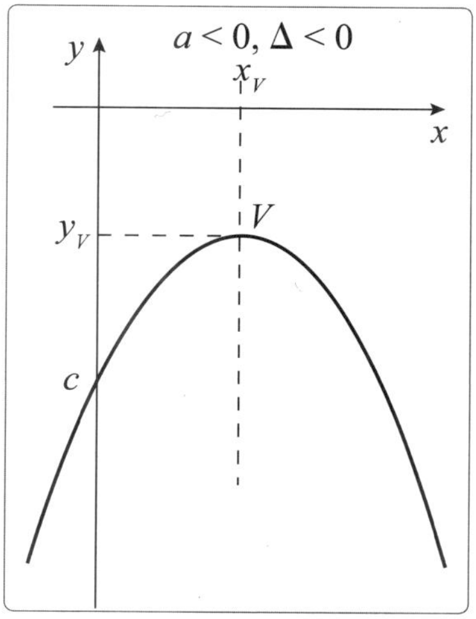


**FIGURA 13**

## 8 • CARACTERÍSTICAS DA FUNÇÃO DO SEGUNDO GRAU

O estudo de uma função do segundo grau e do seu gráfico permite determinar várias características da função, como:

- sinais;
- variação;

- máximo ou mínimo;
- conjunto imagem.

A função $y = 2x^2 - 13x + 18$ apresenta o gráfico da **Figura 14**, do qual podemos obter essas características. Temos, então:

1) esquema de sinais e de variação:

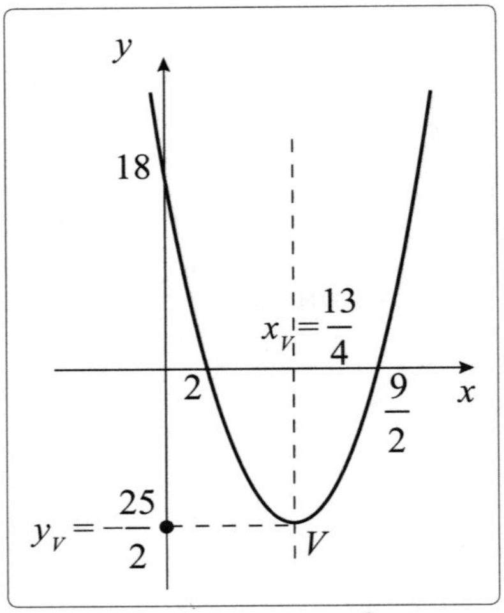


FIGURA 14

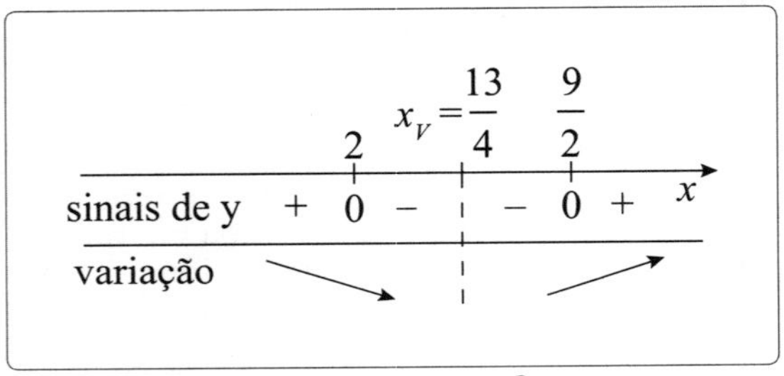


FIGURA 15

2) o vértice é o ponto de mínimo: $V = \left(\frac{13}{4}; -\frac{25}{8}\right)$. A função não tem ponto de máximo;

3) o conjunto imagem é $I_f = \left\{ y \in \mathbb{R} \mid y \geq -\frac{25}{8} \right\}$.

## 9 • INEQUAÇÕES DO SEGUNDO GRAU

Outro tipo de problema que se pode resolver com o auxílio do gráfico é a **inequação do segundo grau.**

- **Exemplo**

Para a inequação $-x^2 + 2x + 3 \geq 0$, esboçamos primeiro o gráfico da função $y = -x^2 + 2x + 3$, como na **Figura 16**, tornando visível o resultado. O conjunto solução é:

$$S = \{x \in \mathbb{R} \mid -1 \leq x \leq 3\}.$$

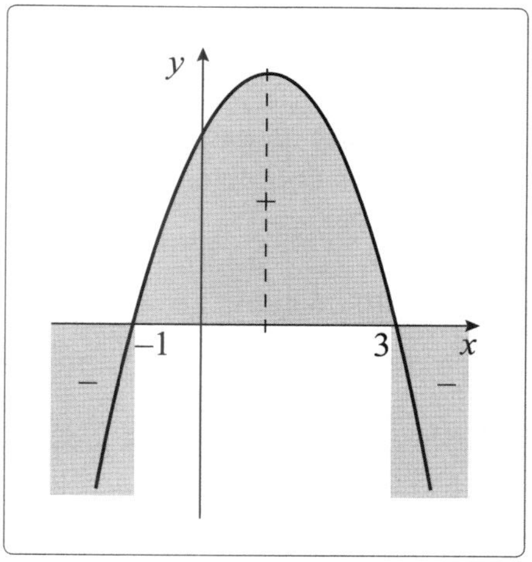


FIGURA 16

Se a inequação fosse $-x^2 + 2x + 3 \leq 0$, no mesmo gráfico encontraríamos o conjunto solução

$$S = \{x \in \mathbb{R} \mid x \leq -1 \; ou \; x \geq 3\}.$$

## EXERCÍCIOS DE FIXAÇÃO

**1.** | Para cada função a seguir (exercícios de 1 a 5):

a) represente graficamente as parábolas correspondentes, indicando as raízes, o intercepto e as coordenadas do vértice;

b) faça os esquemas de sinais e de variação;

c) determine o conjunto imagem;

d) determine o ponto de máximo ou de mínimo, conforme o caso.

$y = 2x^2 - 8x + 6$

$y = x^2 - 3x$

$y = x^2 - 6x + 9$

$y=-2x^2+8x-6$

$y=-x^2-2x-1$

☐ **2.** | Cada função a seguir (exercícios 6 e 7) possui o domínio especificado.

a) Represente graficamente as parábolas correspondentes, indicando as raízes, o intercepto e as coordenadas do vértice.

b) Faça os esquemas de sinais e de variação.

c) Determine o conjunto imagem.

d) Determine os pontos de máximo e de mínimo, locais e globais.

$y=x^2-7x+10,\ D_f=\{x\in\mathbb{R}\mid 1\le x\le 8\}$

$y=-3x^2+18x,\ D_f=\{x\in\mathbb{R}\mid 1\le x\le 5\}$

☐ **3.** | Resolva as seguintes inequações do segundo grau (exercícios de 8 a 15):

$-x^2-4x+12>0$

$4x^2-20x+25\ge 0$

$4x^2-20x+25<0$

$x^2-5x\ge 0$

$3x-2x^2\le 0$

$x^2>3$

$x^2-2x-1\le 3x-7$

$3(2x-3)^2>4x(2x-9)+43$

☐ **4.** | Determine as coordenadas dos pontos de interseção da parábola e da reta a seguir (exercícios 16 e 17):

$y=x^2+5x+6$ e $y=4x+6$

$y=x^2-2x+5$ e $y=-x+7$

Determine $m$ de modo que o gráfico da função $y=\left(m^2-4\right)x^2+x+m$ tenha concavidade para baixo.

Determine $m$ de modo que a função $y=-x^2+mx+3$ tenha um valor máximo igual a 7.

**5.** | Calcule as coordenadas dos pontos de interseção das parábolas a seguir (exercícios 20 e 21):

$y=x^2+x-2$ e $y=-x^2+3x+2$

$y=x^2+2x-5$ e $y=-x^2+5x-5$

## RESPOSTAS DOS EXERCÍCIOS DE FIXAÇÃO

**1.** | a)

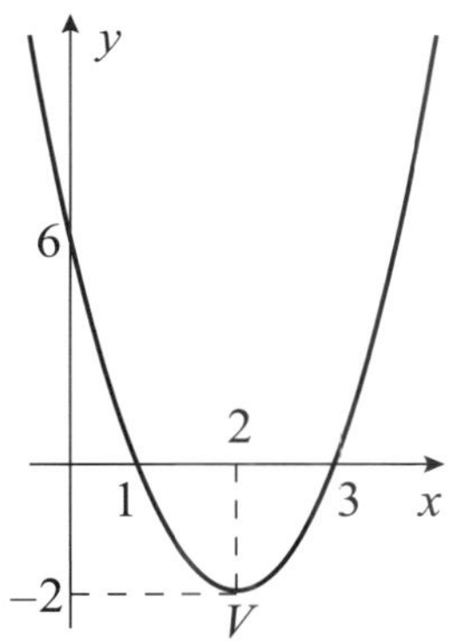


b)

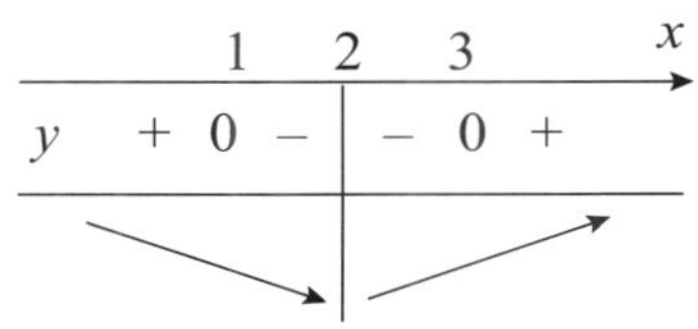


c) $I_f=\{y\in\mathbb{R}\mid y\geq -2\}$

d) mínimo: $V=(2;-2)$

**2.** | a)

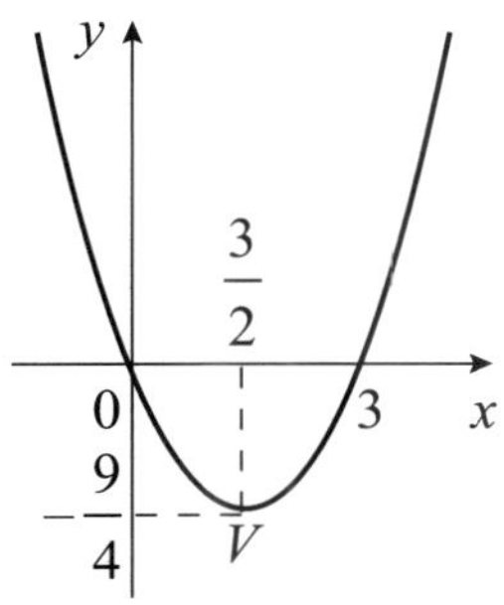


b)

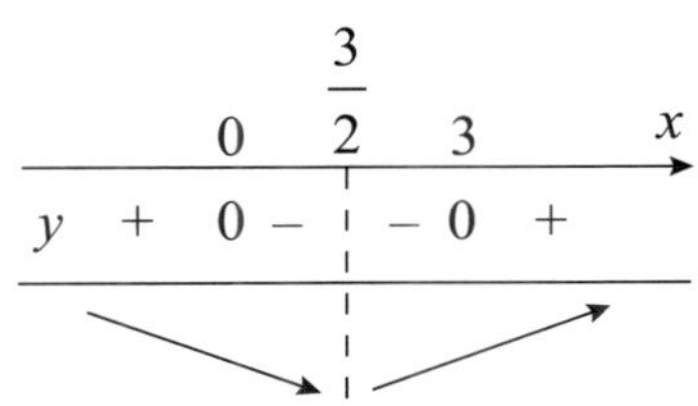


c) $I_f=\left\{y\in\mathbb{R}\mid y\geq -\dfrac{9}{4}\right\}$

d) mínimo: $V=\left(\dfrac{3}{2};-\dfrac{9}{4}\right)$

**3.** | a)

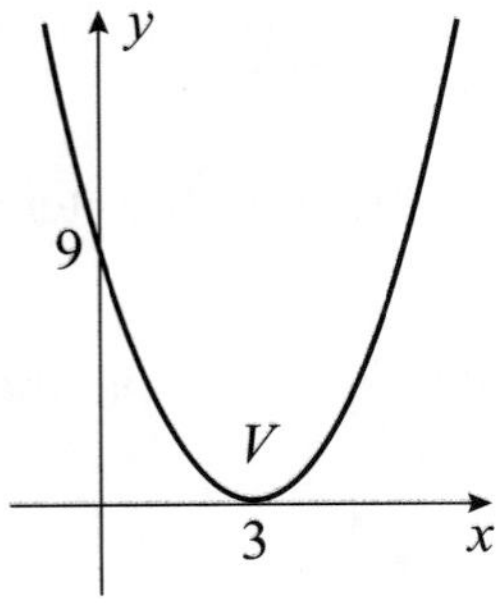


b)

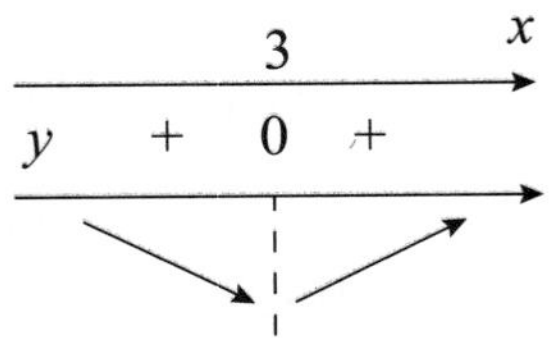


c) $I_f = \{y \in \mathbb{R} \mid y \geq 0\}$

d) mínimo: $V = (3;0)$

**4.** | a)

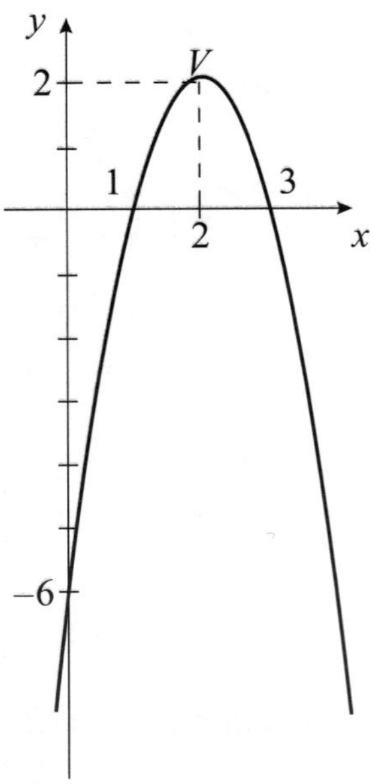


b)

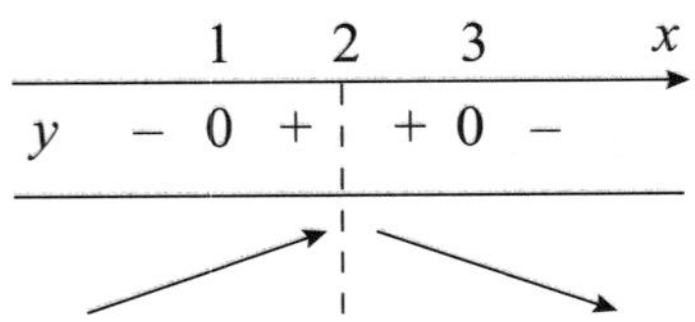


c) $I_f = \{y \in \mathbb{R} \mid y \leq 2\}$

d) máximo: $V = (2;2)$

**5.** | a)

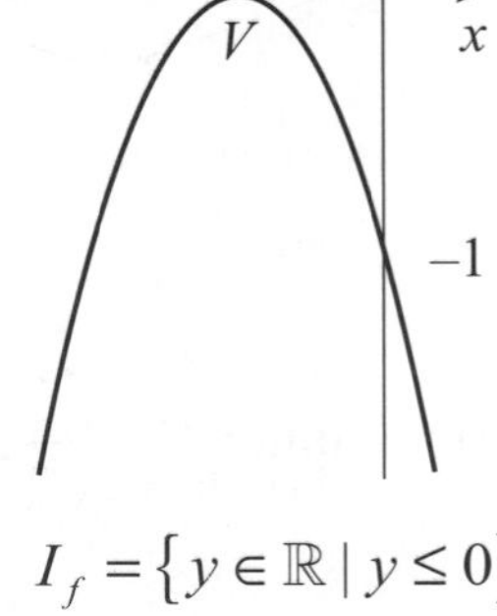


b)

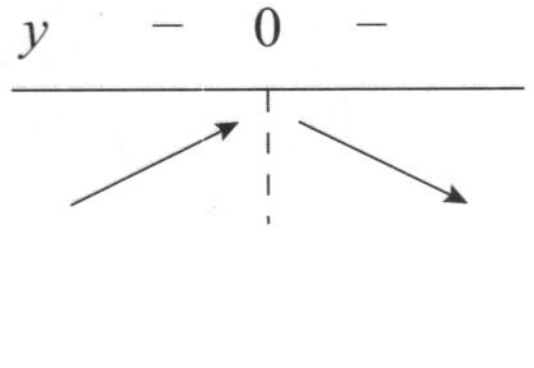


c) $I_f = \{y \in \mathbb{R} \mid y \leq 0\}$

d) máximo: $V = (-1;0)$

**6.** | a)

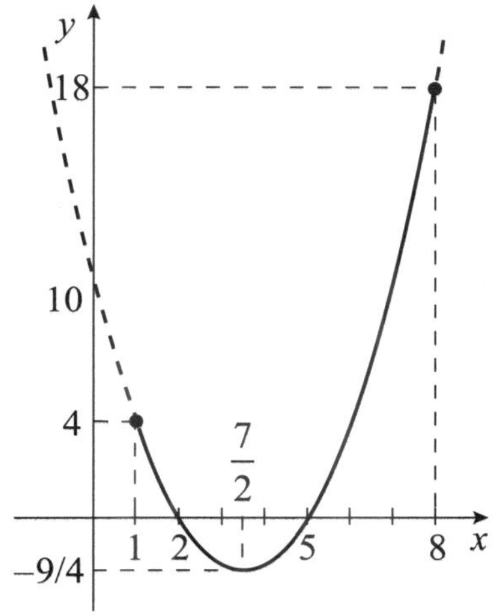


b)

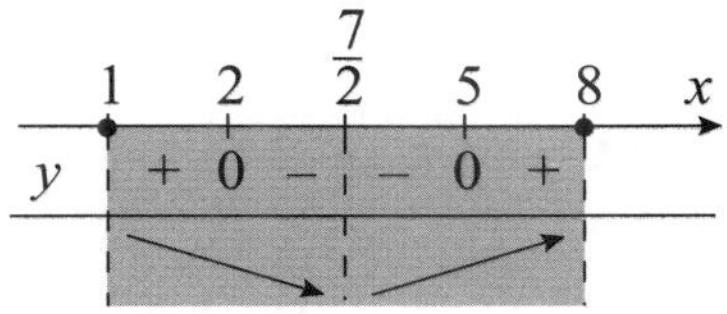


c) $I_f = \left\{ y \in \mathbb{R} \mid -\dfrac{9}{4} \leq y \leq 18 \right\}$

d) máximo local: $(1;4)$ mínimo global: $V\left(\dfrac{7}{2};-\dfrac{9}{4}\right)$ máximo global: $(8;18)$

**7.** | a)

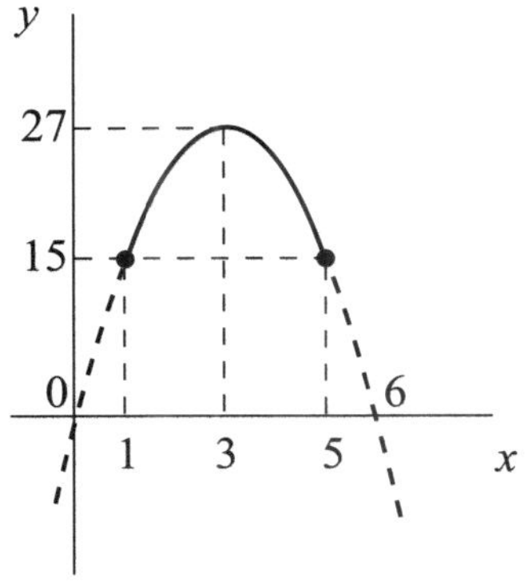


b)

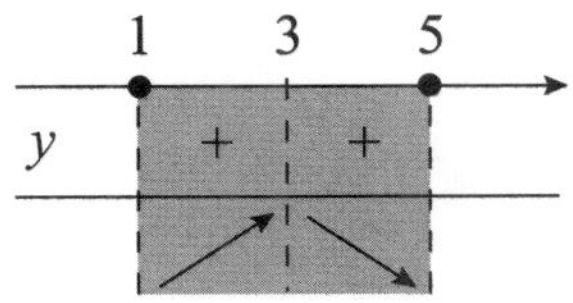


c) $I_f = \{ y \in \mathbb{R} \mid 15 \leq y \leq 27 \}$

d) mínimos globais: $(1;15)$ *e* $(5;15)$ máximo global: $(3;27)$

**8.** | $-6 < x < 2$

**9.** | $\mathbb{R}$

**10.** | $\varnothing$

**11.** | $x \leq 0$ *ou* $x \geq 5$

**12.** | $x \leq 0$ *ou* $x \geq \dfrac{3}{2}$

☐ **13.** | $x < -\sqrt{3}$ ou $x > \sqrt{3}$

☐ **14.** | $2 \leq x \leq 3$

☐ **15.** | $x < -2$ ou $x > 2$

☐ **16.** | $(0;6)$ e $(-1;2)$

☐ **17.** | $(2;5)$ e $(-1;8)$

☐ **18.** | $-2 < m < 2$

☐ **19.** | $m = \pm 4$

☐ **20.** | $(-1;-2)$ $e$ $(2;4)$

☐ **21.** | $(0;-5)$ $e$ $\left(\frac{3}{2};\frac{1}{4}\right)$

# CAPÍTULO 8

## APLICAÇÕES DAS FUNÇÕES DO 2º GRAU

*Os principais conceitos deste capítulo serão explicados por meio dos exemplos a seguir.*

## 1 • RECEITA E LUCRO COM PREÇO VARIÁVEL

### • Exemplo 1

Se uma empresa produz e vende uma quantidade $x$ de um produto, ao preço de venda unitário $p$, então sua função de receita é $R = px$. Assim, se o preço unitário é fixo, essa função é do primeiro grau.

Entretanto, dependendo da demanda, o preço unitário pode variar com a quantidade demandada do produto. Por exemplo, se a função de demanda desse produto for $p = 24 - 0,03x$, a receita total será dada por:

$$R = px = (24 - 0,03x)x = 24x - 0,03x^2$$

e será, nesse caso, uma função do segundo grau, com o gráfico da **Figura 1**.

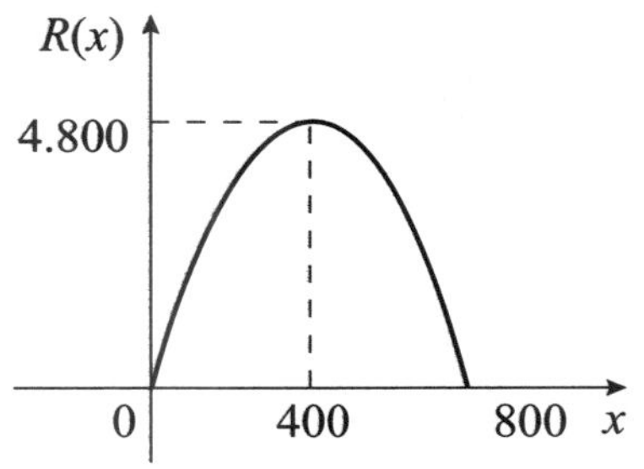


**FIGURA 1**

O gráfico é *parte* de uma parábola, pois essa função só é definida para $0 \le x \le 800$. Valores de $x$ negativos não teriam significado e valores de $x$ maiores do que 800 acarretariam receita negativa, que também não teria significado.

Por meio do gráfico, vê-se que a **máxima** receita será obtida quando a demanda for de 400 unidades do produto.

Da mesma forma, o lucro também é uma função do segundo grau. Suponha que o custo total seja dado pela função $C = 3x + 2.475$. A função lucro é definida para $x \ge 0$ e a sua expressão é

$$L = R - C = (24x - 0,03x^2) - (3x + 2.475) = -0,03x^2 + 21x - 2.475$$

O lucro terá o gráfico da **Figura 2**, no qual se pode ver que só não há prejuízo para $150 \leq x \leq 550$ e que o lucro máximo, de R$ 1.200,00, ocorre para $x = 350$.

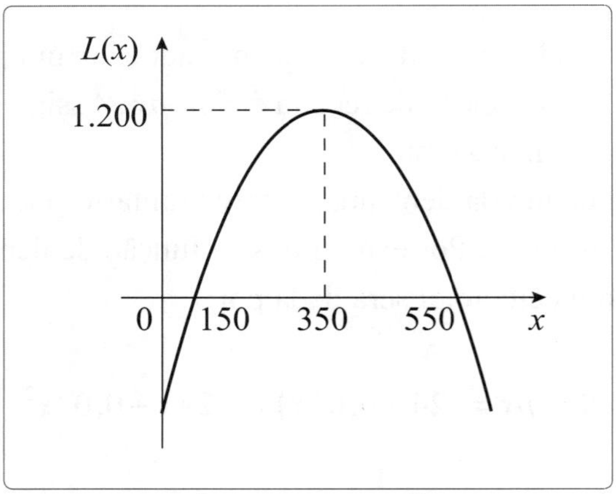


**FIGURA 2**

Os dois gráficos estão juntos na **Figura 3**.

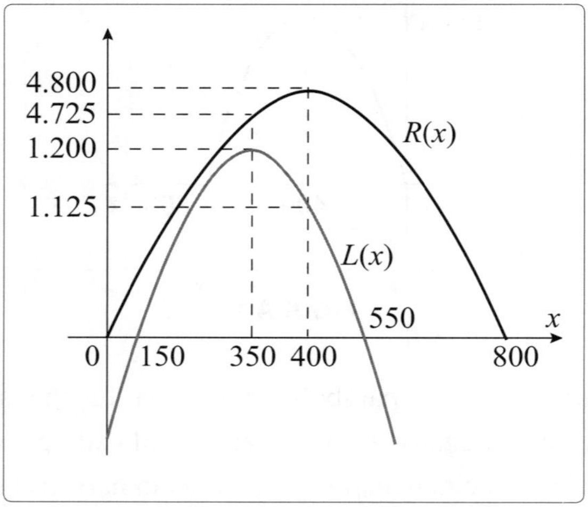


**FIGURA 3**

Quando a empresa consegue obter a receita máxima, de R$ 4.800,00, que ocorre para uma produção e venda de 400 unidades, seu lucro é dado por:

$$L = -0,03 \cdot (400)^2 + 21 \cdot 400 - 2.475 = 1.125$$

isto é, R$ 1.125,00. Essa situação não corresponde ao lucro máximo.

O lucro máximo é obtido com 350 unidades e é igual a R$ 1.200,00.

Quando a empresa consegue obter o lucro máximo, de R$ 1.200,00, que ocorre para uma produção e venda de 350 unidades, sua receita é dada por:

$$R = 24 \cdot 350 - 0,03(350)^2 = 4.725$$

isto é, R$ 4.725,00. Essa situação não corresponde à receita máxima, que é de R$ 4.800,00.

Outra observação derivada desses gráficos é que produzir e vender mais de 550 unidades, embora gere receita, resulta em prejuízo. A empresa também terá prejuízo se produzir e vender menos de 150 unidades.

- **Exemplo 2**

As pesquisas de mercado de certo produto indicam que a sua função de demanda é dada pela expressão $p = -0,02x + 24,4$. Sabe-se, também, que o custo total da empresa que fabrica e vende esse produto é dado por $C = 2,2x + 3.916$. Determine:

a) a função da receita total;
b) a função do lucro total;
c) os gráficos da receita total e do lucro total, em função da quantidade do produto (desenhe os dois gráficos em um mesmo sistema de eixos);
d) a máxima quantidade possível do produto para que a receita não seja negativa;
e) as quantidades mínima e máxima do produto para que a empresa não tenha prejuízo;
f) a quantidade do produto que proporciona a máxima receita e o valor dessa máxima receita;
g) a quantidade do produto que proporciona o máximo lucro e o valor desse lucro máximo;
h) o lucro obtido quando a empresa obtém a máxima receita;
i) a receita obtida quando a empresa obtém o máximo lucro.

Vejamos a resolução de cada item proposto.

a) Sendo $p = -0,02x + 24,4$, escrevemos $R = px = (-0,02x + 24,4)x$, portanto:

$$R = -0,02x^2 + 24,4x$$

b) Como $L = R - C$, temos: $L = \left(-0,02x^2 + 24,4x\right) - \left(2,2x + 3.916\right)$, portanto:

$$L = -0,02x^2 + 22,2x - 3.916.$$

c) As funções da receita total e do lucro total têm como gráficos as parábolas da **Figura 4**.

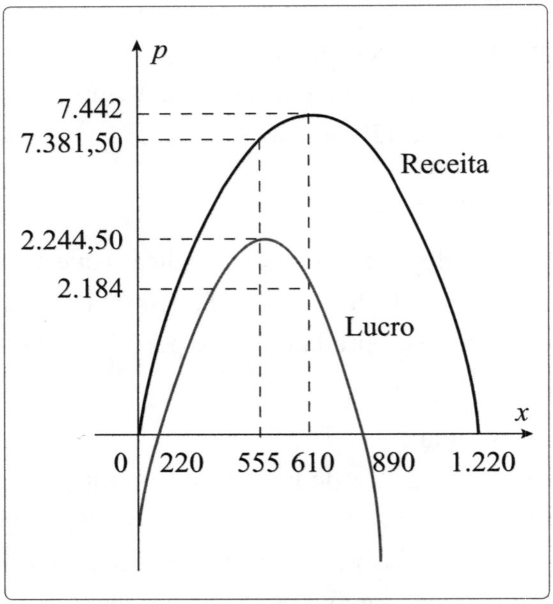


**FIGURA 4**

d) As quantidades do produto para as quais a receita é igual a zero são dadas por:

$$R = 0 \Leftrightarrow -0,02x^2 + 24,4x = 0 \Leftrightarrow x = 0 \text{ ou } x = 1.220$$

Assim, a máxima quantidade possível do produto para que a receita não seja negativa é 1.220 unidades.

e) As quantidades do produto para as quais o lucro é igual a zero são dadas por:

$$L = 0 \Leftrightarrow -0,02x^2 + 22,2x - 3.916 = 0 \Leftrightarrow x = 220 \text{ ou } x = 890$$

Assim, a quantidade mínima do produto para que a empresa não tenha prejuízo é 220 unidades, e a quantidade máxima do produto para que a empresa não tenha prejuízo é 890 unidades.

f) A máxima receita é obtida para a quantidade do produto correspondente ao vértice da parábola, ou seja:

$$x=-\frac{b}{2a}=-\frac{24,4}{2\cdot(-0,02)}=610 \text{ unidades.}$$

O valor dessa máxima receita pode ser calculado na própria expressão da receita, fazendo $x=610$:

$$R_{máx}=-0,02(610)^2+24,4\cdot 610=7.442$$

isto é, R$ 7.442,00.

g) O máximo lucro é obtido para a quantidade do produto correspondente ao vértice da parábola, ou seja: $x=-\frac{b}{2a}=-\frac{22,2}{2\cdot(-0,02)}=555$ unidades.

O valor desse máximo lucro pode ser calculado na própria expressão do lucro, fazendo $x=555$:

$$L_{máx}=-0,02(555)^2+22,2\cdot 555-3.916=2.244,5$$

isto é, R$ 2.244,50.

h) A receita é máxima para $x=610$. Para essa quantidade, o lucro é dado por:

$$L=-0,02(610)^2+22,2\cdot 610-3.916=2.184$$

isto é, R$ 2.184,00.

i) O lucro é máximo para $x=555$. Para essa quantidade, a receita é dada por:

$$R=-0,02(555)^2+24,4\cdot 555=7.381,5$$

isto é, R$ 7.381,50.

Os valores determinados nos itens de (d) a (i) também estão indicados na **Figura 4**.

## EXERCÍCIOS DE FIXAÇÃO

Nos exercícios a seguir (de 1 a 4), são dadas a função de demanda $p(x)$ e a função custo total $C(x)$, correspondentes a certo produto.

a) Determine as funções que definem a receita total e o lucro total.

b) Qual é o nível de produção $x$ que acarreta a máxima receita?

c) Qual é a máxima receita?

d) Qual é o nível de produção $x$ que acarreta o máximo lucro?

e) Qual é o máximo lucro?

**1.** | $p = 240 - 2x$ e $C = 20x + 5250$

**2.** | $p = 168 - 4x$ e $C = 16x + 1248$

**3.** | $p = 162 - 3x$ e $C = 6x + 1665$

**4.** | $p = 58 - x$ e $C = 6x + 640$

**5.** | Um comerciante compra 250 blusas por mês, no atacado, por R$ 7,50 cada, e consegue vendê-las cobrando R$ 21,25. Esse comerciante imagina que, cobrando apenas R$ 15,00 cada blusa, conseguiria vender 500 blusas por mês. Considerando custo fixo nulo, determine:

a) a função de demanda (do primeiro grau);

b) a quantidade de blusas para que o comerciante tenha o máximo lucro;

c) o preço a ser cobrado para que o comerciante tenha o máximo lucro.

**6.** | Durante um mês, um ambulante vende 180 brinquedos a R$ 9,20 cada, mas ele sabe que, se cobrasse apenas R$ 6,00, conseguiria vender 340 brinquedos. O ambulante compra cada brinquedo por R$ 3,60. Considerando custo fixo nulo, determine:

a) a função de demanda (do primeiro grau);

b) a quantidade de brinquedos que o ambulante deve vender para que tenha o máximo lucro;

c) o preço a ser cobrado para que o ambulante tenha o máximo lucro.

**7.** | Uma oficina que fabrica suportes de vasos tem custo fixo de R$ 600,00 por mês, e o custo de produção de cada suporte é de R$ 5,00. Essa oficina consegue vender 110 suportes por mês, cobrando R$ 10,75 cada. Se cobrasse apenas R$ 8,50, venderia 200 suportes por mês. Determine:

a) a função de demanda (do primeiro grau);

b) a quantidade de suportes que a oficina deve vender para ter o máximo lucro;

c) o preço a ser cobrado para que a oficina tenha o máximo lucro.

**8.** | A relação entre o preço de uma pizza e a quantidade de pizzas vendidas em uma noite, por uma pizzaria "delivery", é dada pela expressão $p = 16 - 0,04x$.

a) Se a capacidade de produção da pizzaria é de 150 pizzas por noite, qual é o preço a ser cobrado para maximizar a receita?

b) Se o proprietário deseja ampliar a capacidade de produção da pizzaria, quantas pizzas deverá produzir e vender a mais para obter a máxima receita?

c) No caso da pergunta b, que preço deverá ser cobrado por pizza?

**9.** | Um modelo de carro apresenta função de demanda $p = 60.000 - 300x$.

a) Que preço uma revendedora deve cobrar por carro para obter a receita máxima, sabendo que a montadora fornece uma quota de até 80 carros por mês?

b) Outra revendedora tem uma quota de até 150 carros por mês. Que preço ela deverá cobrar por carro para obter a receita máxima?

## RESPOSTAS DOS EXERCÍCIOS DE FIXAÇÃO

**1.** | a) $R(x) = -2x^2 + 240x$ ; $L(x) = -2x^2 + 220x - 5.250$

b) 60 c) R$ 7.200,00 d) 55 e) R$ 800,00

**2.** | a) $R(x) = -4x^2 + 168x$; $L(x) = -4x^2 + 152x - 1.248$ b) 21

c) R$ 1.764,00 d) 19 e) R$ 196,00

**3.** | a) $R(x) = -3x^2 + 162x$; $L(x) = -3x^2 + 156x - 1.665$ b) 27

c) R$ 2.187,00 d) 26 e) R$ 363,00

**4.** | a) $R(x) = -x^2 + 58x$; $L(x) = -x^2 + 52x - 640$ b) 29

c) R$ 841,00 d) 26 e) R$ 36,00

**5.** | a) $p = -0,025x + 27,5$ b) 400 c) R$ 17,50

- [ ] **6.** | a) $p = -0{,}02x + 12{,}8$ b) 230 c) R$ 8,20

- [ ] **7.** | a) $p = -0{,}025x + 13{,}5$ c) 170 b) R$ 9,25

- [ ] **8.** | a) R$ 10,00 b) 50 c) R$ 8,00

- [ ] **9.** | a) R$ 36.000,00 b) R$ 30.000,00

# CAPÍTULO 9
## OUTROS EXEMPLOS DE FUNÇÕES

*Neste capítulo, vamos mostrar exemplos mais comuns de funções, com os respectivos gráficos. Os gráficos mostrados são esboços, obtidos com o auxílio de tabelas de valores, mas é importante lembrar que, para estudar com precisão as propriedades das funções, a Matemática utiliza recursos como limites e derivadas, alguns dos quais serão vistos nos capítulos correspondentes.*

## Função $y = x^3$

Tabela 1

| $x$ | $y$ |
|---|---|
| 1 | 1 |
| 2 | 8 |
| 3 | 27 |
| 0 | 0 |
| –1 | –1 |
| –2 | –8 |
| –3 | –27 |

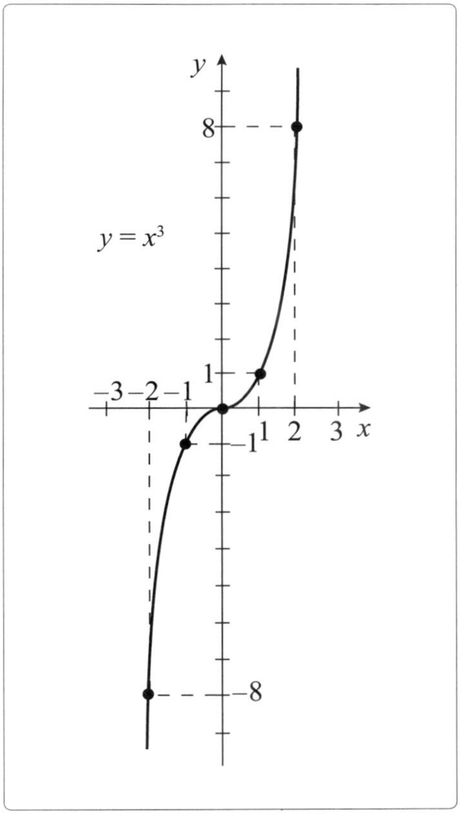


**FIGURA 1**

Tabelando alguns valores (**Tabela 1**), temos uma ideia da forma do gráfico dessa função, mostrado na **Figura 1**. Pelo gráfico, vê-se que a função:

- tem domínio $\mathbb{R}$ e conjunto imagem $I_f = \mathbb{R}$;
- é negativa para $x < 0$ e positiva para $x > 0$;
- tem uma única raiz, que é $x = 0$;
- tem o intercepto $f(0) = 0$;
- é crescente em todo o seu domínio $\mathbb{R}$;

- tem a concavidade para baixo se $x < 0$ e para cima se $x > 0$;
- não tem máximo nem mínimo.

No ponto $(0;0)$ ocorre uma mudança de concavidade do gráfico. Esse ponto, por isso, é denominado **ponto de inflexão**. O gráfico tangencia o eixo dos $x$ nesse ponto.

## Função $y = \sqrt{x}$ $(x \geq 0)$

Tabela 2

| $x$ | $y$ |
|---|---|
| 0 | 0 |
| 1 | 1 |
| 4 | 2 |
| 9 | 3 |

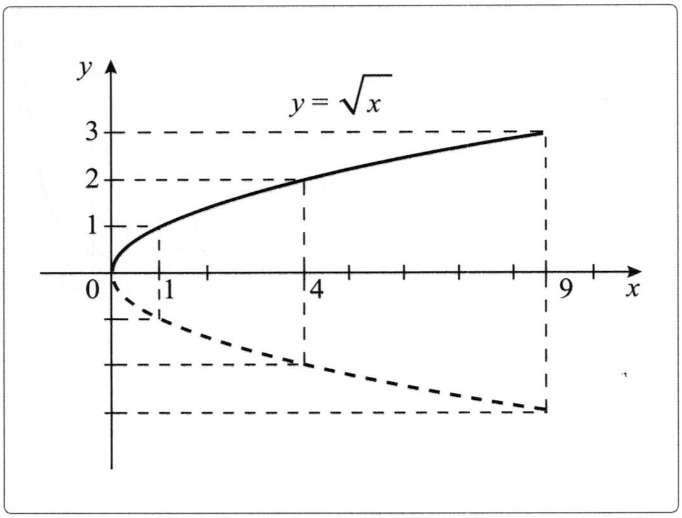


FIGURA 2

A **Tabela 2** ajuda a esboçar o gráfico da **Figura 2**. A curva dessa função é um arco de parábola cujo eixo de simetria é horizontal. Como a expressão $y = \sqrt{x}$ só é definida para $x \geq 0$ e, além disso, $y = \sqrt{x} \geq 0$, tanto o domínio quanto o conjunto imagem são iguais a $\mathbb{R}_+$. Por isso, só faz parte do gráfico a metade superior da parábola. Nota-se que a função:

- é positiva para $x > 0$;
- tem uma única raiz, que é $x = 0$;
- tem o intercepto $f(0) = 0$;
- é crescente em todo o seu domínio $\mathbb{R}_+$;
- tem a concavidade para baixo;

- tem mínimo no ponto $(0;\ 0)$ e não tem máximo;
- o gráfico tangencia o eixo dos $y$ no ponto $(0;0)$.

## Função $y = -\sqrt{x}$

O gráfico da função $y = -\sqrt{x}$ é a parte inferior dessa mesma parábola, como na **Figura 3**. A parábola completa não seria o gráfico de uma função, pois cada valor de $x \neq 0$ teria duas imagens.

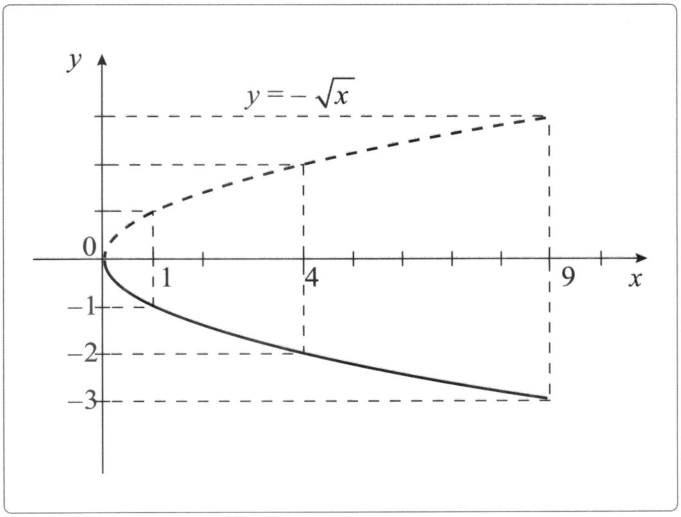


**FIGURA 3**

## Função $y = \dfrac{1}{x}$ $(x \neq 0)$

Com o auxílio da **Tabela 3**, obtemos o esboço do gráfico da **Figura 4**. A curva é formada por dois ramos separados e chama-se **hipérbole**. Como a expressão $y = \dfrac{1}{x}$ só é definida para $x \neq 0$, o domínio é $\mathbb{R}^*$. O conjunto imagem também é $\mathbb{R}^*$. Observa-se que essa função:

- é positiva para $x > 0$ e negativa para $x < 0$;
- não tem raiz, pois é impossível ter-se $\dfrac{1}{x} = 0$, isto é, a hipérbole não corta o eixo dos $x$;
- não tem intercepto, pois a hipérbole não corta o eixo dos $y$;

Tabela 3

| $x$ | $y$ |
|---|---|
| 1/2 | 2 |
| 1 | 1 |
| 2 | 1/2 |
| 3 | 1/3 |
| −1 | −1 |

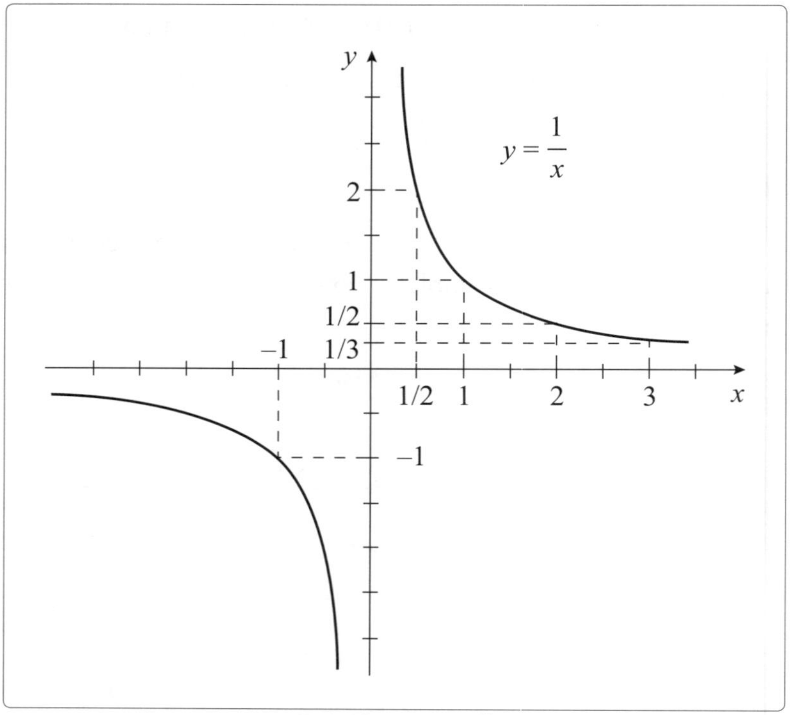


**FIGURA 4**

- é decrescente para $x < 0$ e também decrescente para $x > 0$.
- tem concavidade para baixo se $x < 0$ e para cima se $x > 0$;
- não tem mínimo, nem máximo.

## Assíntotas

Enquanto $x$ vai assumindo valores positivos cada vez maiores (percorrendo a curva para a direita), os pontos do gráfico vão se aproximando cada vez mais do eixo dos $x$, mas sem encostar-se nele, já que não há raízes. Dizemos que, se $x$ tende a infinito, então a função tende a zero ou, ainda, o limite da função é *zero para* $x \to +\infty$. Em símbolos: $\lim_{x \to +\infty} \frac{1}{x} = 0$.

Isso também ocorre se percorremos a curva para a esquerda: $\lim_{x \to -\infty} \frac{1}{x} = 0$. Por essa razão, dizemos que o eixo dos $x$ é uma **assíntota** da hipérbole.

A função não é definida para $x = 0$, mas se tomarmos valores de $x$ próximos de zero, pelo lado direito do gráfico, os valores da função serão bem grandes. Dizemos que *o limite da função quando x tende a zero pela direita é* $+\infty$ ou, em símbolos: $\lim_{x\to 0+} \frac{1}{x} = +\infty$

Se $x$ tende a zero pela esquerda, a função tende a $-\infty$, ou seja, $\lim_{x\to 0-} \frac{1}{x} = -\infty$. Usamos os símbolos $x \to 0+$ e $x \to 0-$, significando que $x$ tende a zero pela direita e pela esquerda, respectivamente.

O eixo dos $y$ é também uma **assíntota** da hipérbole.

---

## Funções do tipo polinômio

As funções do primeiro grau $y = ax + b$ e as funções do segundo grau $y = ax^2 + bx + c$ são exemplos de funções do tipo **polinômio**. De modo geral, a **função polinômio de grau *n*** tem uma fórmula do tipo:

$$y = f(x) = a_0x^n + a_1x^{n-1} + a_2x^{n-2} + \cdots + a_{n-1}x + a_n,$$

em que os coeficientes $a_0$, $a_1$, $a_2$, ..., $a_n$ são números reais e $a_0 \neq 0$. Dizemos que o **grau** da função é $n$.

São exemplos de funções polinômios:

$$y = x^3 - 3x^2 + 5x + 8 \quad \text{(grau 3)},$$

$$y = 2x^4 + \sqrt{3}x^3 - 7x^2 + x - \frac{1}{2} \quad \text{(grau 4)},$$

$$y = 2x^5 - 32 \quad \text{(grau 5)}.$$

A função $y = x^3$, que vimos acima, é também uma função polinômio.

É considerada, ainda, função polinômio toda função constante $y = f(x) = k$, com $k \in \mathbb{R}$. Se $k \neq 0$, diz-se que a função é de grau zero. A função constante $y = f(x) = 0$ *não possui grau*.

- **Exemplo 1**

A função $y = x^3 - 7x^2 + 7x + 15$ é um polinômio de grau três, e seu gráfico é mostrado na **Figura 5** (a figura não está em escala). Pode-se ver que:

- as raízes são –1, 3 e 5;
- o intercepto é 15;
- o ponto de máximo local é $(1;16)$;
- o ponto de mínimo local é $(2;-5)$;
- a função é crescente para $x < 1$ e para $x > 2$ e decrescente para $1 < x < 2$.

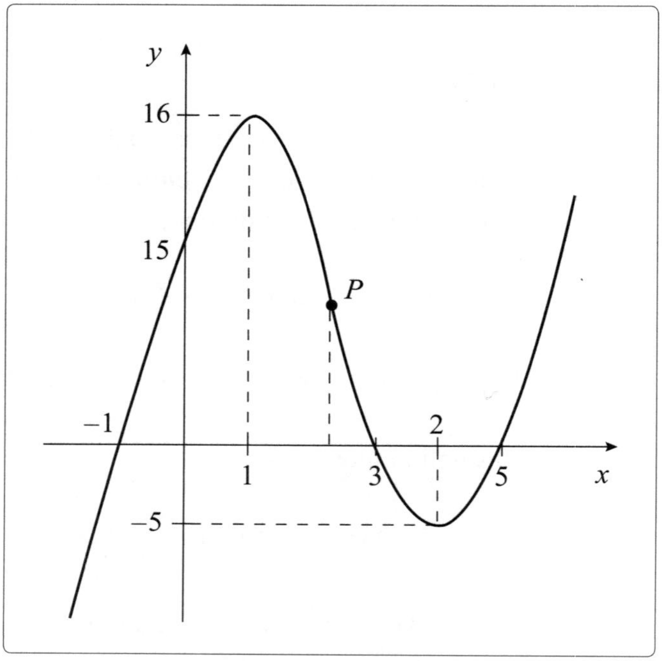


**FIGURA 5**

Existe um ponto *P*, entre $x = 1$ e $x = 3$, no qual a curva muda de concavidade. É um **ponto de inflexão**. Com o auxílio das *derivadas* (no capítulo correspondente) veremos como determinar as coordenadas dos pontos de inflexão.

- **Exemplo 2**

A função $y = -x^4 + 10x^2 - 9$ é um polinômio do quarto grau que apresenta o gráfico da **Figura 6**. Para essa função, temos que:

- as raízes são –3, –1, 1 e 3;
- o intercepto é –9;
- os pontos $(-2;15)$ e $(2;15)$ são de máximo local e global;

- o ponto $(0;-9)$ é de mínimo local;
- a função é crescente para $x<-2$ e para $0<x<2$ e é decrescente para $-2<x<0$ e para $x>2$.

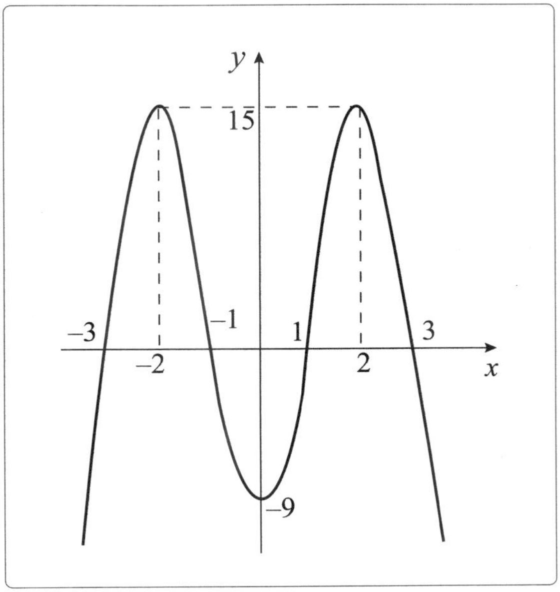


**FIGURA 6**

## Funções racionais

Os polinômios são também chamados *funções racionais inteiras*.

Quando dissermos **função racional**, estaremos nos referindo às funções que têm uma fórmula do tipo:

$$y=\frac{a_0x^n+a_1x^{n-1}+\cdots+a_n}{b_0x^m+b_1x^{m-1}+\cdots+b_m},$$

isto é, uma fração em que o numerador e o denominador são polinômios.

São exemplos de funções racionais:

$$y=\frac{2x+3}{x-2},\quad y=\frac{x^2+2x+1}{x-3},\quad y=\frac{2x^2-x+1}{x^3+1},\quad y=\frac{5}{x^2+3}.$$

A função $y=\dfrac{1}{x}+\dfrac{1}{x-1}+\dfrac{1}{x+1}$ também é racional. A sua expressão é equivalente a

$$y=\frac{3x^2-1}{x^3-x}.$$

A função $y=\dfrac{1}{x}$, que vimos acima, é também um exemplo de função racional.

- **Exemplo 3**

Tabelando alguns valores (**Tabela 4**) da função $y=\dfrac{2x-3}{x-2}$, seu gráfico pode ser construído (**Figura 7**). Note que a raiz dessa função é $\dfrac{3}{2}$ e o seu intercepto é também $\dfrac{3}{2}$. A curva é uma hipérbole cuja assíntota vertical passa pelo ponto $(2;\ 0)$ e cuja assíntota horizontal passa por $(0;\ 2)$.

Tabela 4

| $x$ | $y$ |
|---|---|
| 1 | 1 |
| 3 | 3 |
| 4 | $\dfrac{5}{2}$ |
| 5 | $\dfrac{7}{3}$ |

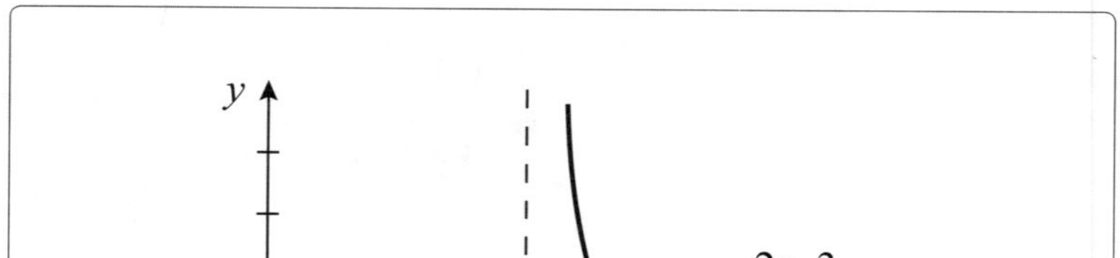


**FIGURA 7**

## Funções irracionais

A fórmula da função $y=\sqrt{3x^2+1}$ envolve uma *raiz quadrada* cujo radicando é uma expressão da variável $x$. Por esse motivo, ela é uma **função irracional**.

> Dizemos que uma função é **irracional** se sua fórmula contém raízes (quadradas, cúbicas etc.), em que o radicando depende da variável independente.

São exemplos de funções irracionais:

$$y=2x^2+\sqrt{x},\ y=\frac{1+\sqrt{3x}}{\sqrt{1+x^2}},\ y=\sqrt[3]{2-3x^2}.$$

*Não* é irracional a função $y=x^2+\sqrt{3}\cdot x-5$, porque o radicando da raiz quadrada não depende de $x$.

A função $y=\sqrt{x}$, que estudamos acima, é também irracional.

- **Exemplo 4**

Para fazer o gráfico de $y=2+\sqrt{x+1}$ $(x\geq -1)$, construímos uma tabela conveniente (**Tabela 5**), obtendo a **Figura 8**.

Tabela 5

| $x$ | $y$ |
|---|---|
| –1 | 2 |
| 0 | 3 |
| 1 | $2+\sqrt{2}$ |
| 2 | $2+\sqrt{3}$ |
| 3 | 4 |

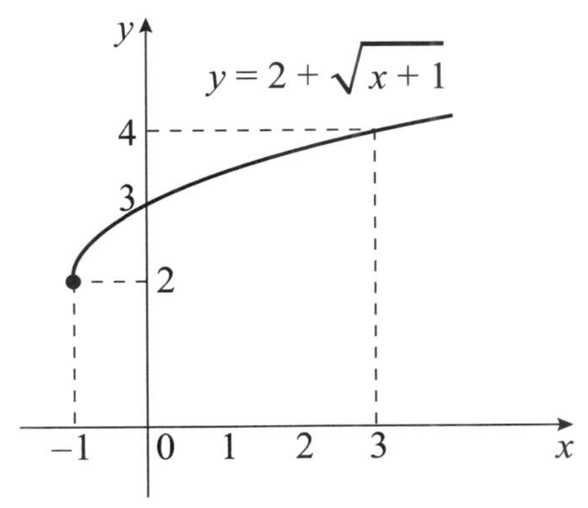


**FIGURA 8**

## Função módulo (ou valor absoluto)

O símbolo $|x|$ representa o **módulo** ou **valor absoluto** de $x$ e é definido do seguinte modo:

$$\begin{cases} |x| = x, \text{ se } x \geq 0 \\ |x| = -x, \text{ se } x \leq 0 \end{cases}$$

Por exemplo, $|5| = 5$, $|-3| = 3$, $|0| = 0$. O resultado da expressão $|x|$ é sempre um número *não negativo*.

A função dada pela fórmula $y = |x|$ tem domínio $\mathbb{R}$ e conjunto imagem $\mathbb{R}_+$. O gráfico é formado pela união de duas semirretas (as bissetrizes do 1º e 2º quadrantes), como na **Figura 9**. Há um mínimo no ponto $(0;0)$.

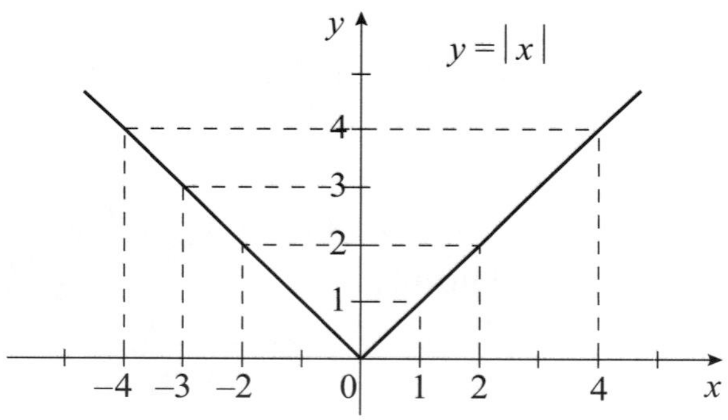


FIGURA 9

**Observação:** Note que, para a função dada por $y = f(x) = \sqrt{x^2}$, temos:

$$f(5) = \sqrt{5^2} = \sqrt{25} = 5,$$

$$f(-3) = \sqrt{(-3)^2} = \sqrt{9} = 3 \text{ e}$$

$$f(0) = \sqrt{0^2} = 0.$$

Desse modo, fica claro que as expressões $|x|$ e $\sqrt{x^2}$ dão resultados iguais para todo $x \in \mathbb{R}$, ou seja, $|x| = \sqrt{x^2}$. Por esse motivo, a função módulo pode ser considerada uma *função irracional.*

- **Exemplo 5**

Para esboçar o gráfico da função $y = |3x - 2|$, podemos primeiro usar a definição de módulo, escrevendo:

$$\begin{cases} |3x-2| = 3x-2 \text{ se } 3x-2 \geq 0, \text{ ou seja, } x \geq \dfrac{2}{3} \\ |3x-2| = -3x+2 \text{ se } 3x-2 \leq 0, \text{ ou seja, } x \leq \dfrac{2}{3} \end{cases}$$

Assim, o gráfico pode ser separado em duas partes.

1º) Para $x \geq \frac{2}{3}$, representamos a função $y = 3x - 2$.

2º) Para $x \leq \frac{2}{3}$, representamos a função $y = -3x + 2$.

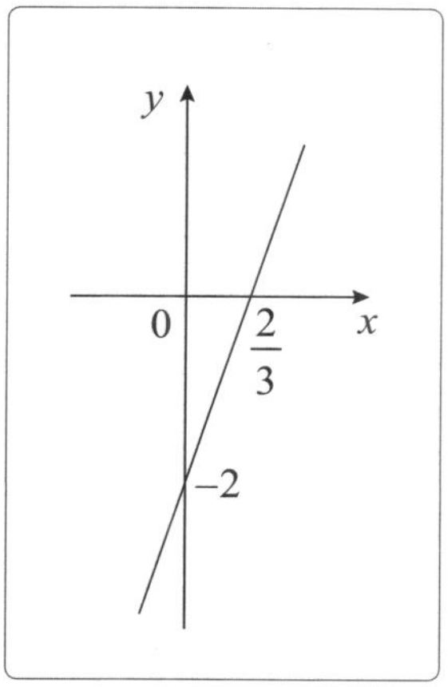


FIGURA 10

$y = 3x - 2$

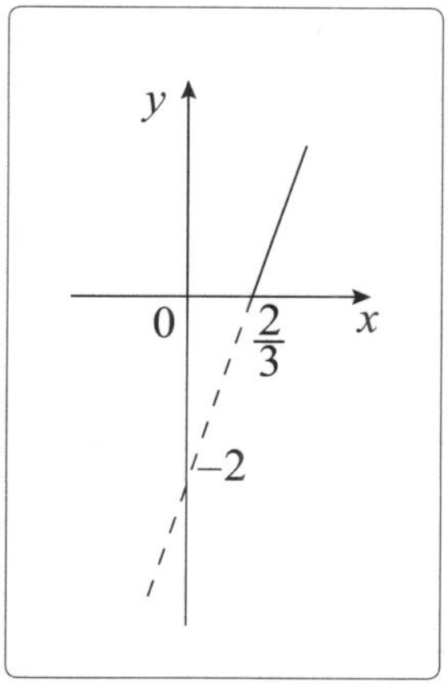


FIGURA 11

$y = 3x - 2\left(x \geq \frac{2}{3}\right)$

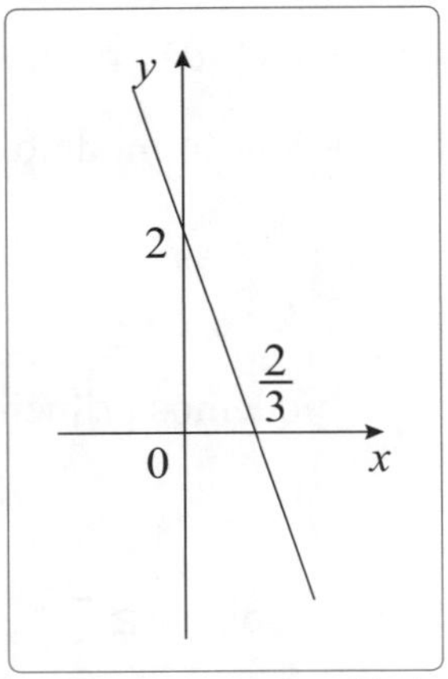


**FIGURA 12**

$y = -3x + 2$

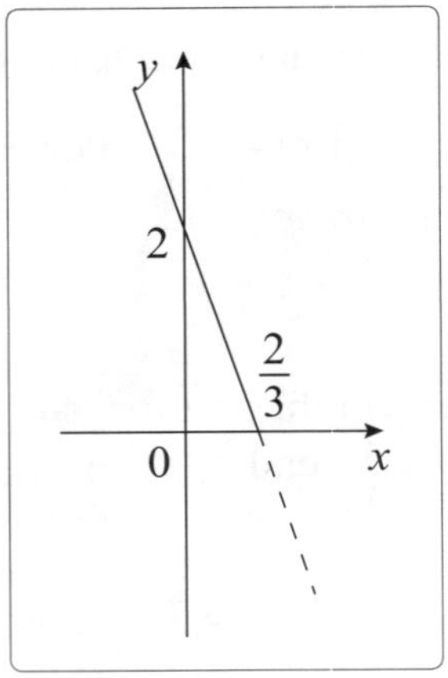


**FIGURA 13**

$y = -3x + 2 \left( x \leq \frac{2}{3} \right)$

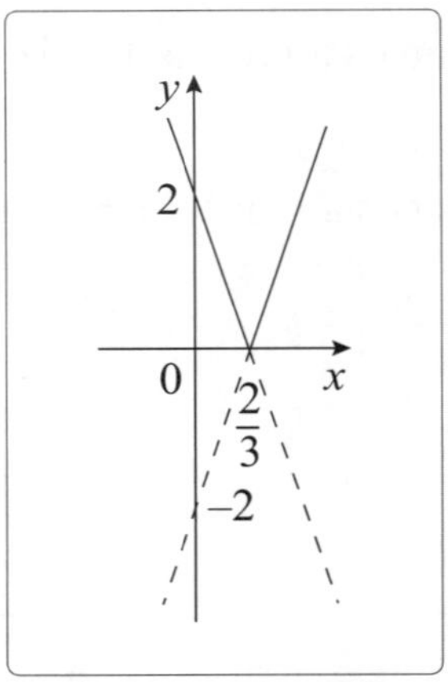


**FIGURA 14**

$y = |3x - 2|$

As figuras mostram, em sequência, as etapas que podemos seguir para chegar ao gráfico da função $y = |3x - 2|$. Da função $y = 3x - 2$ conservamos apenas a parte do gráfico correspondente a $x \geq \frac{2}{3}$. Da função $y = -3x + 2$ conservamos a parte na qual $x \leq \frac{2}{3}$. O último gráfico é a união das duas figuras obtidas. A parte tracejada foi mantida apenas como referência.

## Outro modo de fazer o gráfico de $y = |3x - 2|$.

O resultado acima sugere um modo mais rápido de obtenção do gráfico. Basta fazer o gráfico da função $y = 3x - 2$ e depois "girar" a sua parte negativa para cima, executando uma reflexão em relação ao eixo dos $x$. Veja as **Figuras 15** e **16**:

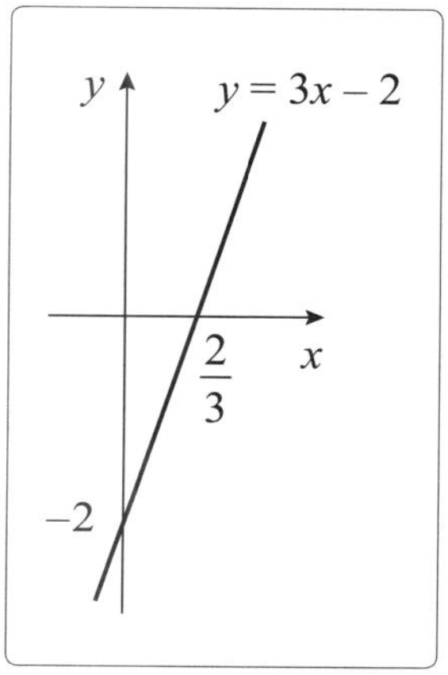


**FIGURA 15**

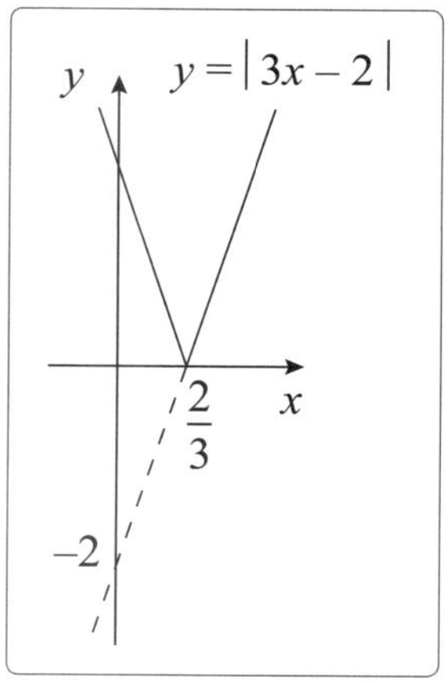


**FIGURA 16**

- **Exemplo 6**

Para esboçar o gráfico da função $y = |x^2 - 3x + 2|$, usamos a definição de módulo:

$$\begin{cases} |x^2 - 3x + 2| = x^2 - 3x + 2 \;\; se \;\; x^2 - 3x + 2 \geq 0, \; ou \; seja, \; x \leq 1 \; ou \; x \geq 2 \\ |x^2 - 3x + 2| = -x^2 + 3x - 2 \;\; se \;\; x^2 - 3x + 2 \leq 0, \; ou \; seja, \; 1 \leq x \leq 2 \end{cases}$$

Assim, o gráfico pode ser separado em duas partes.

1º) Para $x \leq 1$ *ou* $x \geq 2$, representamos a função $y = x^2 - 3x + 2$.

2º) Para $1 \leq x \leq 2$, representamos a função $y = -x^2 + 3x - 2$.

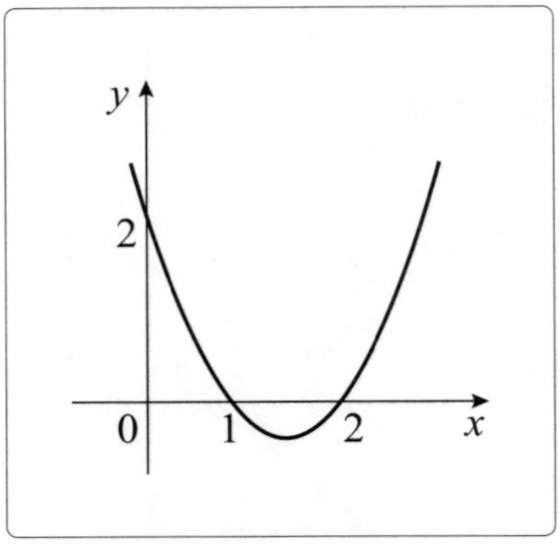


**FIGURA 17**

$y = x^2 - 3x + 2$

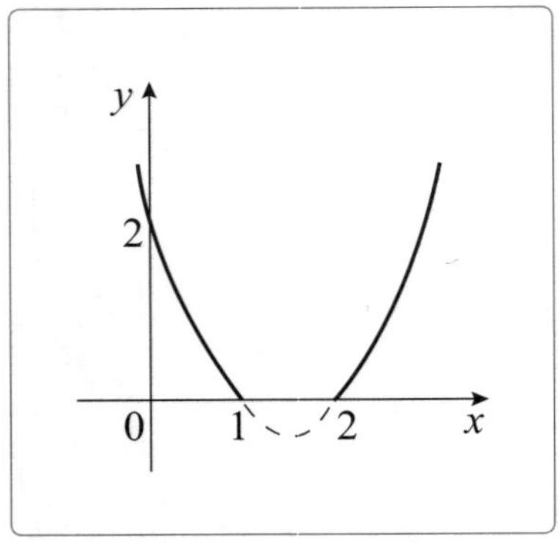


**FIGURA 18**

$y = x^2 - 3x + 2$

$(x \leq 1 \ ou \ x \leq 2)$

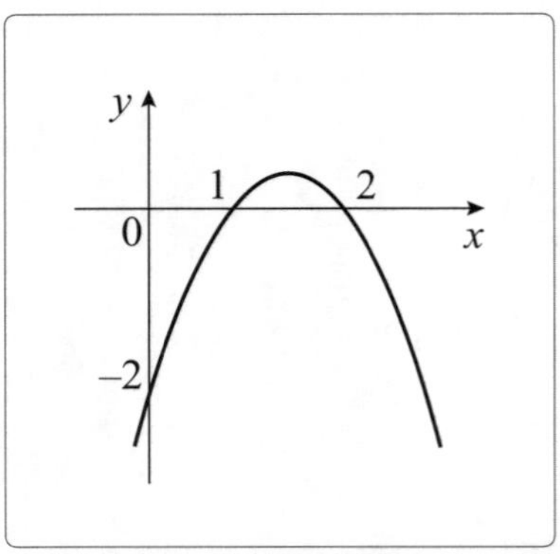


**FIGURA 19**

$y = -x^2 + 3x - 2$

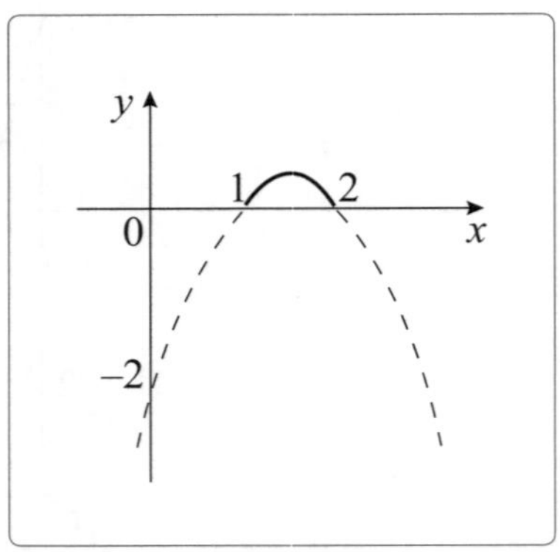


**FIGURA 20**

$y = -x^2 + 3x - 2$

$(1 \leq x \leq 2)$

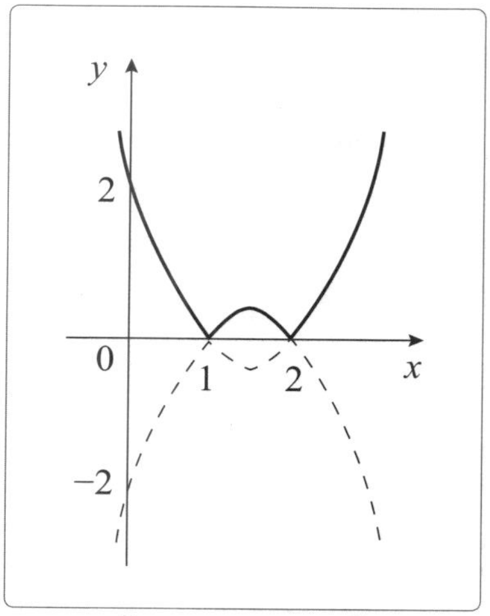


**FIGURA 21**

$$y = |\,x^2 - 3x + 2\,|$$

As figuras mostram, em sequência, as etapas que podemos seguir para chegar ao gráfico da função, como fizemos no exemplo anterior.

## Outro modo de fazer o gráfico de $y = |\,x^2 - 3x + 2\,|$.

Como vimos no exemplo anterior, podemos primeiro desenhar o gráfico da função $y = x^2 - 3x + 2$ e, depois, executar uma reflexão em relação ao eixo dos $x$, como se vê nas **Figuras 22 e 23**:

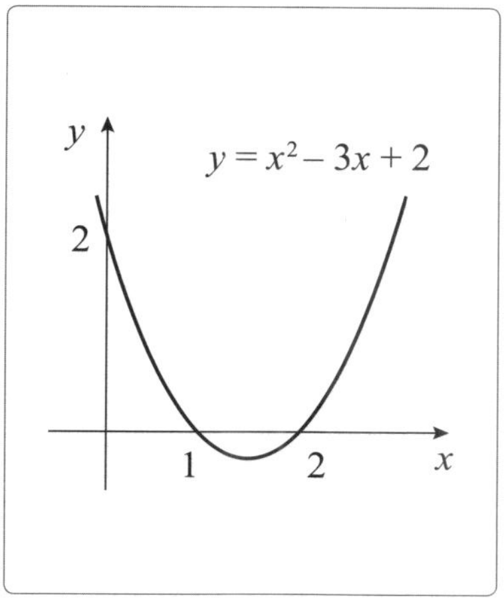


**FIGURA 22**

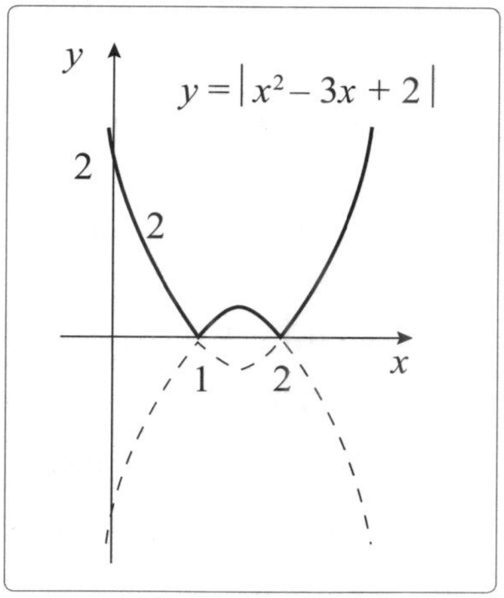


**FIGURA 23**

## EXERCÍCIOS DE FIXAÇÃO

Construindo uma tabela conveniente de valores, esboce os gráficos das funções dadas (exercícios de 1 a 5):

☐ **1.** | $y = x^3 + 1$

☐ **2.** | $y = \frac{x^3}{2}$

☐ **3.** | $y = -x^3$

☐ **4.** | $y = \sqrt{x} + 1$

☐ **5.** | $y = \frac{2}{x}$

Para cada função (exercícios de 6 a 8), no domínio indicado, determine:

a) o gráfico;

b) os intervalos em que a função é crescente ou decrescente;

c) os pontos de máximo e de mínimo;

d) o conjunto imagem.

☐ **6.** | $y = x^3;\ D_f = \{x \in \mathbb{R} \mid -1 \leq x \leq 3\}$

☐ **7.** | $y = \sqrt{x};\ D_f = \{x \in \mathbb{R} \mid 1 \leq x \leq 5\}$

☐ **8.** | $y = \frac{1}{x};\ D_f = \{x \in \mathbb{R} \mid 0 < x \leq 4\}$

☐ **9.** | Esboce o gráfico da função $y = |4x - 1|$.

☐ **10.** | Esboce o gráfico da função $y = |x^2 - 2x - 3|$.

☐ **11.** | Para a função $y = |x|$, com domínio $D_f = \{x \in \mathbb{R} \mid -2 \leq x \leq 3\}$, determine:

a) o gráfico;

b) os intervalos em que a função é crescente ou decrescente;

c) os pontos de máximo e de mínimo;

d) o conjunto imagem.

## RESPOSTAS DOS EXERCÍCIOS DE FIXAÇÃO

**1.**

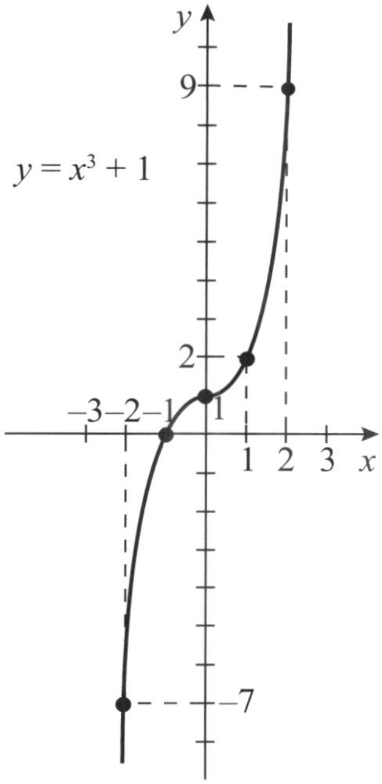


**2.**

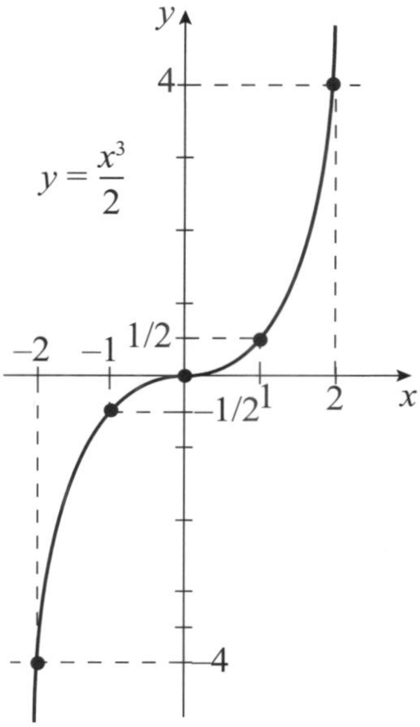


**3.**

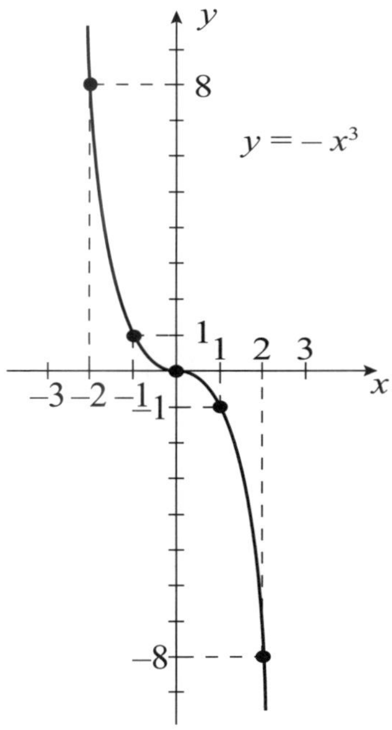

4.

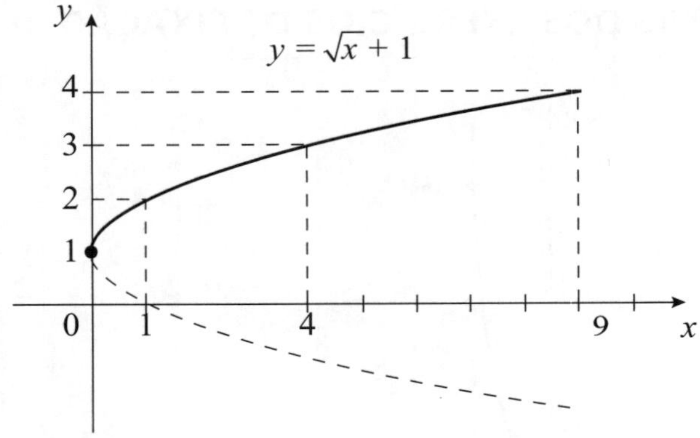


5.

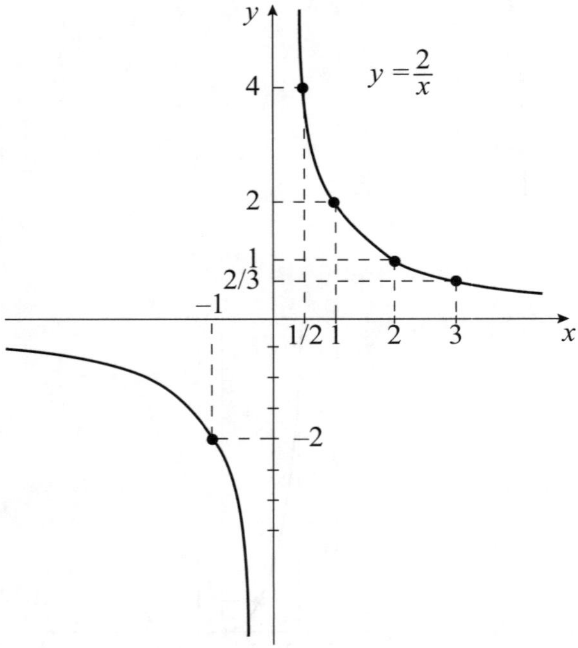

**6.** a)

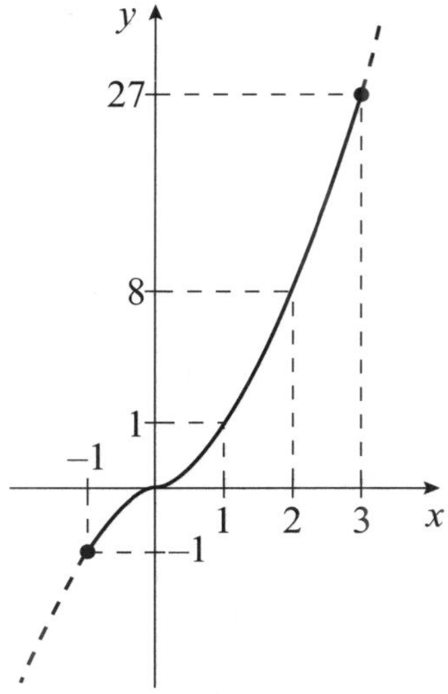


b) crescente: $-1 < x < 3$

c) máximo: $(3;27)$, mínimo: $(-1;-1)$

d) $I_f = \{y \in \mathbb{R} \mid -1 \leq y \leq 27\}$

**7.** a)

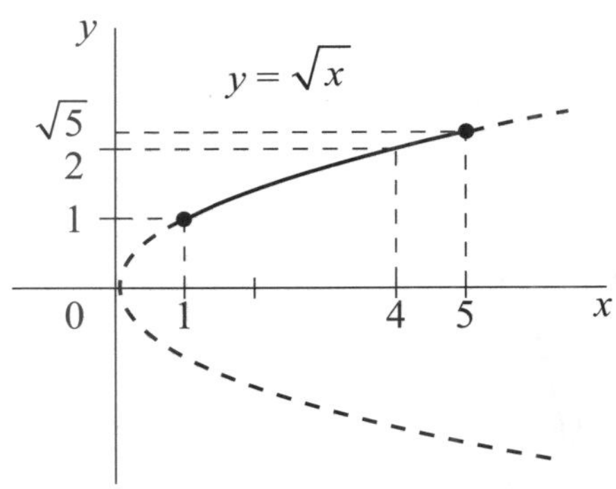


b) crescente: $1 < x < 5$

c) máx: $(5;\sqrt{5})$, mín: $(1;1)$

d) $I_f = \{y \in \mathbb{R} \mid 1 \leq y \leq \sqrt{5}\}$

8. | a)

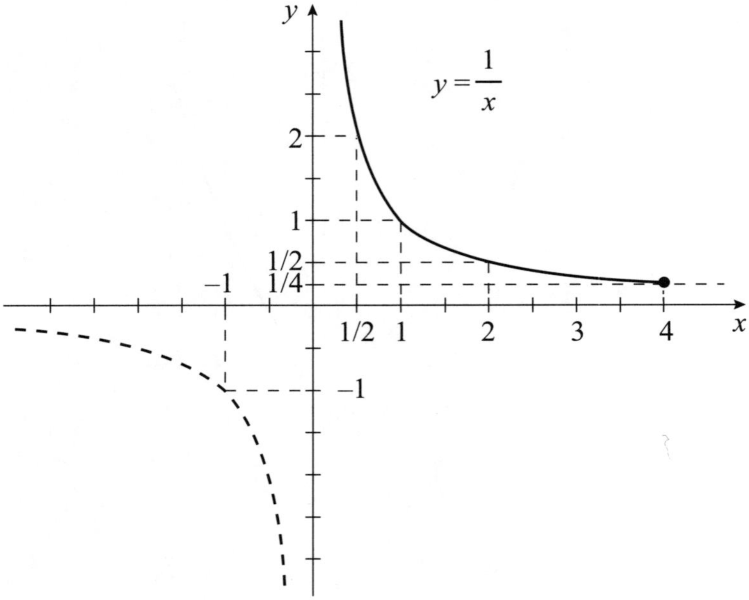


b) decrescente: $0 < x < 4$ c) mín: $\left(4; \frac{1}{4}\right)$ d) $I_f = \left\{ y \in \mathbb{R} \mid y \geq \frac{1}{4} \right\}$

9. |

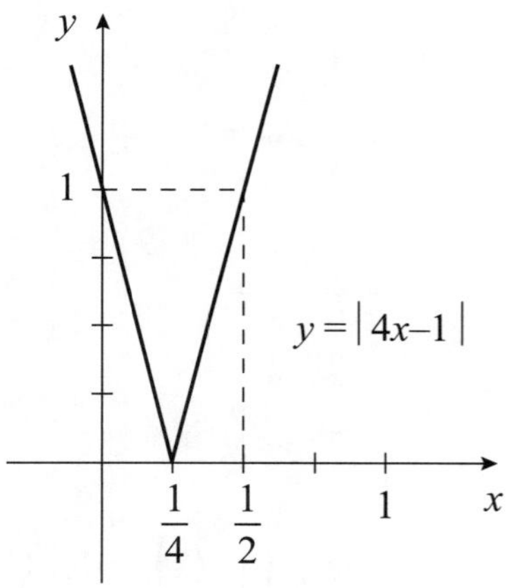


10. |

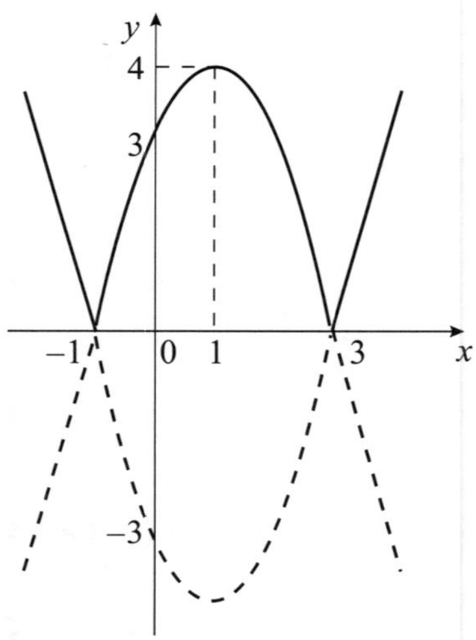

**11.** a)

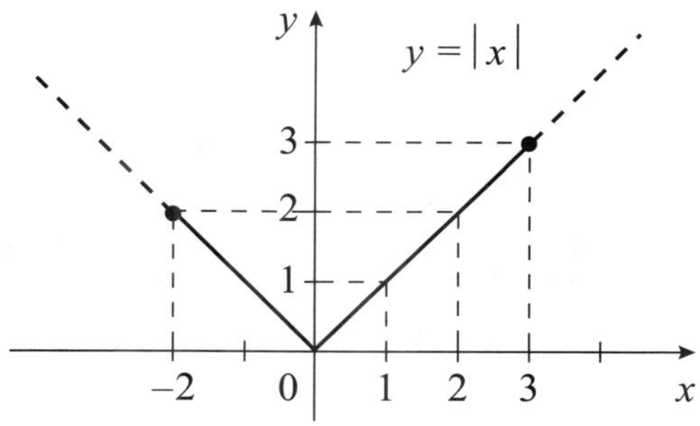


b) decrescente: $-2 < x < 0$, crescente: $0 < x < 3$

c) máximos locais: $(-2;2)$ e $(3;3)$, máximo global: $(3;3)$, mínimo local e global: $(0;0)$

d) $I_f = \{y \in \mathbb{R} \mid 0 \leq y \leq 3\}$

# CAPÍTULO 10

## FUNÇÃO EXPONENCIAL E FUNÇÃO LOGARITMO

## 1 • FUNÇÃO EXPONENCIAL

Chama-se **função exponencial** uma função dada pela fórmula

$$y = f(x) = a^x \text{, com } a > 0 \text{ e } a \neq 1.$$

## Gráfico de uma função exponencial

- **Exemplo 1**

Tabela 1

| $y = 2^x$ | |
|---|---|
| $x$ | $y$ |
| 0 | 1 |
| 1 | 2 |
| 2 | 4 |
| 3 | 8 |
| –1 | 1/2 |
| –2 | 1/4 |
| –3 | 1/8 |

Tabela 2

| $y = \left(\frac{1}{2}\right)^x$ | |
|---|---|
| $x$ | $y$ |
| 0 | 1 |
| 1 | 1/2 |
| 2 | 1/4 |
| 3 | 1/8 |
| –1 | 2 |
| –2 | 4 |
| –3 | 8 |

Para a função $y = 2^x$, pode-se construir a **Tabela 1**, que resulta no gráfico da **Figura 1**. Para a função $y = \left(\frac{1}{2}\right)^x$, obtém-se o gráfico da **Figura 2**. As características dessas duas funções são quase as mesmas:

- não há raízes;
- o intercepto é igual a 1;
- o domínio é $\mathbb{R}$ e o conjunto imagem é $I_f = \mathbb{R}_+^*$;
- a função $y = 2^x$ é crescente em $\mathbb{R}$;

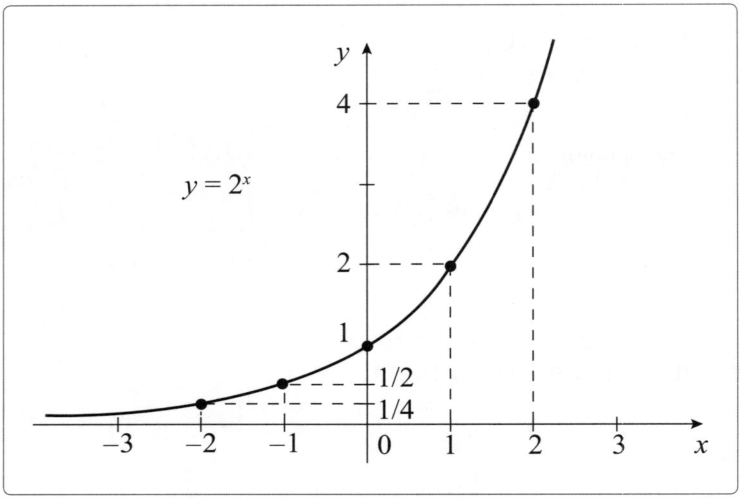


**FIGURA 1**

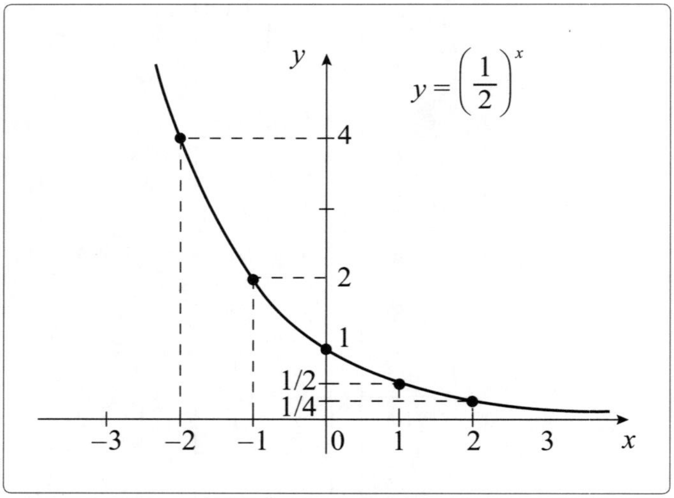


**FIGURA 2**

- a função $y = \left(\dfrac{1}{2}\right)^x$ é decrescente em $\mathbb{R}$;
- tem-se $y > 0$ para todo $x \in \mathbb{R}$;
- não há máximo, nem mínimo;
- o eixo dos $x$ é uma *assíntota* da curva.

Todas as funções exponenciais $y = a^x$ ($a > 0$ e $a \neq 1$) têm seus gráficos com as mesmas características desses dois exemplos, mudando a curvatura conforme os valores da base $a$. É o que se vê na **Figura 3**.

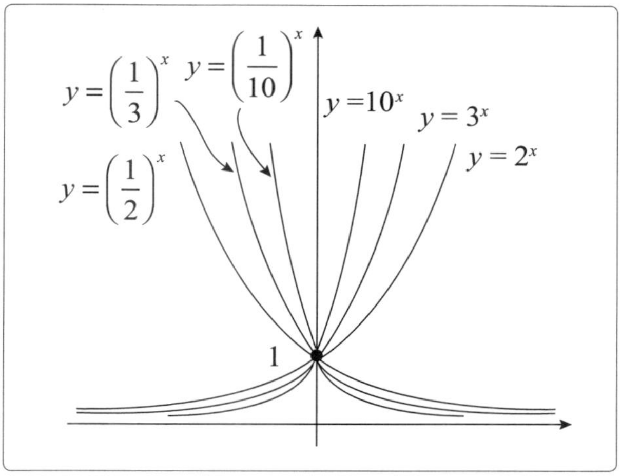


**FIGURA 3**

Como regra geral:

> Se $a > 1$, a função $y = a^x$ é crescente.
> Se $0 < a < 1$, a função $y = a^x$ é decrescente.

## Funções do tipo $y = k \cdot a^x$

- **Exemplo 2**

Se a fórmula tiver um coeficiente $k \neq 0$, o gráfico pode ter alguma mudança, conforme o valor de $k$. Veja os exemplos nas **Figuras 4**, **5**, **6** e **7**.

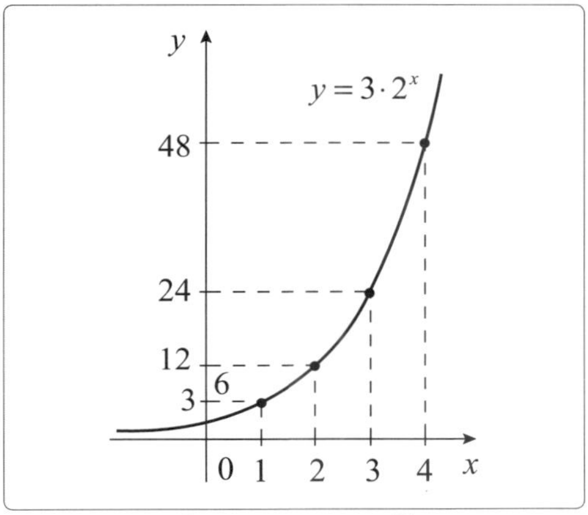


**FIGURA 4**

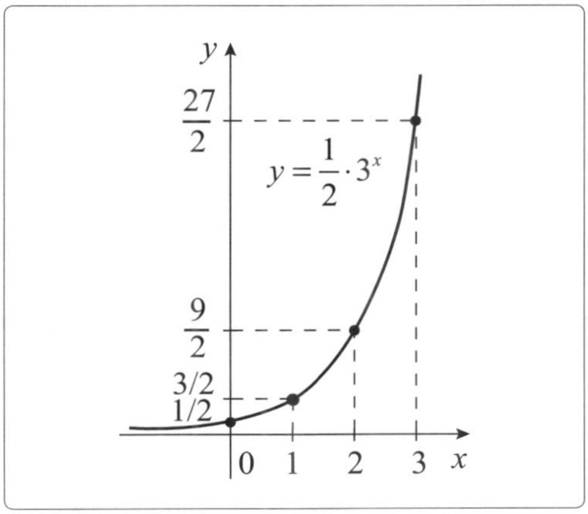


**FIGURA 5**

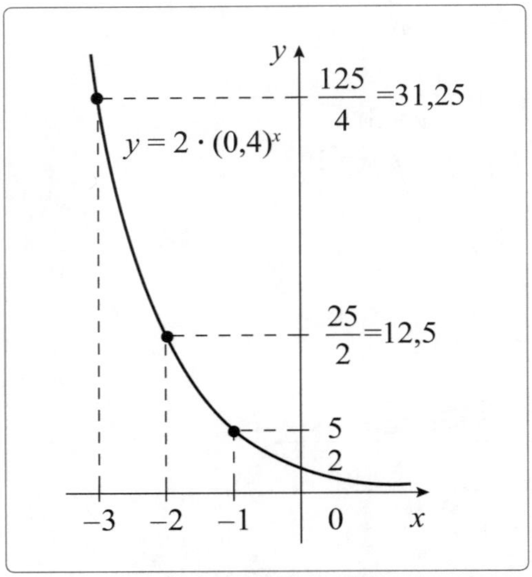


FIGURA 6

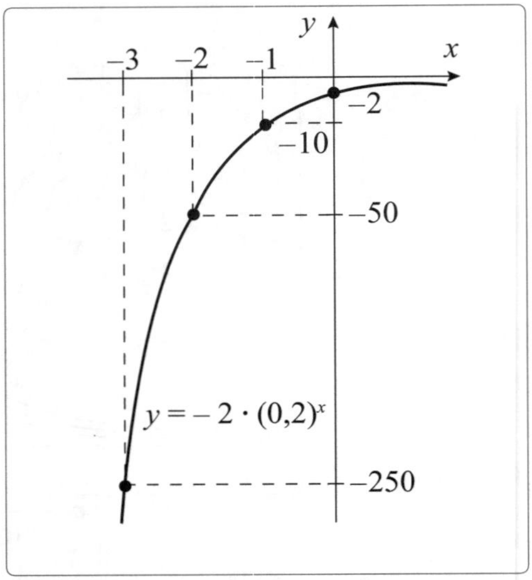


FIGURA 7

**Observação:** no caso de uma função do tipo $y = k \cdot a^{px}$, basta escrever $y = k \cdot \left(a^p\right)^x$ e utilizar a função exponencial de base $a^p$.

- **Exemplo 3**

Para fazer o gráfico de $y = 3 \cdot (0,5)^{2x}$, escrevemos $y = 3 \cdot \left(0,5^2\right)^x = 3 \cdot (0,25)^x$ e trabalhamos como no **exemplo 2** acima. Veja a **Figura 8**.

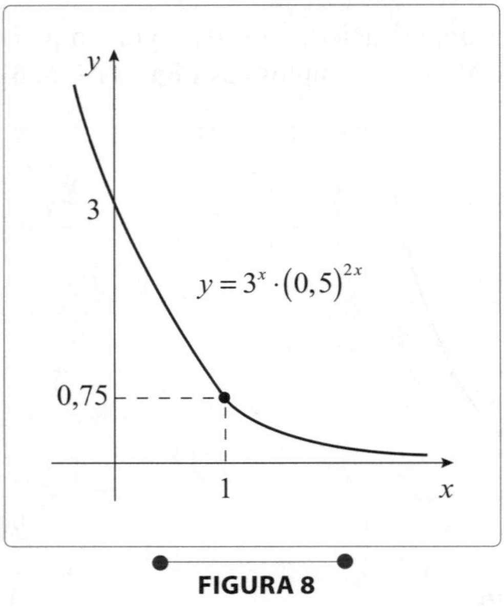


FIGURA 8

## 2 • FUNÇÃO LOGARITMO

Chama-se **função logaritmo** uma função dada pela fórmula

$$y = \log_a x, \text{ com } a > 0 \text{ e } a \neq 1.$$

## Gráfico de uma função logaritmo

- **Exemplo 1**

Façamos inicialmente os gráficos nos casos de base 2 e base $\frac{1}{2}$, usando para isso tabelas de valores (**Tabelas 3** e **4**). Os resultados estão nas **Figuras 9** e **10**.

Tabela 3

| $y = \log_2 x$ | |
|---|---|
| $x$ | $y$ |
| 1 | 0 |
| 2 | 1 |
| 4 | 2 |
| 8 | 3 |
| 1/2 | –1 |
| 1/4 | –2 |
| 1/8 | –3 |

Tabela 4

| $y = \log_{\frac{1}{2}} x$ | |
|---|---|
| $x$ | $y$ |
| 1 | 0 |
| 1/2 | 1 |
| 1/4 | 2 |
| 1/8 | 3 |
| 2 | –1 |
| 4 | –2 |
| 8 | –3 |

As características dessas duas funções são quase as mesmas:

- a raiz é $x = 1$;
- o domínio é $\mathbb{R}_+^*$ e o conjunto imagem é $I_f = \mathbb{R}$;
- a função $y = \log_2 x$ é crescente em $\mathbb{R}_+^*$ e a função $y = \log_{\frac{1}{2}} x$ é decrescente em $\mathbb{R}_+^*$;
- tem-se $\log_2 x > 0$ para todo $x > 1$ e $\log_2 x < 0$ para todo $0 < x < 1$;
- tem-se $\log_{\frac{1}{2}} x > 0$ para todo $0 < x < 1$ e $\log_{\frac{1}{2}} x < 0$ para todo $x > 1$;
- não há máximo, nem mínimo;
- o eixo dos $y$ é uma *assíntota* da curva.

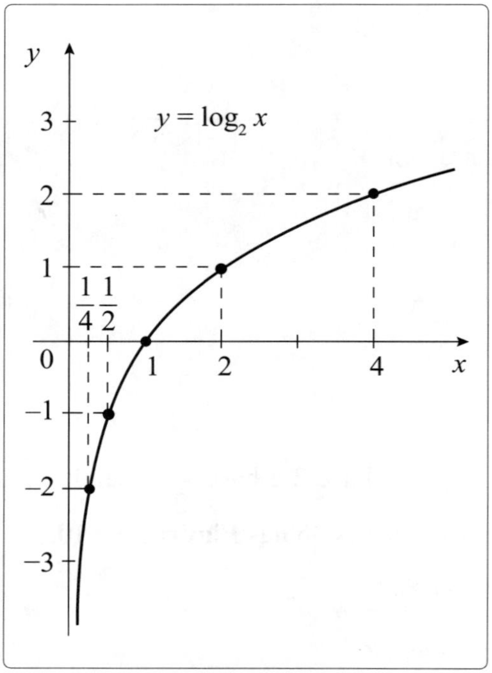


FIGURA 9

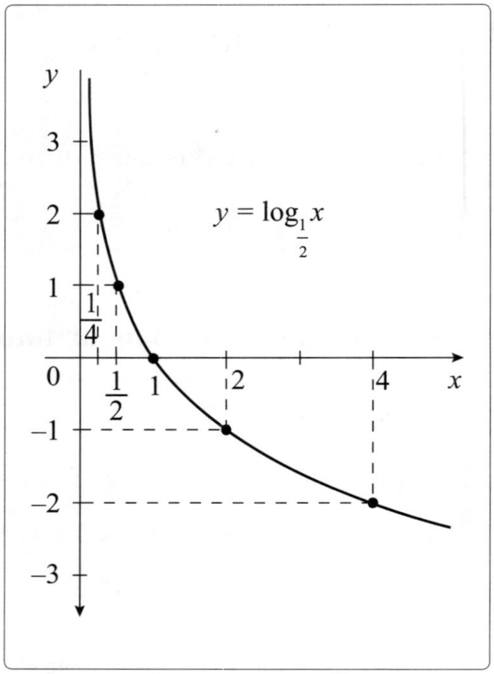


FIGURA 10

Todas as funções do tipo logaritmo $y = \log_a x$ ($a > 0$ e $a \neq 1$) têm seus gráficos com as mesmas características desses dois exemplos, mudando a curvatura conforme os valores da base $a$.

É o que se vê na **Figura 11**.

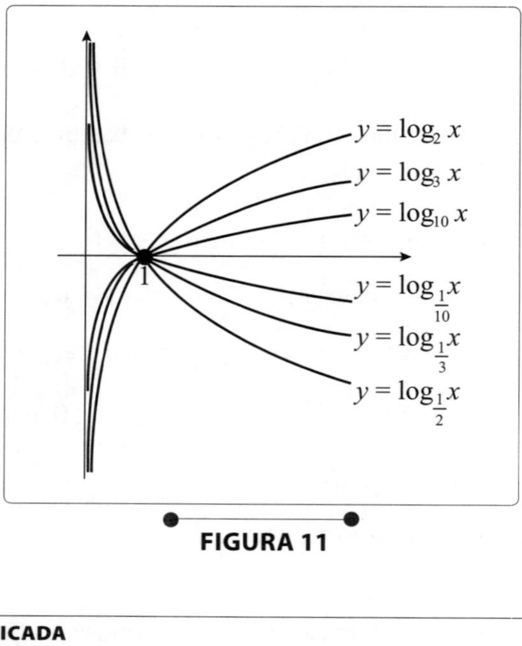


FIGURA 11

Como regra geral:

Se $a > 1$, a função $y = \log_a x$ é crescente.
Se $0 < a < 1$, a função $y = \log_a x$ é decrescente.

- **Exemplo 2**

Dada a função $y = 18 \cdot 12^x$, vamos determinar *x* tal que $f(x) = 9$, sabendo que $\log_2 3 = 1{,}585$.

Da equação $18 \cdot 12^x = 9$, obtemos $12^x = \frac{1}{2}$. Tomando-se logaritmo de base 2 de ambos os membros, o resultado é $x \log_2 12 = \log_2 \frac{1}{2}$.

Mas $\log_2 12 = \log_2 (4 \cdot 3) = 2 + \log_2 3 = 3{,}585$ e $\log_2 \frac{1}{2} = -1$.

Assim, $x = \frac{-1}{3{,}585} = -0{,}279$.

- **Exemplo 3**

Dada a função $y = 24 \cdot 5^x$, vamos determinar *x*, tal que $f(x) = 6$, sabendo-se que $\log 2 = 0{,}301$.

Da equação $24 \cdot 5^x = 6$, obtemos $5^x = \frac{1}{4}$. Tomando-se logaritmo de base 10 de ambos os membros, temos $x \log 5 = \log \frac{1}{4}$.

Mas: $\log 5 = \log \frac{10}{2} = \log 10 - \log 2 = 1 - 0{,}301 = 0{,}699$

e $\log \frac{1}{4} = -\log 4 = -2 \cdot \log 2 = -2 \cdot 0{,}301 = -0{,}602$.

Assim, $x = \frac{-0{,}602}{0{,}699} = -0{,}861$.

## 3 • FUNÇÃO EXPONENCIAL DE BASE *e*. LOGARITMO NEPERIANO

Um caso importante por suas aplicações é o das funções dos tipos exponencial e logaritmo que têm como base o número $e = 2{,}71828182845904\ldots$ . As funções $y = e^x$ e $y = \log_e x = \ln x$, como têm base $e > 1$, são **crescentes**, e seus gráficos são similares aos que vimos anteriormente. O logaritmo de base $e$, como sabemos, é denominado **logaritmo neperiano** ou **logaritmo natural**. O nome neperiano é uma homenagem a John Nepper (1550-1630, datas aproximadas), matemático escocês que desenvolveu a ideia de logaritmo e que também é conhecido como John Napier. Nos próximos capítulos veremos exemplos em que essas funções são aplicadas .

## EXERCÍCIOS DE FIXAÇÃO

### Função exponencial

☐ **1.** | Esboce o gráfico da função $y = 5^x$

☐ **2.** | Esboce o gráfico da função $y = (0,2)^x$

☐ **3.** | Esboce o gráfico da função $y = 2 \cdot (1,5)^x$

☐ **4.** | Esboce o gráfico da função $y = \frac{1}{2} \cdot (0,8)^x$

☐ **5.** | Determine uma função exponencial do tipo $y = k \cdot a^x$, sabendo que, para $x = 2$, tem-se $y = 5$ e, para $x = 4$, tem-se $y = 10$.

☐ **6.** | $(3;5)$ e $(4;10)$

☐ **7.** | $(1;5)$ e $\left(2;\frac{15}{2}\right)$

☐ **8.** | $(3;5)\ e\ (5;10)$

☐ **9.** | $(2;1)\ e \left(4;\frac{4}{3}\right)$

### Função logaritmo

☐ **10.** | Esboce o gráfico da função $y = \log_5 x$

☐ **11.** | Esboce o gráfico da função $y = \log_{0,2} x$

☐ **12.** | Esboce o gráfico da função $y = 2 \cdot \log_{1,5} x$

☐ **13.** | Esboce o gráfico da função $y = -\frac{1}{2} \cdot \log_{0,8} x$

☐ **14.** | Dê o domínio da função $y = \log_{10}(x-1)$

15. | Dê o domínio da função $y = \log_5(2x+3)$

16. | Dê o domínio da função $y = \log_{\frac{1}{3}}(x^2-1)$

17. | Dê o domínio da função $y = \log_{0,3}(3x-2-x^2)$

18. | Calcule $x$ na equação $20 \cdot 2^x = 50$, sabendo que $\log_2 5 = 2,322$.

19. | Sabendo que $\log 5 = 0,699$ e $\log 3 = 0,477$, calcule $x$ na equação $25 \cdot 9^x = 18$.

## RESPOSTAS DOS EXERCÍCIOS DE FIXAÇÃO

### Função exponencial

1. |

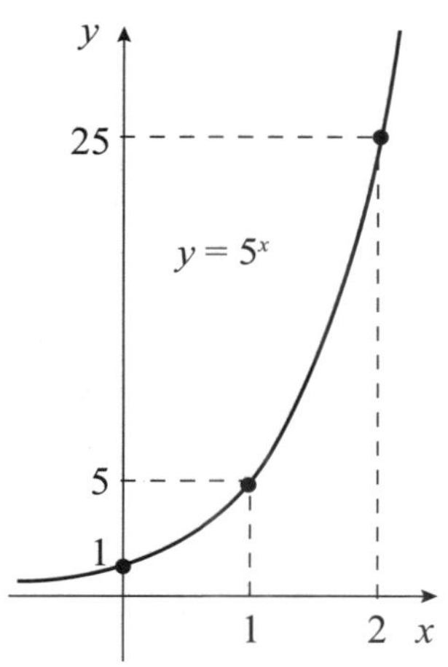


3. |

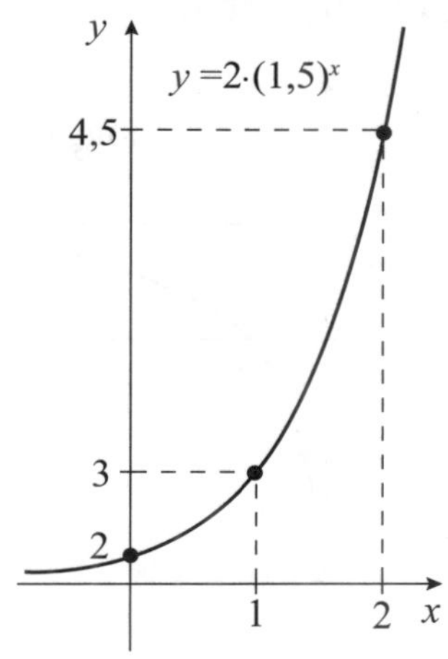


2. |

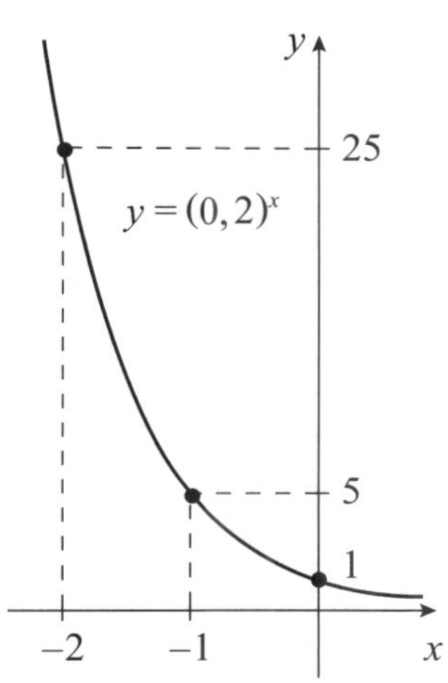


4. |

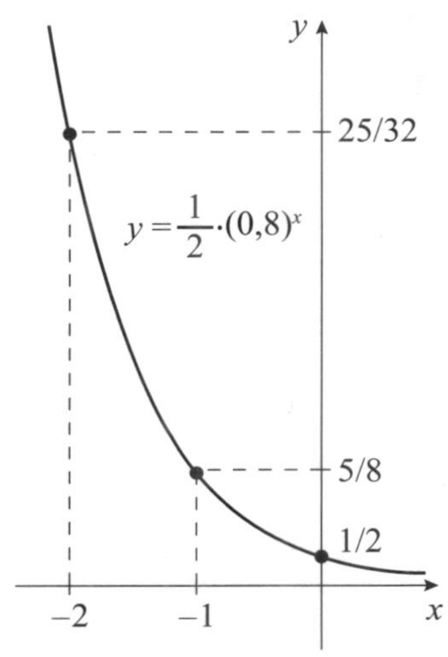

5. | $y=\dfrac{5}{2}\cdot\left(\sqrt{2}\right)^x$

6. | $y=\dfrac{5}{8}\cdot 2^x$

7. | $y=\dfrac{10}{3}\cdot(1{,}5)^x$

8. | $y=\dfrac{5\sqrt{2}}{4}\cdot\left(\sqrt{2}\right)^x$

9. | $y=\dfrac{3}{4}\cdot\left(\dfrac{2\sqrt{3}}{3}\right)^x$

## Função logaritmo

10. |

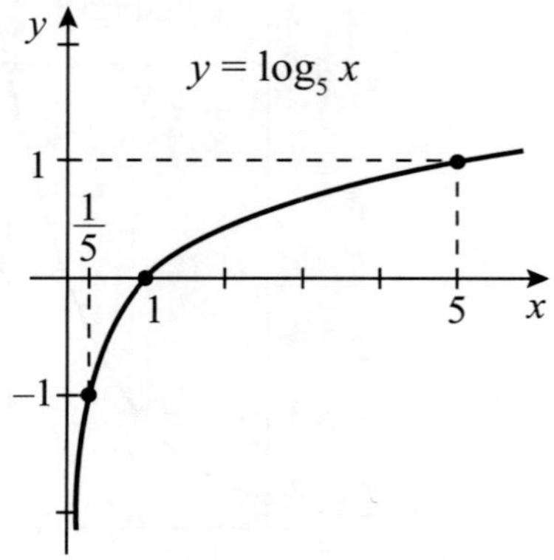


11. |

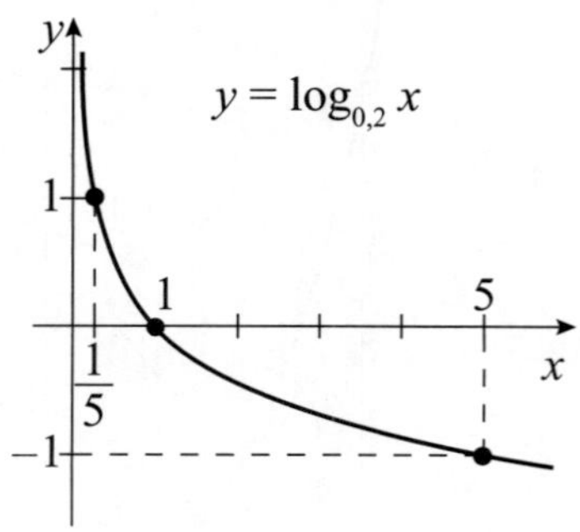


12. |

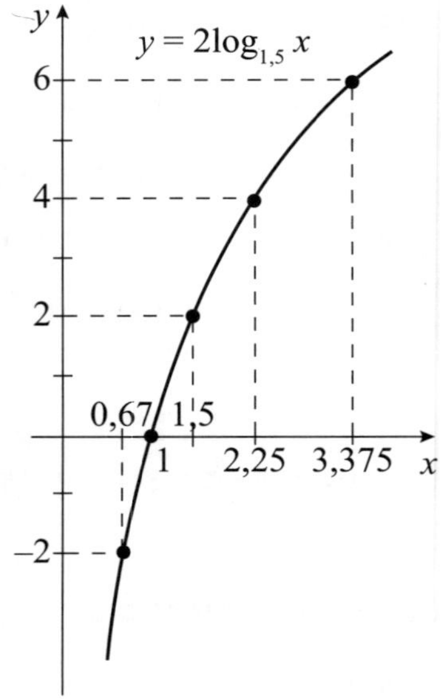


13. |

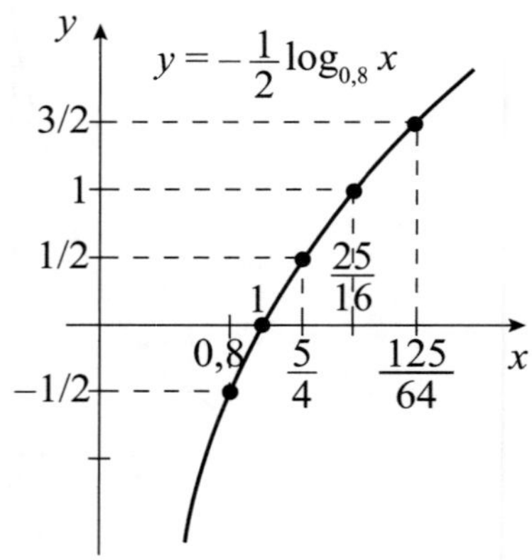


14. | $\{x\in\mathbb{R}\mid x>1\}$

15. | $\left\{x\in\mathbb{R}\mid x>-\dfrac{3}{2}\right\}$

16. | $\{x\in\mathbb{R}\mid x<-1\ ou\ x>1\}$

17. | $\{x\in\mathbb{R}\mid 1<x<2\}$

18. | 1,322

19. | –0,150

# CAPÍTULO 11

## APLICAÇÕES: CASOS EM QUE OCORREM FUNÇÕES EXPONENCIAIS

## 1 • CRESCIMENTO POPULACIONAL

Tabela 1

| Taxa: 3% ao ano | |
|---|---|
| 1950 | 8000 |
| 1951 | 8240,0 |
| 1952 | 8487,2 |
| 1953 | 8741,8 |
| 1954 | 9004,1 |
| 1955 | 9274,2 |
| 1956 | 9552,4 |
| 1957 | 9839,0 |
| 1958 | 10134,2 |
| 1959 | 10438,2 |
| 1960 | 10751,3 |

Pesquisando várias cidades de certa região, constatou-se que a população média por cidade era de 8.000 habitantes em 1950. Anualmente, essa população média crescia a uma taxa de 3%. Qual era a média da população em 1960?

Para responder a essa pergunta, podemos construir a **Tabela 1**, calculando as populações ano a ano. A média populacional de 1951 é calculada fazendo-se:

$$8000 + 3\% \cdot 8000 = 8000 + 0,03 \cdot 8000 =$$

$$= 8000(1 + 0,03) = 8000 \cdot 1,03 = 8240,0,$$

isto é, basta multiplicar a população do ano anterior por 1,03. Para os demais anos, temos: $8240,0 \cdot 1,03 = 8487,2$, depois $8487,2 \cdot 1,03 = 8741,8$ e assim sucessivamente, até chegarmos a 1960, quando a média de população foi de 10.751,3 habitantes por cidade.

Poderíamos obter a média de 1960 diretamente, calculando:

$$8000 \cdot 1,03 \cdot 1,03 \cdot 1,03 \cdot 1,03 \cdot 1,03 \cdot 1,03 \cdot 1,03 \cdot 1,03 \cdot 1,03 \cdot 1,03 = 8000 \cdot (1,03)^{10} = 10751,3$$

Se a pergunta fosse: "qual será a média $p$ da população após $n$ anos da pesquisa realizada inicialmente?", bastaria fazer $p = 8000 \cdot (1,03)^n$.

Temos aqui uma função exponencial $p = 8000 \cdot (1{,}03)^n$, na qual a base da potência é igual à *taxa de crescimento mais 1*. Em geral, se a população inicial fosse $p_0$ e a taxa de crescimento fosse *i*, então a função que descreve o crescimento da população seria $p = p_0(1+i)^n$.

Havendo uma situação contrária, de *redução* da população, a base dessa potência seria igual a $1-i$ e teríamos a função $p = p_0(1-i)^n$.

**RESUMO**

Se uma população varia a uma taxa *i* por período de tempo, sendo $p_0$ a população inicial, então a população após *n* períodos daria origem a uma função igual a:

$$p = p_0(1+i)^n \text{ (se houver crescimento)}$$

$$p = p_0(1-i)^n \text{ (se houver redução).}$$

- **Exemplo 1**

Uma cidade tinha, em determinado ano, 120.000 habitantes. Após 2 anos, havia 139.968 habitantes nessa cidade. Supondo que a taxa de crescimento foi a mesma em cada ano, determine:

a) a taxa de crescimento anual;
b) a função que descreve o crescimento dessa população;
c) a população da cidade após 10 anos.

**Resolução**

a) A função procurada será exponencial, do tipo $p = p_0(1+i)^n$, em que $p_0 = 120.000$. Sabemos que, quando $n = 2$, a população passou a ser $p = 139.968$. Então, $139.968 = 120.000 \cdot (1+i)^2$. Dessa equação, resulta $1+i = \sqrt{\dfrac{139.968}{120.000}} = 1{,}08$. Então, a taxa é $i = 0{,}08 = 8\%$.

b) A função que descreve o crescimento dessa população é $p = 120.000 \cdot (1{,}08)^n$.

c) Para determinar a população após 10 anos, fazemos $n = 10$, obtendo $p = 120.000 \cdot (1{,}08)^{10} = 259071$ habitantes.

- **Exemplo 2**

Uma região do país tinha, em 1970, 2.000.000 de analfabetos. Em 1980, a quantidade de analfabetos caiu para 1.300.000. Qual foi a taxa anual de decréscimo da quantidade de analfabetos, supondo que foi a mesma todos os anos?

**Resolução**

A função que dá a quantidade de analfabetos após $n$ anos é $p = 2.000.000 \cdot (1-i)^n$. Para $n = 10$, temos $1.300.000 = 2.000.000(1-i)^{10}$, de que resulta:

$$(1-i)^{10} = \frac{1.300.000}{2.000.000} = 0,65.$$

Então, $1 - i = \sqrt[10]{0,65} = 0,958$ (aproximadamente). Essa raiz *décima* pode ser determinada com o auxílio de uma calculadora científica ou financeira. Finalmente, obtemos $i = 0,042$, isto é, a quantidade de analfabetos decresceu à taxa de 4,2% ao ano.

## 2 • JUROS COMPOSTOS

Tabela 2

| Taxa de juros: 1,2% ao mês | |
|---|---|
| Mês | Montante |
| 0 (inicial) | 1.000,00 |
| 1 | 1.012,00 |
| 2 | 1.024,14 |
| 3 | 1.036,43 |
| 4 | 1.048,87 |
| 5 | 1.061,46 |

Um investidor aplica R$ 1.000,00, a juros compostos de 1,2% ao mês. Isso significa que, ao final de cada mês, calculam-se os juros, que são somados ao valor aplicado, resultando no chamado montante. A **Tabela 2** pode ser construída, mostrando o montante ao final de cada mês. O montante, ao final do primeiro mês, é igual a $1.000,00 \cdot 1,012 = 1012,00$, ao final do segundo mês é $1012,00 \cdot 1,012 = 1.024,14$ e assim por diante. No quinto mês, o montante pode ser calculado a partir do investimento inicial fazendo-se $1.000,00 \cdot (1,012)^5 = 1061,46$. Generalizando, o montante $M$ ao final do mês $n$ é dado por $M = 1.000 \cdot (1,012)^n$, que é uma função exponencial.

Essa situação é semelhante àquela do crescimento populacional.

Generalizando, se um capital $C$ é investido inicialmente, a juros compostos com taxa $i$ por período de tempo, então o montante após $n$ períodos será dado pela função $M = C(1+i)^n$.

- **Exemplo 3**

Uma pessoa aplica R$ 2.500,00, a 0,95% ao mês.

a) Qual será o montante da aplicação após um ano?

b) Qual será o rendimento da aplicação após dois anos?

c) Que porcentagem do capital aplicado inicialmente representa o rendimento após dois anos?

**Resolução**

a) A função que dá o montante $M$ após $n$ meses é $M = 2.500 \cdot (1{,}0095)^n$. Para calcular o montante após um ano, fazemos $n = 12$ e assim $M = 2.500 \cdot (1{,}0095)^{12} = 2.800{,}37$. O montante após um ano será R$ 2.800,37.

b) Após dois anos, o montante será $M = 2.500 \cdot (1{,}0095)^{24} = 3.136{,}84$. Para calcular o rendimento da aplicação, fazemos $3.136{,}84 - 2.500 = 636{,}84$, e assim o rendimento será de R$ 636,84.

c) Temos: $\dfrac{636{,}84}{2500} = 0{,}2547 = 25{,}47\%$. Esse porcentual poderia ser encontrado também lembrando-se que, após dois anos, o montante é dado por $M = 2.500 \cdot (1{,}0095)^{24}$ e, como $(1{,}0095)^{24} = 1{,}2547$, o aumento é de 25,47%.

## 3 • DEPRECIAÇÃO

Uma máquina foi comprada por uma indústria por R$ 25.000,00. Devido ao desgaste pelo uso e o passar do tempo, o valor dessa máquina diminui, caindo 5% a cada ano. Assim, após 1 ano, o valor da máquina será $25.000{,}00 \cdot (1 - 0{,}05) = 25.000{,}00 \cdot 0{,}95 = 23.750{,}00$. Ao final do segundo ano, será $23.750{,}00 \cdot 0{,}95 = 22.562{,}50$ e, ao final do terceiro ano, $22.562{,}50 \cdot 0{,}95 = 21.434{,}38$. A função que dá o valor da máquina após $n$ anos é: $V = 25.000 \cdot (0{,}95)^n$, ou seja, trata-se de uma função exponencial, nesse caso *decrescente*.

A redução do valor de um bem ao longo do tempo chama-se **depreciação**.

Generalizando, se um bem, cujo valor inicial é $V_0$, sofre depreciação à taxa $i$ por período de tempo, então o valor desse bem, após $n$ períodos de tempo, é dado pela função $V = V_0(1-i)^n$.

- **Exemplo 4**

Um equipamento adquirido por uma empresa sofreu depreciação, passando a valer, ao final do quinto ano, R$ 7.085,88. Ao final do sétimo ano, esse equipamento valia R$ 5.739,56.

a) Qual foi a taxa de depreciação anual?

b) Quanto a empresa pagou pelo equipamento?

**Resolução**

a) O valor do equipamento após $n$ anos, a uma taxa de depreciação anual igual a $i$, é $V = V_0(1-i)^n$. Então, temos:

$$\begin{cases} para\ n = 5: \ 7.085{,}88 = V_0(1-i)^5 \\ para\ n = 7: \ 5.739{,}56 = V_0(1-i)^7 \end{cases}$$

Assim, $\dfrac{(1-i)^7}{(1-i)^5} = \dfrac{5.739{,}56}{7.085{,}88}$, donde $(1-i)^2 = 0{,}81$, ou seja, $1-i = 0{,}9$.

Obtemos, finalmente, $i = 0{,}1$, significando que a taxa de depreciação foi de 10% ao ano.

b) Com a taxa de 10% ao ano, a função de depreciação é $V = V_0(0{,}9)^n$.

Para $n = 5$, temos: $7.085{,}88 = V_0(0{,}9)^5$ e, então, $V_0 = \dfrac{7.085{,}88}{(0{,}9)^5} = 12.000$.

A empresa pagou R$ 12.000,00 pelo equipamento.

## 4 • VALOR PRESENTE

Se um investidor aplica R$ 1.000,00 a uma taxa de 3% ao mês, após 3 anos o montante de sua aplicação valerá $M = 1.000 \cdot (1{,}03)^{36} = 2.898{,}28$, ou seja, R$ 2.898,28.

Se um segundo investidor aplica R$ 1.500,00 a uma taxa de 1,846% ao mês, o montante após 3 anos será $M = 1.500 \cdot (1{,}01846)^{36} = 2.897{,}84$, isto é, R$ 2.897,84.

Comparando-se os montantes daqui a 3 anos, diríamos que ambos são quase a mesma quantia, mas os valores iniciais são bem diferentes. Como as taxas de aplicação não são as mesmas, comparar montantes após um período de tempo dá resultados enganosos. É mais coerente compararmos os valores no instante do investimento, que são R$ 1.000,00 e R$ 1.500,00. Esses valores iniciais são chamados **valores presentes**.

Generalizando, se um capital *C*, aplicado a uma taxa *i* durante *n* períodos de tempo, gera um montante igual a $M = C(1+i)^n$, então o capital *C* chama-se **valor presente** do montante *M*, à taxa *i*.

O problema, nesse caso, é determinar o valor presente *C*, conhecendo-se o montante *M*. Para isso, basta escrever a equação isolando o *C* no primeiro membro: $C = \dfrac{M}{(1+i)^n}$.

- **Exemplo 5**

Um investidor possui três títulos de aplicação. O primeiro irá vencer daqui a 6 meses, à taxa de 1% ao mês, no valor de R$ 2.000,00, o segundo irá vencer daqui a 10 meses, à taxa de 0,8% ao mês, no valor de R$ 3.000,00, e o terceiro irá vencer daqui a 1 ano, à taxa de 1,1% ao mês, no valor de R$ 4.200,00. Qual é o capital possuído por esse investidor?

### Resolução

Não existe sentido em somarmos os montantes das três aplicações, pois eles se referem a tempos e taxas diferentes. É preciso obter o valor presente de cada aplicação. Então:

Primeiro título: $C_1 = \dfrac{2.000}{(1,01)^6} = 1.884,09$

Segundo título: $C_2 = \dfrac{3.000}{(1,008)^{10}} = 2.770,23$

Terceiro título: $C_3 = \dfrac{4.200}{(1,011)^{12}} = 3.683,29$

Portanto, o capital possuído pelo investidor é:

$$C_1 + C_2 + C_3 = 1.884,09 + 2.770,23 + 3.683,29,$$

isto é, R$ 8.337,61.

- **Exemplo 6**

Um investidor deseja comprar um título de aplicação e tem duas opções: um título de R$ 12.000,00 vencível daqui a 6 meses, à taxa de 1,5% ao mês, e um segundo título de R$ 12.500,00 vencível daqui a 12 meses, à taxa de 1,2% ao mês. Qual dos dois títulos tem maior valor?

**Resolução**

Vamos calcular o valor presente de cada título:

Primeiro título: $C_1 = \dfrac{12.000}{(1,015)^6} = 10.974,51$.

Segundo título: $C_2 = \dfrac{12.500}{(1,012)^{12}} = 10.832,88$.

Assim, o primeiro título tem maior valor, embora o montante correspondente seja menor.

## 5 • JUROS CONTÍNUOS

Quando um capital é aplicado a juros compostos, de tempos em tempos os juros são calculados e incorporados ao capital, criando o montante. Diz-se que os juros foram *capitalizados*. A partir daí, os juros serão calculados em relação ao novo montante, e essa operação se repete ao final de cada período.

Os períodos em que ocorre a *capitalização* dos juros podem ser o mês, o ano, o dia, a hora, enfim, qualquer intervalo de tempo convencionado. Vimos esse sistema no item **juros compostos**.

- **Exemplo 7**

Examinemos os seguintes casos:

1) Uma pessoa aplica R$ 1.000,00 a juros de 12% ao ano. Ao final de um ano, o montante será igual a $M = 1.000 \cdot 1,12 = 1.120$, isto é, R$ 1.120,00.
2) O capital de R$ 1.000,00 é aplicado a 6% ao semestre. Ao final de um ano, teremos o montante $M = 1.000 \cdot (1,06)^2 = 1.123,60$, isto é, R$ 1.123,60.
3) Aplica-se R$ 1.000,00 a 4% por quadrimestre. Após um ano, teremos $M = 1.000 \cdot (1,04)^3 = 1.124,86$, isto é, R$ 1.124,86.

4) A 3% por trimestre, o capital de R$ 1.000,00 irá gerar após um ano o montante de $M = 1.000 \cdot (1,03)^4 = 1.125,51$, ou seja, R$ 1.125,61.

Nesses exemplos, temos um capital de R$ 1.000,00 aplicado por um ano, mas o número de períodos de capitalização e a taxa variam, de forma que, se o ano é subdividido em $n$ períodos, a taxa por período é de $i = \frac{12\%}{n} = \frac{0,12}{n}$. O montante ao final de um ano é dado pela expressão

$$M = 1.000 \cdot \left(1 + \frac{0,12}{n}\right)^n.$$

Veja que, à medida que o número de períodos $n$ cresce, a taxa $\frac{0,12}{n}$ decresce.

O montante $M$ vai sofrendo alterações, a cada aumento de $n$. É natural fazermos, então, a pergunta: que aconteceria se o número de períodos $n$ aumentasse indefinidamente?

O estudo dessa situação mostrou que a tendência é de o montante chegar cada vez mais próximo do valor $M = 1.000 \cdot e^{0,12} = 1.127,50$, isto é, o montante de R$ 1.127,50 seria o resultado de uma *capitalização contínua.*

***Generalizando:***

> Se um capital $C$ é aplicado continuamente a uma taxa anual igual a $i$, então após $t$ anos teremos o montante $M = C \cdot e^{it}$.

- **Exemplo 8**

Se o capital $C$ é aplicado a juros contínuos de 15% ao ano, então o montante ao final de $t$ anos é dado por $M = C \cdot e^{0,15t}$. Quem aplicar R$ 1.000,00, após 10 anos terá

$$M = 1.000 \cdot e^{0,15 \cdot 10} = 1.000 \cdot e^{1,5} = 4.481,69,$$

ou seja, R$ 4.481,69.

O valor presente de um título cujo valor daqui a $t$ anos é igual a $M$, a juros contínuos com taxa $i$ ao ano, é dado por $C = M \cdot e^{-it}$. Um título a juros contínuos de 12% ao ano que, após 8 anos, vale R$ 6.000,00 corresponde ao valor presente igual a $C = 6.000 \cdot e^{-0,12 \cdot 8} = 2.297,36$, ou seja, o capital aplicado inicialmente é de R$ 2.297,36.

## EXERCÍCIOS DE FIXAÇÃO

**1.** | A população de uma cidade, que hoje é de 8.000 habitantes, cresce a uma taxa de 4% ao ano.

a) Qual será a população dessa cidade daqui a 7 anos?

b) Ao final de 12 anos, quantos por cento terá crescido a população?

**2.** | Certa região de um país registrou a morte de 1.600 crianças de até 1 ano de idade, no ano em que a pesquisa foi realizada. A mortalidade infantil cresceu 1% ao ano nos 4 anos seguintes, quando teve início uma ação preventiva do Ministério da Saúde. A ação governamental fez cair a mortalidade infantil em 2% a cada ano, a partir dessa data.

a) Quantas mortes foram registradas no décimo ano?

b) Qual foi a variação porcentual da quantidade anual de mortes nesses 10 anos?

**3.** | Um país teve, em um certo ano, o PIB (Produto Interno Bruto) de 500 bilhões de dólares, crescendo exponencialmente nos anos seguintes. Se, depois de 5 anos, o PIB foi de 610 bilhões de dólares, qual foi a taxa de crescimento anual nesse período?

**4.** | Um aplicador investe R$ 10.000,00 e, após 10 meses, o montante desse investimento é de R$ 10.937,34.

a) Qual é a taxa de juros mensal dessa aplicação?

b) Dê a função que define o montante $M$ após $n$ meses de aplicação.

**5.** | Certo capital, aplicado a uma taxa de juros de 1,2% ao mês durante um ano, resultou em um montante de R$ 25.385,68. Qual foi o capital inicial investido?

**6.** | Um cidadão adquire sua residência por R$ 120.000,00. Com o passar dos anos, esse imóvel sofre depreciação exponencial, a 2% ao ano. Qual será o valor do imóvel após 20 anos?

**7.** | Se um equipamento comprado a R$ 35.000,00 sofre depreciação e passa a valer R$ 24.713,83 após 10 anos, qual é a taxa anual de depreciação?

**8.** | Uma máquina, após 12 anos de sua aquisição, vale R$ 46.046,00. Se a taxa de depreciação foi de 7% ao ano, qual foi o valor pago pela máquina inicialmente?

**9.** | O crescimento da população de uma cidade se dá a uma taxa anual constante de 4,73%. Em quanto tempo essa cidade tem sua população duplicada?

**10.** | A venda de certo produto foi de 12 toneladas em 1990 e ela cresce exponencialmente a uma taxa de 4,9% ao ano. Em que ano a quantidade vendida ultrapassará 18 toneladas?

**11.** | Uma pessoa investe certo capital a uma taxa de 1,1% ao mês. Quantos meses são necessários para que o montante atinja o triplo do capital investido inicialmente?

**12.** | Uma pessoa compra um carro novo por R$ 55.000,00 e, após muitos anos de uso, vende-o por R$ 10.347,00. Se a depreciação anual é de 6%, durante quanto tempo essa pessoa usou o carro antes de vendê-lo?

**13.** | Qual é o valor presente associado a um título de R$ 15.000,00, vencível em 15 meses, a uma taxa de 2,5% ao mês?

**14.** | Um investidor possui um título de R$ 5.000,00, vencível em 1 ano, à taxa de 1% ao mês, e um segundo título de R$ 4.200,00, com vencimento em 15 meses, à taxa de 0,9% ao mês. Qual é o valor presente do total dos dois títulos?

**15.** | Um título de R$ 3.000,00 vence em 8 meses à taxa mensal igual a $i$. Um segundo título de R$ 6.000,00 vence em 16 meses à mesma taxa. Qual é essa taxa de aplicação, sabendo que os dois títulos têm o mesmo valor presente?

**16.** | A quantia de R$ 17.000,00 foi aplicada a juros contínuos de 12% ao ano. Qual será o montante após 5 anos?

## RESPOSTAS DOS EXERCÍCIOS DE FIXAÇÃO

**1.** | a) 10.527 b) 60,1%

**2.** | a) 1.475 b) redução de 7,8%

**3.** | 4,1%

**4.** | a) 0,9% b) $M = 10000 \cdot (1{,}009)^n$

**5.** | R$ 22.000,00

**6.** | R$ 80.112,96

- [ ] **7.** | 3,42%
- [ ] **8.** | R$ 110.000,00
- [ ] **9.** | 15 anos
- [ ] **10.** | 1999
- [ ] **11.** | 101
- [ ] **12.** | 27 anos
- [ ] **13.** | R$ 10.356,98
- [ ] **14.** | R$ 8.109,07
- [ ] **15.** | 9,05%
- [ ] **16.** | R$ 30.976,02

# CAPÍTULO 12
## NOÇÃO DE LIMITE DE UMA FUNÇÃO

*Neste capítulo, abordaremos o conceito de limite de uma função, sob um enfoque intuitivo. Não utilizaremos as formalizações, usuais em estudos rigorosos, pois fogem às finalidades de nosso curso. O estudante já teve contato com a ideia de limite em seus estudos de nível médio, como poderemos recordar nos exemplos a seguir.*

## 1 • LIMITE QUANDO A VARIÁVEL TENDE AO INFINITO

- **Exemplo 1**

Vamos tomar a progressão geométrica $1, \frac{1}{2}, \frac{1}{4}, \frac{1}{8}, \frac{1}{16}, \cdots$, na qual o primeiro termo é $a_1 = 1$ e a razão é $q = \frac{1}{2}$. Nessa sequência, cada termo é igual à metade do termo anterior.

Podemos pensar na *soma* dos 10 primeiros desses termos:

$$S_{10} = 1 + \frac{1}{2} + \frac{1}{4} + \frac{1}{8} + \frac{1}{16} + \frac{1}{32} + \frac{1}{64} + \frac{1}{128} + \frac{1}{256} + \frac{1}{512} =$$

$$= \frac{512+256+128+64+32+16+8+4+2+1}{512} = \frac{1.023}{512} = 1{,}998046875.$$

ou na soma de qualquer outra quantidade de termos. Para determinar essas somas, basta efetuar a adição, como no exemplo.

Imaginemos, porém, que desejemos somar os termos sem parar, ou seja, de modo que o número de termos somados cresça indefinidamente:

$$1 + \frac{1}{2} + \frac{1}{4} + \frac{1}{8} + \frac{1}{16} + \frac{1}{32} + \frac{1}{64} + \frac{1}{128} + \frac{1}{256} + \frac{1}{512} + \cdots$$

De início parece uma pretensão absurda, pois essa soma teria infinitas parcelas e seria impossível somar todas. Observemos, no entanto, a **Tabela 1**, na qual a cada linha é somado um termo a mais da progressão. É possível perceber que, à medida que o número de elementos somados aumenta, a soma apresenta uma *tendência*, que é a de ficar cada vez mais próxima do resultado 2.

Exprimimos esse fato dizendo que, quando *n tende ao infinito*, a soma $S_n$ *tende a* 2.

Dizemos também que *o limite da soma* $S_n$ *é* 2 quando *n tende ao infinito* e escrevemos de forma simbólica:

$$\lim_{n \to \infty} S_n = 2$$

Tabela 1

| Número de termos $n$ | Soma $S_n$ |
|---|---|
| 1 | 1 |
| 2 | $1+\frac{1}{2}=\frac{3}{2}=1,5$ |
| 3 | $1+\frac{1}{2}+\frac{1}{4}=\frac{7}{4}=1,75$ |
| 4 | $1+\frac{1}{2}+\frac{1}{4}+\frac{1}{8}=\frac{15}{8}=1,875$ |
| 5 | $1+\frac{1}{2}+\frac{1}{4}+\frac{1}{8}=\frac{15}{8}=1,875$ |
| 6 | $1+\frac{1}{2}+\frac{1}{4}+\frac{1}{8}+\frac{1}{16}=\frac{31}{16}=1,9375$ |
| 7 | $1+\frac{1}{2}+\frac{1}{4}+\frac{1}{8}+\frac{1}{16}+\frac{1}{32}=\frac{63}{32}=1,96875$ |
| 8 | $1+\frac{1}{2}+\frac{1}{4}+\frac{1}{8}+\frac{1}{16}+\frac{1}{32}+\frac{1}{64}=\frac{127}{64}=1,984375$ |
| 9 | $1+\frac{1}{2}+\frac{1}{4}+\frac{1}{8}+\frac{1}{16}+\frac{1}{32}+\frac{1}{64}+\frac{1}{128}=\frac{255}{128}=1,9921875$ |

Veja que o limite não é necessariamente um valor que a soma irá atingir (pois para isso teríamos que somar infinitas parcelas), mas ele representa *uma tendência* dessa soma.

No caso da progressão geométrica, o estudante já teve contato com uma *fórmula* que permite determinar esse limite, em função do primeiro termo $a_1$ e da razão $q$, a qual vale para todos os casos nos quais se tem $-1 < q < 1$ ($q \neq 0$):

$$\lim_{n \to \infty} S_n = \frac{a_1}{1-q}.$$

No nosso exemplo, sendo $a_1 = 1$ e $q = \frac{1}{2}$, temos: $\lim_{n \to \infty} S_n = \frac{1}{1-\frac{1}{2}} = \frac{1}{\frac{1}{2}} = 2$.

- **Exemplo 2**

Se quisermos saber o limite da soma $2+\frac{4}{3}+\frac{8}{9}+\frac{16}{27}+\frac{32}{54}+\frac{64}{108}+\cdots$ , na qual a sequência é uma progressão geométrica de primeiro termo $a_1=2$ e a razão é $q=\frac{2}{3}$, basta fazer:

$$\lim_{x\to\infty} S_n = \frac{2}{1-\frac{2}{3}} = \frac{2}{\frac{1}{3}} = 6 .$$

- **Exemplo 3**

Consideremos a função dada por $f(x)=\frac{3x+4}{x+1}$, para a qual construímos a **Tabela 2**, na qual calculamos $f(x)$ para vários valores de *x*.

Tabela 2

| x | 1 | 2 | 3 | 4 | 5 | 6 | 7 |
|---|---|---|---|---|---|---|---|
| $f(x)$ | $\frac{7}{2}=3,5$ | $\frac{10}{3}\simeq 3,33$ | $\frac{13}{4}=3,25$ | $\frac{16}{5}=3,2$ | $\frac{19}{6}\simeq 3,17$ | $\frac{22}{7}\simeq 3,14$ | $\frac{25}{8}=3,125$ |

Se essa tabela fosse estendida a mais valores de *x*, nós observaríamos que a *tendência* dos resultados é aproximarem-se cada vez mais do resultado 3, isto é:

$$\lim_{x\to\infty}\frac{3x+4}{x+1}=3$$

O caso desse limite pode ser interpretado examinando-se o gráfico da função $f(x)=\frac{3x+4}{x+1}$, que tem o aspecto apresentado na **Figura 1**.

Quando *x* tende ao infinito, os pontos do gráfico deslocam-se para a direita. Vemos que esses pontos aproximam-se cada vez mais da reta horizontal que passa pela ordenada 3, ou seja, o valor de $f(x)$ tende a 3 quando *x* tende a $\infty$.

Note que, se *x* tende ao infinito negativo, os pontos deslocam-se para a esquerda, aproximando-se, também, da reta horizontal que passa pela ordenada 3. Sendo assim, o valor de $f(x)$ tende a 3 quando *x* tende a $-\infty$. Escrevemos, então: $\lim_{x\to-\infty}\frac{3x+4}{x+1}=3$.

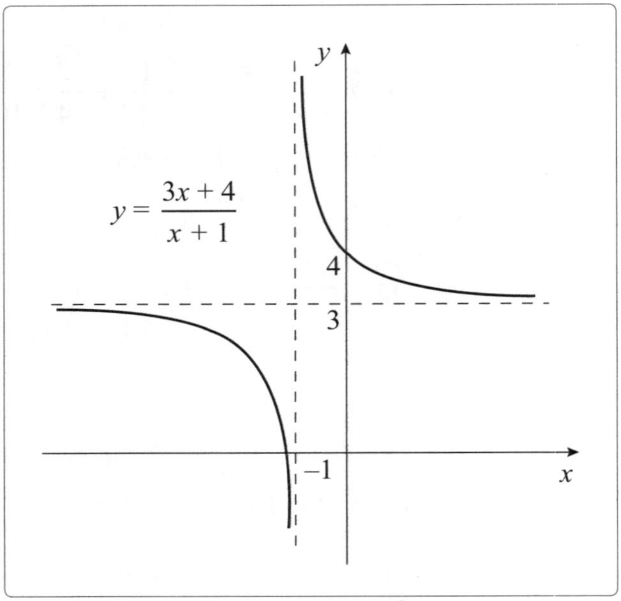


FIGURA 1

## 2 • LIMITE QUANDO A VARIÁVEL TENDE A UM VALOR FINITO: LIMITE NUM PONTO

- **Exemplo 4**

Tomemos a função dada por $f(x) = \frac{x^2 - 4}{x - 2}$ e vamos organizar a **Tabela 3**, para sucessivos valores de $x$, aproximando-se de 2.

À medida que o valor de $x$ aproxima-se de 2, a função $f(x)$ apresenta uma *tendência*, que é a de ficar cada vez mais próxima do resultado 4.

Exprimimos esse fato escrevendo:

$$\lim_{x \to 2} \frac{x^2 - 4}{x - 2} = 4.$$

Veja que o limite não é necessariamente um valor possível da função $f(x)$, pois, se tentássemos calcular $f(2)$, nada resultaria disso, já que a expressão $f(2) = \frac{2^2 - 4}{2 - 2} = \frac{0}{0}$ não tem significado matemático.

Tabela 3

| x | $f(x)$ |
|---|---|
| 1 | $\frac{1^2-4}{1-2}=3$ |
| 1,2 | $\frac{1,2^2-4}{1,2-2}=3,2$ |
| 1,5 | $\frac{1,5^2-4}{1,5-2}=3,5$ |
| 1,8 | $\frac{1,8^2-4}{1,8-2}=3,8$ |
| 1,9 | $\frac{1,9^2-4}{1,9-2}=3,9$ |
| 1,99 | $\frac{1,99^2-4}{1,99-2}=3,99$ |
| 1,999 | $\frac{1,999^2-4}{1,999-2}=3,999$ |
| 1,9999 | $\frac{1,9999^2-4}{1,9999-2}=3,9999$ |

O caso desse limite pode ser interpretado graficamente. Notemos primeiramente que $\frac{x^2-4}{x-2}=\frac{(x+2)(x-2)}{x-2}=x+2$ (para $x \neq 2$). Assim, o gráfico da função $f(x)=\frac{x^2-4}{x-2}$ está contido na reta de equação $y=x+2$, da qual está excluído o ponto P, correspondente a $x=2$.

Quando $x$ se aproxima de 2, os pontos do gráfico aproximam-se de P, portanto os valores de $f(x)$ aproximam-se de 4.

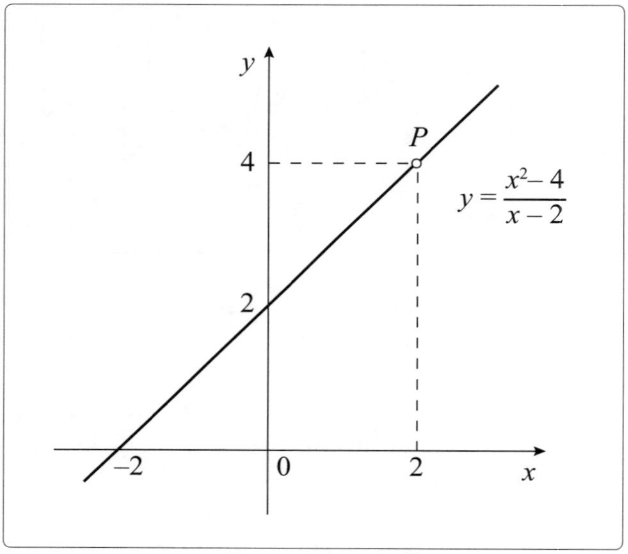


**FIGURA 2**

- **Exemplo 5**

Considere a função $y = g(x)$ representada pelo gráfico da **Figura 3**.

O valor numérico dessa função para $x = 1$ é $g(1) = 3$.

Se tomarmos valores de $x$ aproximando-se de 1 *pela direita*, ou seja, por valores maiores do que 1, então os pontos do gráfico estarão no ramo superior e irão se aproximar de P. Assim, o limite da função é 5 e é chamado *limite à direita*.

Se tomarmos valores de $x$ aproximando-se de 1 *pela esquerda*, ou seja, por valores menores do que 1, então os pontos do gráfico estarão no ramo inferior e irão se aproximar de Q. Assim, o limite da função é 1 e é chamado *limite à esquerda*.

Esses *limites laterais* são indicados do seguinte modo:

$$\lim_{x \to 1+} g(x) = 5 \quad \text{e} \quad \lim_{x \to 1-} g(x) = 1.$$

O sinal +, colocado depois do número 1, indica que $x$ tende a 1 *pela direita*.

O sinal –, colocado depois do número 1, indica que $x$ tende a 1 *pela esquerda*.

Quando os limites laterais são diferentes, dizemos que *não existe* $\lim_{x \to 1} g(x)$.

Veja que o valor numérico $g(1) = 3$ nada tem a ver com esses limites.

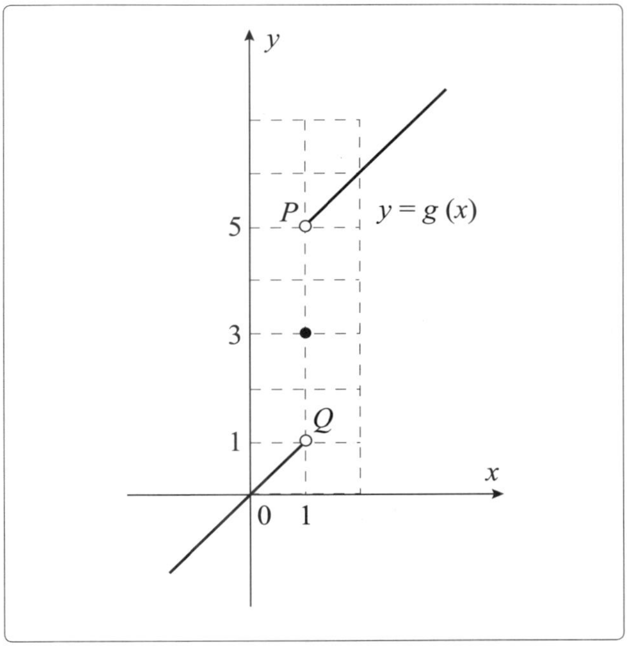


FIGURA 3

• **Exemplo 6**

Para a função cujo gráfico é representado na **Figura 4**, temos os seguintes limites:

a) $\lim\limits_{x \to 1-} f(x) = 1$ b) $\lim\limits_{x \to 1+} f(x) = 2$ c) $\lim\limits_{x \to 1} f(x)$ não existe

d) $\lim\limits_{x \to 2-} f(x) = 2$ e) $\lim\limits_{x \to 2+} f(x) = 1$ f) $\lim\limits_{x \to 2} f(x)$ não existe

g) $\lim\limits_{x \to 3-} f(x) = 4$ h) $\lim\limits_{x \to 3+} f(x) = 4$ i) $\lim\limits_{x \to 3} f(x) = 4$

j) $\lim\limits_{x \to 4-} f(x) = 7$ k) $\lim\limits_{x \to 4+} f(x) = \infty$ l) $\lim\limits_{x \to 4} f(x)$ não existe

m) $\lim\limits_{x \to 5-} f(x) = 1$ n) $\lim\limits_{x \to 5+} f(x)$ não existe o) $\lim\limits_{x \to 5} f(x)$ não existe

Nesse exemplo, o caso do item (k): $\lim\limits_{x \to 4+} f(x) = \infty$ mostra que uma função pode ter um limite *infinito* (positivo), quando seus valores tendem a crescer indefinidamente ou *infinito* (negativo) quando os valores são negativos e tendem a crescer em valor absoluto indefinidamente.

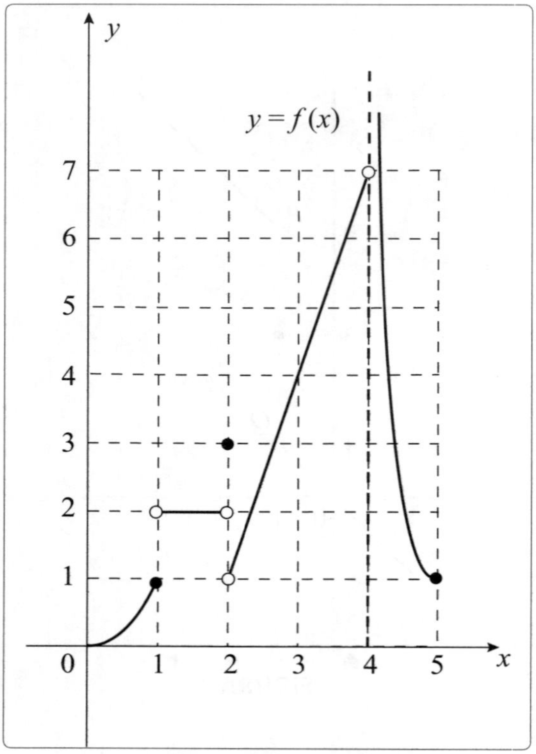


FIGURA 4

- **Exemplo 7**

Tomemos a função dada por $f(x) = \dfrac{4}{x-2}$, cujo gráfico é esboçado na **Figura 5**.

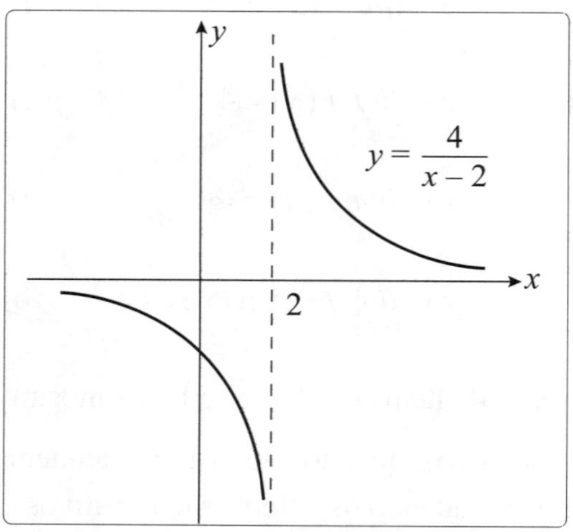


FIGURA 5

Pelo gráfico, podemos observar, para essa função, os seguintes limites:

a) $\lim_{x \to 2-} f(x) = -\infty$ b) $\lim_{x \to 2+} f(x) = \infty$ c) $\lim_{x \to 2} f(x)$ não existe

d) $\lim_{x \to \infty} f(x) = 0$ e) $\lim_{x \to -\infty} f(x) = 0$

## 3 • FUNÇÃO CONTÍNUA EM UM PONTO

- **Exemplo 8**

Vamos determinar $\lim_{x \to 2}(x^2 - x + 1)$. A função $f(x) = x^2 - x + 1$ apresenta o gráfico mostrado na **Figura 6**. Nesse gráfico, vemos que, se $x$ tende a 2, tanto pela direita como pela esquerda, o limite é 3. Assim,

$$\lim_{x \to 2-} f(x) = 3, \; \lim_{x \to 2+} f(x) = 3 \text{ e } \lim_{x \to 2} f(x) = 3.$$

Além disso, temos também $f(2) = 2^2 - 2 + 1 = 3$.

Portanto, essa função, para $x = 2$, *tem limite* e esse limite é igual ao próprio valor numérico *da função*.

Dizemos que $f(x)$ *contínua* no ponto $x = 2$.

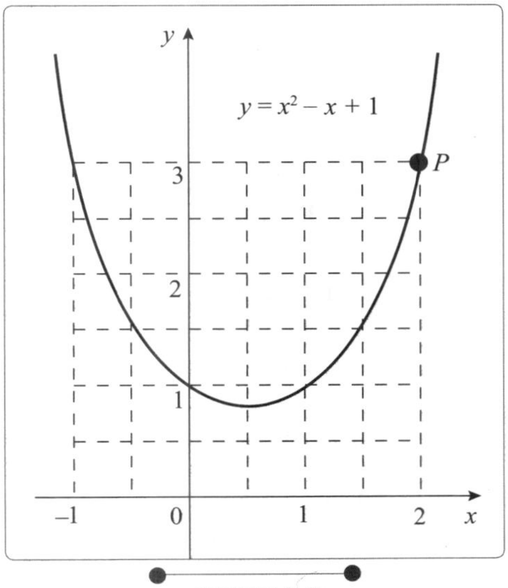


**FIGURA 6**

> Uma função é contínua em um ponto $x_0$ se:
>
> $$\lim_{x \to x_0} f(x) = f(x_0)$$

Podemos reconhecer que uma função é contínua observando seu gráfico. Basta verificar se a curva não tem *saltos* nem *furos* no ponto considerado. Por exemplo, a função cujo gráfico é mostrado na **Figura 7** não é contínua para $x = 2$, mas é contínua para $x = 5$.

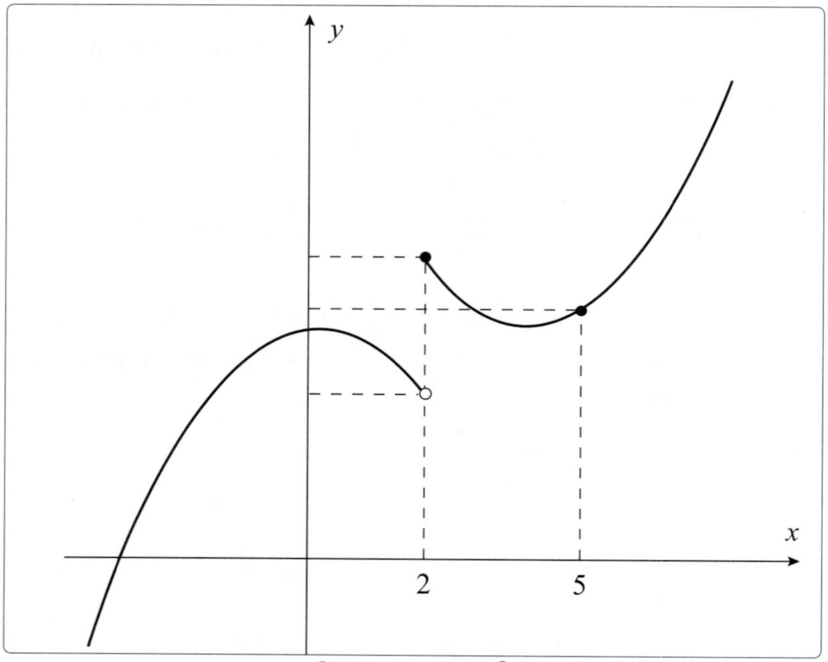


**FIGURA 7**

Para determinar o limite de uma função contínua, basta calcular seu valor numérico no ponto desejado.

**Observação:** é possível provar que:

- todas as funções do tipo *polinômio*, como:

  $y = 3x + 7$, $y = x^2 - 5x + 11$, $y = 2x^3 + 4x^2 - 9x + 5$, e assim por diante, são contínuas em todos os pontos de seus domínios;
- as funções racionais (representadas por uma fração em que o numerador e o denominador são polinômios) são contínuas em todos os pontos de seus

domínios. É importante notar que essas funções não são contínuas para os valores de $x$ que anulam o denominador. Exemplos:

$y=\dfrac{3x+7}{x^2+3}$ é contínua para todo $x\in\mathbb{R}$.

$y=\dfrac{3x+7}{x^2-4}$ é contínua para todo $x\in\mathbb{R}$, com exceção de $x=2$ e $x=-2$;

$y=\dfrac{x^2+5x-9}{x+3}$ é contínua para todo $x\in\mathbb{R}$, com exceção de $x=-3$;

$y=\dfrac{x^2-4}{x-2}$ é contínua para todo $x\in\mathbb{R}$, com exceção de $x=2$.

## 4 • ALGUNS CASOS DE CÁLCULO DO LIMITE DE UMA FUNÇÃO EM UM PONTO

- **Exemplo 9**

Retomemos o exemplo 4, no qual ficou determinado, para a função $f(x)=\dfrac{x^2-4}{x-2}$, que $\lim\limits_{x\to 2}\dfrac{x^2-4}{x-2}=4$.

É claro que não podemos substituir simplesmente a variável $x$ por 2, porque disso resultaria:

$f(2)=\dfrac{2^2-4}{2-2}=\dfrac{0}{0}$ e essa expressão não tem significado matemático. Dizemos que há uma *indeterminação* do tipo $\dfrac{0}{0}$. Isso significa que $f(x)=\dfrac{x^2-4}{x-2}$ não é contínua para $x=2$, porque não existe o valor numérico.

A indeterminação poderá ser contornada se transformarmos a fórmula da função, usando técnicas de fatoração:

$$\frac{x^2-4}{x-2}=\frac{(x+2)(x-2)}{x-2}=x+2.$$

Assim, a expressão $y=x+2$ é equivalente à expressão $y=\dfrac{x^2-4}{x-2}$ quando $x\neq 2$, com a vantagem de que $y=x+2$ é contínua para $x=2$. Escrevemos, então:

$$\lim_{x \to 2} \frac{x^2 - 4}{x - 2} = \lim_{x \to 2} (x + 2) = 2 + 2 = 4.$$

Como se vê, a fatoração permitiu o cancelamento do fator $x - 2$, que causava a indeterminação e, com isso, a função original foi trocada por outra que é contínua no ponto.

- **Exemplo 10**

a) Para calcular o limite da função $f(x) = \frac{x^2 + 6x + 9}{x^2 - 9}$ quando $x$ tende a –3, escrevemos:

$$\lim_{x \to -3} \left( \frac{x^2 + 6x + 9}{x^2 - 9} \right) = \lim_{x \to -3} \frac{(x + 3)^2}{(x + 3)(x - 3)} = \lim_{x \to -3} \frac{x + 3}{x - 3} = \frac{-3 + 3}{-3 - 3} = \frac{0}{-6} = 0$$

b) Para calcular o limite da função $f(x) = \frac{x^3 - 8}{x - 2}$ quando $x$ tende a 2, escrevemos:

$$\lim_{x \to 2} \left( \frac{x^3 - 8}{x - 2} \right) = \lim_{x \to 2} \frac{(x - 2)(x^2 + 2x + 4)}{x - 2} = \lim_{x \to 2} (x^2 + 2x + 4) = 2^2 + 2 \cdot 2 + 4 = 12$$

## 5 • ALGUNS CASOS DE CÁLCULO DO LIMITE QUANDO A VARIÁVEL TENDE A INFINITO

- **Exemplo 11**

A função dada por $f(x) = \frac{1}{x}$ ($x \neq 0$) tem o gráfico mostrado na **Figura 8**.

Observe nesse gráfico que $\lim_{x \to \infty} \frac{1}{x} = 0$ e $\lim_{x \to -\infty} \frac{1}{x} = 0$. Esse resultado também pode ser intuído do seguinte modo:

- a fração $\frac{1}{x}$ tem seu numerador fixo. Se a variável x for positiva e aumentar seu valor, a fração também será positiva e tenderá a diminuir, indefinidamente, aproximando-se cada vez mais de zero;

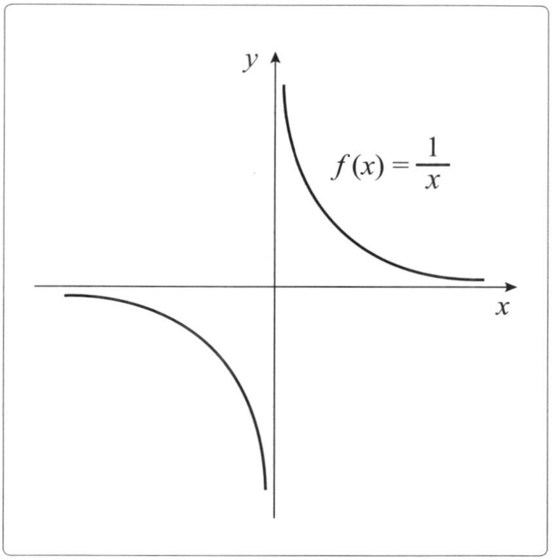


FIGURA 8

- se a variável $x$ for negativa e diminuir seu valor, a fração também será negativa e tenderá a aumentar, indefinidamente, aproximando-se cada vez mais de zero.

Pelo mesmo motivo, as funções seguintes também têm limite igual a zero quando $x$ tende ao infinito (positivo ou negativo):

$$\frac{5}{x}, \frac{1}{x^2}, \frac{3}{x^2}, \frac{1}{x^3}, \frac{2}{x^3}, \frac{10}{x^4}, \frac{21}{x^5}, \ldots$$

Em geral, se $k \neq 0$ e n é um número inteiro positivo, tem-se: $\lim\limits_{x \to \pm\infty} \frac{k}{x^n} = 0$.
Essa constatação é o ponto de partida para calcularmos outros limites.

- **Exemplo 12**

Para calcular $\lim\limits_{x \to \infty} \frac{3x-4}{x+2}$, podemos fazer:

$$\frac{3x-4}{x+2} = \frac{\frac{3x}{x} - \frac{4}{x}}{\frac{x}{x} + \frac{2}{x}} = \frac{3 - \frac{4}{x}}{1 + \frac{2}{x}}$$

em que todos os termos da expressão foram divididos por $x$. Como as frações $\frac{4}{x}$ e $\frac{2}{x}$ tendem a zero quando $x \to \infty$, temos que:

$$\lim_{x\to\infty}\frac{3x-4}{x+2}=\lim_{x\to\infty}\frac{3-\frac{4}{x}}{1+\frac{2}{x}}=\frac{3-0}{1+0}=3$$

- **Exemplo 13**

Para calcular $\lim\limits_{x\to\infty}\frac{3x^2+5x-2}{2x^2-x+7}$, escrevemos:

$$\frac{3x^2+5x-2}{2x^2-x+7}=\frac{\frac{3x^2}{x^2}+\frac{5x}{x^2}-\frac{2}{x^2}}{\frac{2x^2}{x^2}-\frac{x}{x^2}+\frac{7}{x^2}}=\frac{3-\frac{5}{x}-\frac{2}{x^2}}{2-\frac{1}{x}+\frac{7}{x^2}}$$

e, assim: $\lim\limits_{x\to\infty}\frac{3x^2+5x-2}{2x^2-x+7}=\lim\limits_{x\to\infty}\frac{3-\frac{5}{x}-\frac{2}{x^2}}{2-\frac{1}{x}+\frac{7}{x^2}}=\frac{3-0-0}{2-0+0}=\frac{3}{2}$

- **Exemplo 14**

Para calcular $\lim\limits_{x\to-\infty}\frac{x^3-5}{3x^2+2x-1}$, escrevemos:

$$\frac{x^3-5}{3x^2+2x-1}=\frac{\frac{x^3}{x^2}-\frac{5}{x^2}}{\frac{3x^2}{x^2}+\frac{2x}{x^2}-\frac{1}{x^2}}=\frac{x-\frac{5}{x^2}}{3+\frac{2}{x}-\frac{1}{x^2}}$$

e, assim: $\lim\limits_{x\to-\infty}\frac{x^3-5}{3x^2+2x-1}=\lim\limits_{x\to-\infty}\frac{x-\frac{5}{x^2}}{3+\frac{2}{x}-\frac{1}{x^2}}=\lim\limits_{x\to-\infty}\frac{x-0}{3+0-0}=\lim\limits_{x\to-\infty}\frac{x}{3}=-\infty$

- **Exemplo 15**

Para calcular $\lim\limits_{x\to\infty}\frac{x^2+x+1}{x^3-2x-3}$, escrevemos:

$$\frac{x^2+x+1}{x^3-2x-3}=\frac{\frac{x^2}{x^2}+\frac{x}{x^2}+\frac{1}{x^2}}{\frac{x^3}{x^2}-\frac{2x}{x^2}-\frac{3}{x^2}}=\frac{1+\frac{1}{x}+\frac{1}{x^2}}{x-\frac{2}{x}-\frac{3}{x^2}}$$

e, assim: $\lim\limits_{x\to\infty}\frac{x^2+x+1}{x^3-2x-3}=\lim\limits_{x\to\infty}\frac{1+\frac{1}{x}+\frac{1}{x^2}}{x-\frac{2}{x}-\frac{3}{x^2}}=\lim\limits_{x\to\infty}\frac{1+0+0}{x-0-0}=\lim\limits_{x\to\infty}\frac{1}{x}=0$

**Observações:** numa função racional, quando a variável tende a infinito (positivo ou negativo):

1) se o grau do numerador é igual ao grau do denominador, esse limite é finito;
2) se o grau do numerador é maior do que o grau do denominador, esse limite é infinito (positivo ou negativo, conforme o caso);
3) se o grau do numerador é menor do que o grau do denominador, esse limite é igual a zero.

## EXERCÍCIOS DE FIXAÇÃO

**1.** | O gráfico representa a função $f(x)=\frac{2-x}{x-1}$.

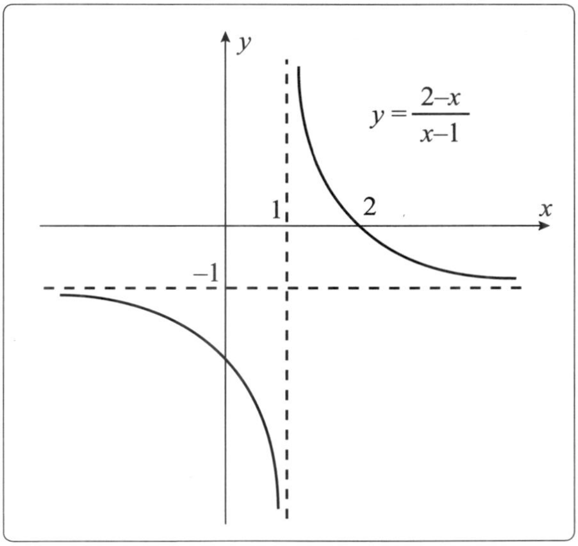


Determine os limites indicados.

a) $\lim\limits_{x\to\infty} f(x)$ b) $\lim\limits_{x\to-\infty} f(x)$

**2.** | Uma função $y = f(x)$ apresenta o gráfico da figura. Calcule os valores solicitados.

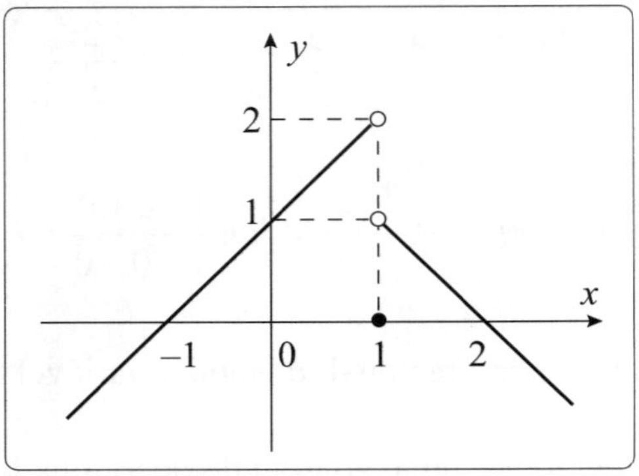

a) $\lim_{x \to 1^-} f(x)$ c) $\lim_{x \to 1} f(x)$ e) $\lim_{x \to 0} f(x)$ g) $f(2)$

b) $\lim_{x \to 1^+} f(x)$ d) $f(1)$ f) $\lim_{x \to 2} f(x)$

**3.** | Uma função $y = f(x)$ apresenta o gráfico da figura. Calcule os valores solicitados.

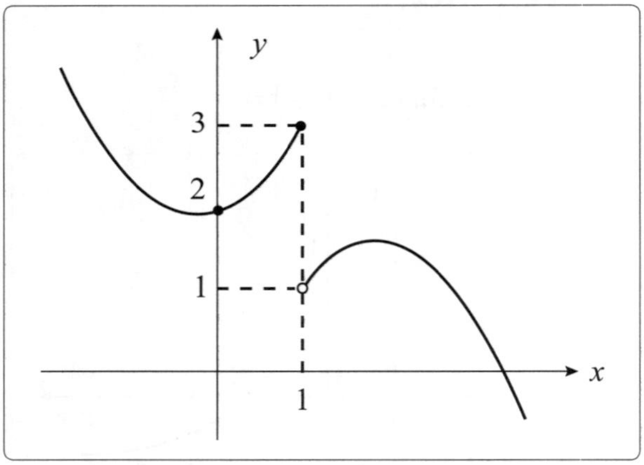

a) $\lim_{x \to 1^-} f(x)$ c) $\lim_{x \to 1} f(x)$ e) $\lim_{x \to 0} f(x)$

b) $\lim_{x \to 1^+} f(x)$ d) $f(1)$

**4.** | Uma função $y = f(x)$ apresenta o gráfico da figura. Calcule os valores solicitados.

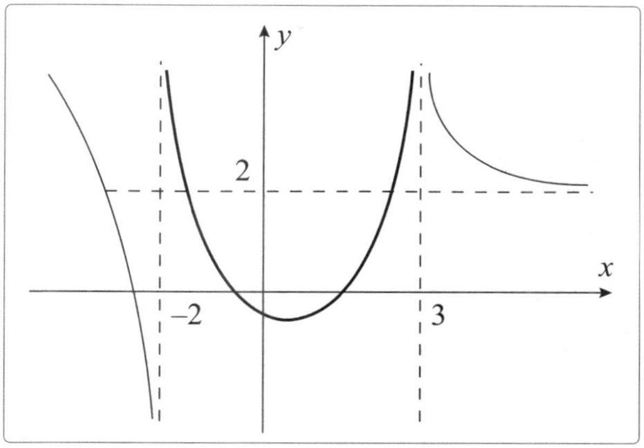


a) $\lim_{x \to \infty} f(x)$

b) $\lim_{x \to 3-} f(x)$

c) $\lim_{x \to 3+} f(x)$

d) $\lim_{x \to 3} f(x)$

e) $\lim_{x \to -2-} f(x)$

f) $\lim_{x \to -2+} f(x)$

g) $\lim_{x \to -2} f(x)$

h) $f(-2)$

i) $f(3)$

**5.** | Calcule $\lim_{x \to 2} (x^2 + x + 3)$

**6.** | Calcule $\lim_{x \to 3} \frac{x^3 + x}{x^2 - 1}$

**7.** | Calcule $\lim_{x \to 1} \frac{2x + 1}{2x - 1}$

**8.** | Calcule $\lim_{x \to 0} \frac{x^3 + 3x}{x}$

**9.** | Calcule $\lim_{x \to -2} \frac{x^2 + 2x}{2x + 4}$

**10.** | Calcule $\lim_{x \to 3} \frac{x^2 - 3x}{x^2 - 9}$

**11.** | Calcule $\lim_{x \to -4} \frac{x^2 - 16}{x + 4}$

**12.** | Calcule $\lim_{x \to 2} \frac{x^2 - 4x + 4}{x^2 - 4}$

**13.** | Calcule $\lim_{x \to -2} \frac{x^2 + 4x + 4}{x^2 - 4}$

**10.** | Calcule $\lim_{x \to 1} \frac{x^2 - 3x + 2}{x^2 - x}$

**15.** | Calcule $\lim_{x \to 3} \frac{x^2 - 6x + 9}{x^2 - 5x + 6}$

**16.** | Calcule $\lim_{x \to -3} \frac{x^2 + 6x + 9}{x^2 + x - 6}$

**17.** | Calcule $\lim_{x \to -2} \frac{x^3 + 8}{x + 2}$

**18.** | Calcule $\lim_{x \to -1} \frac{x^2 + 2x + 1}{x^3 + 1}$

19. | Calcule $\lim_{x\to\infty} \frac{5x+3}{2x-1}$

20. | Calcule $\lim_{x\to\infty} \frac{4-3x}{3x+1}$

21. | Calcule $\lim_{x\to\infty} \frac{2x^2-x+3}{3x^2+2x-1}$

22. | Calcule $\lim_{x\to\infty} \frac{3x^2-2x+1}{5x+3}$

23. | Calcule $\lim_{x\to-\infty} \frac{3x^2-2x+1}{5x+3}$

24. | Calcule $\lim_{x\to\infty} \frac{x^3+2x^2-4}{3x+2}$

25. | Calcule $\lim_{x\to-\infty} \frac{x^3+2x^2-4}{3x+2}$

26. | Calcule $\lim_{x\to\infty} \frac{x^3+4x^2+1}{2x^2-3x+7}$

27. | Calcule $\lim_{x\to-\infty} \frac{x^3+4x^2+1}{2x^2-3x+7}$

## RESPOSTAS DOS EXERCÍCIOS DE FIXAÇÃO

1. | a) $-1$ b) $-1$

2. | a) 2 b) 1 c) não existe d) 0 e) 1 f) 0 g) 0

3. | a) 3 b) 1 c) não existe d) 3 e) 2

4. | a) 2 e) $-\infty$ i) não existe
b) $\infty$ f) $\infty$
c) $\infty$ g) não existe
d) $\infty$ h) não existe

5. | 9

6. | $\frac{15}{4}$

7. | 3

8. | 3

9. | $-1$

10. | $\frac{1}{2}$

11. | $-8$

12. | 0

13. | 0

14. | $-1$

15. 0

16. 0

17. 12

18. 0

19. $\frac{5}{2}$

20. $-1$

21. $\frac{2}{3}$

# CAPÍTULO 13
## DERIVADA DE UMA FUNÇÃO
### Taxas de variação

*Examinaremos algumas ideias antes de apresentar o conceito de derivada de uma função.*

## 1 • VARIAÇÃO DE *x* E VARIAÇÃO DE *y*

Vamos considerar uma função dada por $y = f(x)$. Neste estudo, cada vez que a variável *x* mudar de valor, a diferença entre os valores final e inicial será representada pelo símbolo $\Delta x$ (que se pronuncia "delta x"). Assim também, se a variável *y* mudar de valor, a diferença entre esses valores será representada por $\Delta y$ (que se pronuncia "delta y").

- **Exemplo 1**

Tomemos a função dada por $y = f(x) = x^2 - 2x - 3$ **(Figura 1)** e seja o valor numérico $x_0 = 4$, para o qual temos $y_0 = f(x_0) = f(4) = 4^2 - 2 \cdot 4 - 3 = 5$. Vamos aplicar a $x_0$ uma *variação* $\Delta x = 2$, isto é, consideremos o novo valor $x_0 + \Delta x = 4 + 2 = 6$, para o qual temos:

$$y_0 + \Delta y = f(x_0 + \Delta x) = f(6) = 6^2 - 2 \cdot 6 - 3 = 21.$$

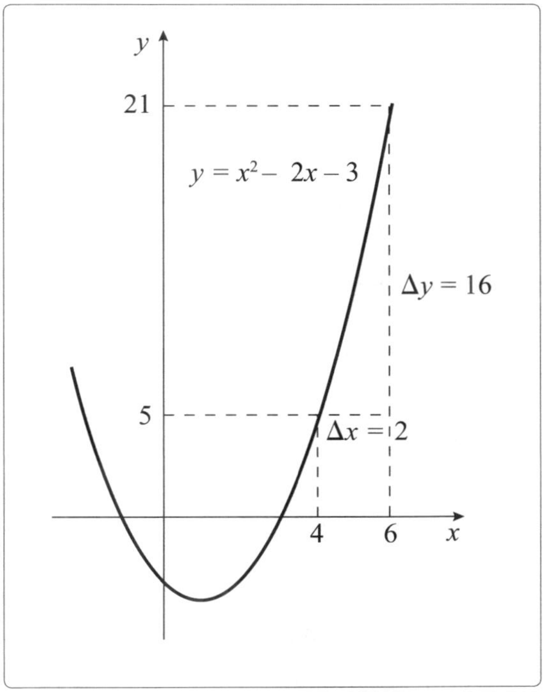


**FIGURA 1**

Isso significa que y sofreu uma *variação* de $\Delta y = 21 - 5 = 16$.

Generalizando o exemplo, se o valor $x_0$ sofre uma variação igual a $\Delta x$, o novo valor passa a ser $x_0 + \Delta x$. Temos, então, $y_0 = f(x_0)$ e $y_0 + \Delta y = f(x_0 + \Delta x)$, isto é, $\Delta y = f(x_0 + \Delta x) - f(x_0)$. O símbolo $\Delta y$ é chamado *variação da função f.*

- **Exemplo 2**

Seja a função dada por $y = f(x) = \dfrac{x^2+4}{x+2}$ e tomemos $x_0 = 1$. Temos:

$$y_0 = f(x_0) = f(1) = \frac{1^2+4}{1+2} = \frac{5}{3}.$$

Se aplicarmos a $x_0$ o acréscimo $\Delta x = 5$, teremos $x_0 + \Delta x = 1 + 5 = 6$ e

$$y_0 + \Delta y = f(x_0 + \Delta x) = f(6) = \frac{6^2+4}{6+2} = 5,$$

ou seja, $\Delta y = f(x_0 + \Delta x) - f(x_0) = 5 - \dfrac{5}{3} = \dfrac{10}{3}$.

- **Exemplo 3**

Seja a função dada por $y = f(x) = 3x^2 + x - 6$ e tomemos um valor genérico $x_0$. Temos: $y_0 = f(x_0) = 3x_0^2 + x_0 - 6$.

Se aplicarmos a $x_0$ um acréscimo genérico $\Delta x = h$, teremos $x_0 + \Delta x = x_0 + h$ e

$$y_0 + \Delta y = f(x_0 + \Delta x) = f(x_0 + h) = 3(x_0 + h)^2 + (x_0 + h) - 6 =$$

$$= 3(x_0^2 + 2x_0h + h^2) + x_0 + h - 6 = 3x_0^2 + x_0 - 6 + 3h^2 + (6x_0 + 1)h,$$

ou seja, $\Delta y = f(x_0 + \Delta x) - f(x_0) = 3h^2 + (6x_0 + 1)h$.

Nesse exemplo, foi obtida uma *fórmula* que representa a variação $\Delta y$, em função de $x_0$ e da variação $\Delta x = h$. O interessante dessa fórmula é sua generalidade, isto é, se quisermos a variação de $y$ para $x_0 = 3$ e $\Delta x = 2$, poderemos substituir esses valores, o que resulta em:

$$\Delta y = 3 \cdot 2^2 + (6 \cdot 3 + 1)2 = 50$$

Se desejarmos $\Delta y$ para outros valores de $x_0$ e de $\Delta x = h$, bastará substituir esses valores na fórmula encontrada.

## 2 • TAXA MÉDIA DE VARIAÇÃO

- **Exemplo 4**

No exemplo 1, para a função dada por $y = f(x) = x^2 - 2x - 3$, utilizamos $x_0 = 4$, obtendo $y_0 = 5$. Vimos também que, para uma variação $\Delta x = 2$, temos $\Delta y = 16$. Assim, quando o valor de $x$ varia de 4 para 6, o valor de $y$ varia de 5 para 21.

Vamos comparar as variações de $\Delta y$ e $\Delta x$, dividindo uma pela outra. O quociente $\frac{\Delta y}{\Delta x} = \frac{16}{2} = 8$ é chamado *taxa média de variação* no intervalo de 4 a 6.

- **Exemplo 5**

Para a função dada por $y = f(x) = \frac{x+2}{x-1}$, consideremos $x_0 = 3$ e $\Delta x = 2$.

Temos $\Delta y = f(x_0 + \Delta x) - f(x_0) = f(5) - f(3) = \frac{5+2}{5-1} - \frac{3+2}{3-1} = \frac{7}{4} - \frac{5}{2} = -\frac{3}{4}$.

Assim, a taxa média de variação de 3 a 5 é igual a $\frac{\Delta y}{\Delta x} = \frac{-\frac{3}{4}}{2} = -\frac{3}{8}$.

> Generalizando os exemplos, se $x$ varia de $x_0$ para $x_0 + \Delta x$, então $y$ varia de $y_0 = f(x_0)$ para $y_0 + \Delta y = f(x_0 + \Delta x)$. A *taxa média de variação* de $x_0$ para $x_0 + \Delta x$ é igual ao quociente
>
> $\frac{\Delta y}{\Delta x} = \frac{f(x_0 + \Delta x) - f(x_0)}{\Delta x}$. Essa definição é válida, claro, para $\Delta x \neq 0$.

- **Exemplo 6**

No exemplo 3, para a função dada por $y = f(x) = 3x^2 + x - 6$, tomamos os valores genéricos $x_0$ e $x_0 + \Delta x = x_0 + h$ e conseguimos a fórmula $\Delta y = 3h^2 + (6x_0 + 1)h$ que fornece a variação $\Delta y$, em função de $x_0$ e da variação $\Delta x = h$. Podemos também determinar uma fórmula para a taxa média de variação, escrevendo:

$$\frac{\Delta y}{\Delta x} = \frac{3h^2 + (6x_0 + 1)h}{h} = 3h + 6x_0 + 1.$$

Se quisermos a taxa média de variação de 3 a 5, poderemos substituir os valores $x_0 = 3$ e $\Delta x = h = 2$, o que resulta em $\frac{\Delta y}{\Delta x} = 3 \cdot 2 + 6 \cdot 3 + 1 = 25$.

Se desejarmos a taxa média de variação para outros valores de $x_0$ e de $\Delta x = h$, bastará substituir esses valores na fórmula encontrada.

## 3 • TAXA INSTANTÂNEA DE VARIAÇÃO

- **Exemplo 7**

Na Física estudada no ensino médio, o movimento de um carro numa estrada é representado por sua *função horária*, que relaciona a variável *t* (tempo) com a variável *s* (posição do carro em sua trajetória). Essa função tem, em geral, uma fórmula $s = S(t)$. Se, no instante $t = 5h$, o carro está na marca $s = 32km$ e, no instante $t = 12h$, ele está na marca $s = 439km$, então $\Delta t = 7$ e $\Delta s = 427$. Dizemos que sua *velocidade média* no trecho considerado é $\frac{\Delta s}{\Delta t} = \frac{427}{7} = 61\ km/h$. A velocidade média é exatamente a taxa média de variação da função $s = S(t)$, de 5h a 12h. Ela nos dá informação sobre o desempenho do carro ao longo da trajetória toda, mas não sabemos como o carro percorreu a estrada, já que ele pode ter parado várias vezes em postos de abastecimento ou restaurantes durante a viagem, bem como pode ter rodado devagar em alguns trechos e bem depressa em outros. Para conhecer o comportamento do carro *em cada ponto* da viagem, deveríamos registrar a velocidade indicada pelo velocímetro em cada ponto do trajeto. A velocidade mostrada *em cada instante* pelo velocímetro é chamada *velocidade instantânea*, que corresponde à *taxa instantânea de variação* da função $s = S(t)$.

Nesse exemplo podemos ver que, para termos informações sobre uma função $y = f(x)$ *em cada ponto*, interessa a sua *taxa instantânea de variação*, ou seja, a taxa de variação para cada valor de *x*.

> A *taxa instantânea de variação* da função $y = f(x)$ no ponto $x_0$ é dada por:
>
> $$\lim_{\Delta x \to 0} \frac{\Delta y}{\Delta x} = \lim_{\Delta x \to 0} \frac{f(x_0 + \Delta x) - f(x_0)}{\Delta x}$$

- **Exemplo 8**

Determine a taxa de variação da função $y=f(x)=3x^2-5x+7$, no ponto $x_0=4$.

Escrevemos: $\lim\limits_{\Delta x\to 0}\dfrac{\Delta y}{\Delta x}=\lim\limits_{\Delta x\to 0}\dfrac{f(4+\Delta x)-f(3)}{\Delta x}$. Para facilitar o cálculo, frequentemente indicamos $\Delta x=h$, obtendo:

$$\lim_{\Delta x\to 0}\frac{\Delta y}{\Delta x}=\lim_{h\to 0}\frac{f(4+h)-f(3)}{h}=\lim_{h\to 0}\frac{\left[3(4+h)^2-5(4+h)+7\right]-\left[3\cdot 4^2-5\cdot 4+7\right]}{h}.$$

Após simplificar a expressão, chegamos a:

$$\lim_{\Delta x\to 0}\frac{\Delta y}{\Delta x}=\lim_{h\to 0}\frac{4h^2+19h}{h}=\lim_{h\to 0}(4h+19)=19.$$

- **Exemplo 9**

Determine a taxa de variação da função $y=f(x)=\dfrac{x^2+3}{x+1}$, no ponto $x_0=2$.

Indicando $\Delta x=h$, calculemos, primeiro:

$$f(x_0)=f(2)=\frac{2^2+3}{2+1}=\frac{7}{3}$$

$$f(x_0+h)=f(2+h)=\frac{(2+h)^2+3}{(2+h)+1}=\frac{h^2+4h+7}{h+3}.$$

Assim:

$$\Delta y=f(x_0+h)-f(x_0)=\frac{h^2+4h+7}{h+3}-\frac{7}{3}=\frac{(3h^2+12h+21)-(7h+21)}{3(h+3)}=\frac{3h^2+5h}{3h+9}.$$

Portanto, $\dfrac{\Delta y}{\Delta x}=\dfrac{3h+5}{3h+9}$. A taxa de variação no ponto $x_0=2$ é dada por:

$$\lim_{\Delta x\to 0}\frac{\Delta y}{\Delta x}=\lim_{h\to 0}\frac{3h+5}{3h+9}=\frac{5}{9}.$$

## 4 • INTERPRETAÇÃO GEOMÉTRICA DAS TAXAS MÉDIA E INSTANTÂNEA DE VARIAÇÃO

Na **Figura 2**, temos o gráfico de uma função $y = f(x)$, no qual os pontos A e P têm coordenadas $A = (x_0; f(x_0))$ e $P = (x_0 + h; f(x_0 + h))$. A reta *AP* chama-se *secante* ao gráfico.

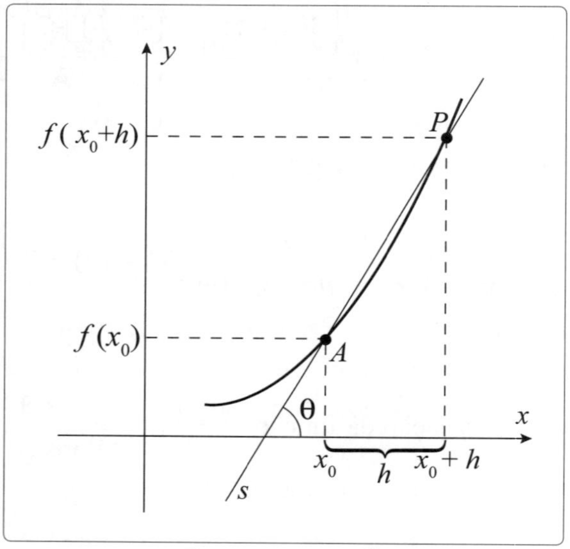


FIGURA 2

Nesse caso, a abscissa de *A* é indicada por $x_0$ e a abscissa de *P* por $x_0 + h$, em que usamos a variável *h* para simbolizar a diferença $\Delta x = h = x_P - x_0$.

A expressão que fornece o coeficiente angular da reta secante é:

$$m_s = \frac{\Delta y}{\Delta x} = \frac{f(x_0 + h) - f(x_0)}{h}.$$

É evidente que essa expressão coincide com aquela que define a taxa média de variação da função $y = f(x)$, de $x_0$ a $x_0 + h$.

Sendo assim, a taxa média de variação representa tg θ, sendo que θ é o ângulo formado pela reta *AP* com o eixo dos *x*, isto é, a taxa média de variação é o *coeficiente angular* da reta *AP*, secante ao gráfico da função.

Para interpretarmos o significado geométrico da taxa instantânea de variação, observamos que fazer $\Delta x \to 0$, ou seja, $h \to 0$, corresponde a fazer o ponto $P$ aproximar-se de $A$. Assim, no limite, a reta secante $AP$ torna-se a reta $t$, tangente ao gráfico no ponto $A$ **(Figura 3).**

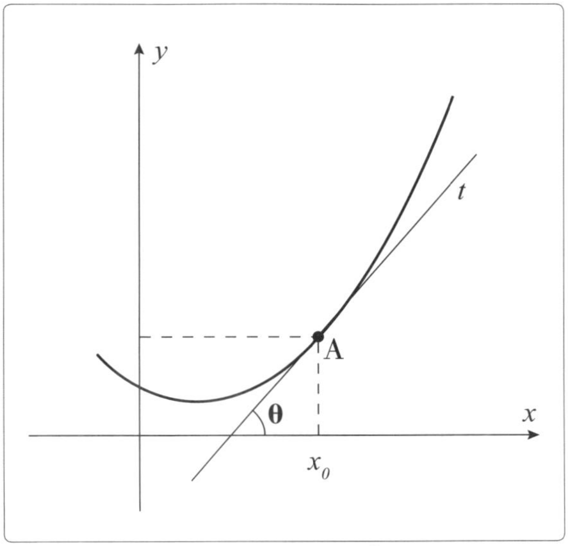


**FIGURA 3**

Portanto, a taxa instantânea de variação equivale a tg θ, isto é, o coeficiente angular da reta $t$, que tangencia o gráfico no ponto $x_0$.

- **Exemplo 10**

Determine o coeficiente angular da reta tangente ao gráfico da função $y = f(x) = \dfrac{x^2+3}{x+1}$, no ponto $x_0 = 2$.

No exemplo 9, determinamos a taxa instantânea de variação dessa função no ponto $x_0 = 2$, encontrando o valor $\lim\limits_{\Delta x \to 0} \dfrac{\Delta y}{\Delta x} = \dfrac{5}{9}$. Como vimos, esse é exatamente o coeficiente angular da reta que tangencia o gráfico da função no ponto $x_0 = 2$.

- **Exemplo 11**

Determine o coeficiente angular da reta tangente ao gráfico da função $y = f(x) = x^2 - 7x + 11$, no ponto $x_0 = 3$.

O coeficiente angular procurado é a taxa instantânea de variação no ponto $x_0 = 3$. Temos:

$$f(x_0) = f(3) = 3^2 - 7 \cdot 3 + 11 = -1$$

$$f(x_0 + h) = f(3 + h) = (3 + h)^2 - 7 \cdot (3 + h) + 11 = h^2 - h - 1$$

Então, $\Delta y = f(x_0 + h) - f(x_0) = f(3 + h) - f(3) = (h^2 - h - 1) - (-1) = h^2 - h.$

O coeficiente angular pedido é $m = \lim\limits_{\Delta x \to 0} \dfrac{\Delta y}{\Delta x} = \lim\limits_{h \to 0} \dfrac{h^2 - h}{h} = \lim\limits_{h \to 0}(h - 1) = -1$.

## 5 • DERIVADA DE UMA FUNÇÃO EM UM PONTO

Seja $y = f(x)$ uma função. Na **Figura 4** o ponto $A(x_0; f(x_0))$ pertence ao gráfico da função $y = f(x)$. Nessa figura, a função é *crescente* em uma vizinhança do ponto $x_0$.

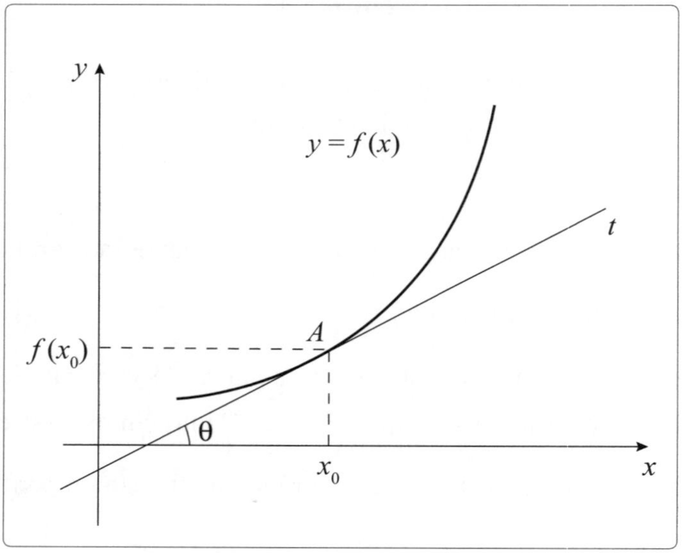


**FIGURA 4**

A reta *t*, que é tangente à curva no ponto *A*, forma com o eixo dos *x* o ângulo θ e, assim, seu coeficiente angular é tg θ. Nesse caso, o ângulo θ é menor do que 90°.

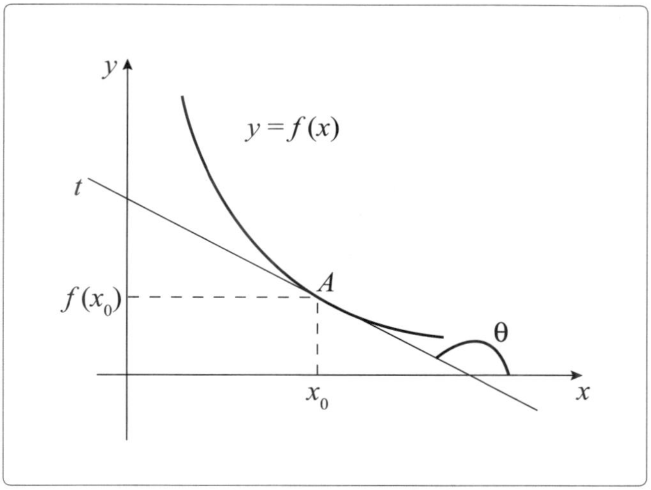


**FIGURA 5**

Na **Figura 5** a situação é a mesma, mas, nesse caso, a função $y = f(x)$ é *decrescente* em uma vizinhança do ponto $x_0$. Observe que o ângulo θ é maior do que 90°. Temos:

- se a função é *crescente* em uma vizinhança de $x_0$, então 0° < θ < 90°, logo tg θ > 0;
- se a função é *decrescente* em uma vizinhança de $x_0$, então 90° < θ < 180°, logo tg θ < 0.

Podemos concluir, assim, que existe uma relação entre o *sinal* de tg θ em um ponto $x_0$ e o fato de essa função ser *crescente* ou *decrescente* em uma vizinhança de $x_0$.

O valor de tg θ é chamado "**derivada da função $y = f(x)$ no ponto $x_0$**" e é indicado pelo símbolo $f'(x_0)$. Sendo assim, $f'(x_0) = \text{tg}\,\theta$. É claro que tg θ é o coeficiente angular da reta tangente *t*, portanto temos:

$$f'(x_0) = \lim_{h \to 0} \frac{f(x_0 + h) - f(x_0)}{h}$$

Observe que o conceito de derivada de uma função em um ponto coincide com o de taxa instantânea de variação.

- **Exemplo 12**

Calcule a derivada da função $y = f(x) = x^3 - 3x + 2$ no ponto $x_0 = 4$.
Para isso, basta fazer:;

$$f'(x_0) = \lim_{h \to 0} \frac{f(x_0 + h) - f(x_0)}{h} = \lim_{h \to 0} \frac{f(4+h) - f(4)}{h}.$$

Temos:

$$f(4) = 4^3 - 3 \cdot 4 + 2 = 54$$

$$f(4+h) = (4+h)^3 - 3(4+h) + 2 =$$

$$= 64 + 48h + 12h^2 + h^3 - 12 - 3h + 2 = h^3 + 12h^2 + 45h + 54.$$

Assim:

$$f'(x_0) = \lim_{h \to 0} \frac{h^3 + 12h^2 + 45h + 54 - 54}{h} = \lim_{h \to 0} \frac{h^3 + 12h^2 + 45h}{h} =$$

$$= \lim_{h \to 0} \frac{h(h^2 + 12h + 45)}{h} = \lim_{h \to 0} (h^2 + 12h + 45) = 45.$$

## 6 • FUNÇÃO DERIVADA

- **Exemplo 13**

Consideremos as funções $f(x) = 2x^2 - 5x$ e $g(x) = 4x - 5$ e tomemos o ponto $x_0 = 3$. É possível verificar que, para a função $f(x) = 2x^2 - 5x$, para $x_0 = 3$, tem-se $f'(3) = 7$. Observe que, na função $g(x) = 4x - 5$, temos $g(3) = 7$, ou seja, $f'(3) = g(3) = 7$. O valor numérico da função $g$ no ponto $x_0 = 3$ coincide com a derivada da função $f(x)$ nesse ponto.

Pode-se provar também que esse caso não é pura coincidência, ou seja, *para todo ponto* $x_0$ em que $f(x)$ possua derivada, o valor dessa derivada é dado por $f'(x_0) = g(x_0)$. Por exemplo:

- para $x_0 = 2$, pode-se provar que tg θ = 3 e temos $g(2) = 3$
- para $x_0 = 5$, pode-se provar que tg θ = 15 e temos $g(5) = 15$

e assim por diante.

Para comprovar que $f'(x_0) = g(x_0)$ para todo valor de $x_0$, podemos determinar genericamente a expressão de $f'(x_0)$, fazendo:

$$f'(x_0) = \lim_{h \to 0} \frac{f(x_0 + h) - f(x_0)}{h} = \lim_{h \to 0} \frac{\left[2(x_0 + h)^2 - 5(x_0 + h)\right] - \left[2x_0^2 - 5x_0\right]}{h} =$$

$$= \lim_{h \to 0} \frac{\left[2(x_0^2 + 2hx_0 + h^2) - 5(x_0 + h)\right] - \left[2x_0^2 - 5x_0\right]}{h} =$$

$$= \lim_{h \to 0} \frac{2x_0^2 + 4hx_0 + 2h^2 - 5x_0 - 5h - 2x_0^2 + 5x_0}{h} == \lim_{h \to 0} \frac{2h^2 + (4x_0 - 5)h}{h} =$$

$$= \lim_{h \to 0} \frac{h\left[2h + (4x_0 - 5)\right]}{h} = \lim_{h \to 0} \left[2h + (4x_0 - 5)\right] = 4x_0 - 5 = g(x_0).$$

A função $g(x) = 4x - 5$ é, portanto, muito especial, pois ela fornece em cada ponto o valor da derivada de $f(x) = 2x^2 - 5x$ nesse ponto. Usaremos o símbolo $f'(x) = 4x - 5$. A função $f'(x) = 4x - 5$ chama-se **função derivada** de $f(x)$.

Conhecendo a função derivada, podemos calcular a derivada de $f(x)$ em qualquer ponto $x_0$ em que $f(x)$ possua derivada, sem necessidade de calcular o limite.

## Definição de função derivada

> Dada uma função $y = f(x)$, chama-se **função derivada** uma função $y = g(x)$, que satisfaz a condição $g(x) = f'(x)$ para todo valor de $x$ no qual $f(x)$ possui derivada.

Indicamos a função derivada de $y = f(x)$ por $y' = f'(x)$. Para determinar a função derivada, devemos calcular o limite:

$$f'(x) = \lim_{h \to 0} \frac{f(x+h) - f(x)}{h}.$$

- **Exemplo 14**

Determine a função derivada de $y = f(x) = x^4$. Nesse caso, escrevemos:

$$f'(x) = \lim_{h \to 0} \frac{f(x+h) - f(x)}{h} = \lim_{h \to 0} \frac{(x+h)^4 - x^4}{h} =$$

$$= \lim_{h \to 0} \frac{\left[(x+h)^2 + x^2\right] \cdot \left[(x+h)^2 - x^2\right]}{h} = \lim_{h \to 0} \frac{\left[(x+h)^2 + x^2\right] \cdot \left[(x+h) + x\right] \cdot \left[(x+h) - x\right]}{h} =$$

$$= \lim_{h \to 0} \frac{\left[(x+h)^2 + x^2\right] \cdot \left[(x+h) + x\right] \cdot h}{h} = \lim_{h \to 0} \left[(x+h)^2 + x^2\right] \cdot \left[(x+h) + x\right] =$$

$$= \left[2x^2\right] \cdot [2x] = 4x^3$$

e, assim: $y' = f'(x) = 4x^3$.

- **Exemplo 15**

Determine a função derivada de $y = f(x) = \frac{1}{x^2}$. Nesse caso, escrevemos:

$$f'(x) = \lim_{h \to 0} \frac{f(x+h) - f(x)}{h} = \lim_{h \to 0} \frac{\frac{1}{(x+h)^2} - \frac{1}{x^2}}{h} =$$

$$= \lim_{h \to 0} \frac{\frac{x^2 - (x+h)^2}{(x+h)^2 \cdot x^2}}{h} = \lim_{h \to 0} \frac{x^2 - (x+h)^2}{h \cdot (x+h)^2 \cdot x^2} = \lim_{h \to 0} \frac{\left[x + (x+h)\right] \cdot \left[x - (x+h)\right]}{h \cdot (x+h)^2 \cdot x^2} =$$

$$= \lim_{h \to 0} \frac{[2x+h] \cdot [-h]}{h \cdot (x+h)^2 \cdot x^2} = \lim_{h \to 0} \frac{-(2x+h)}{(x+h)^2 \cdot x^2} = \frac{-(2x)}{(x)^2 \cdot x^2} = -\frac{2}{x^3}$$

e, assim: $y' = f'(x) = -\frac{2}{x^3}$.

- **Exemplo 16**

Determine a função derivada de $y = f(x) = \sqrt{x}$. Nesse caso, escrevemos:

$$f'(x) = \lim_{h \to 0} \frac{f(x+h) - f(x)}{h} = \lim_{h \to 0} \frac{\sqrt{x+h} - \sqrt{x}}{h} =$$

$$= \lim_{h \to 0} \frac{\left(\sqrt{x+h} - \sqrt{x}\right) \cdot \left(\sqrt{x+h} + \sqrt{x}\right)}{h \cdot \left(\sqrt{x+h} + \sqrt{x}\right)} = \lim_{h \to 0} \frac{x+h-x}{h \cdot \left(\sqrt{x+h} + \sqrt{x}\right)} =$$

$$= \lim_{h \to 0} \frac{h}{h \cdot \left(\sqrt{x+h} + \sqrt{x}\right)} = \lim_{h \to 0} \frac{1}{\sqrt{x+h} + \sqrt{x}} = \frac{1}{\sqrt{x} + \sqrt{x}} = \frac{1}{2\sqrt{x}}$$

e, assim: $y' = f'(x) = \frac{1}{2\sqrt{x}}$.

## 7 • REGRAS DE DERIVAÇÃO

Para *determinar a função derivada* sem precisar fazer o cálculo trabalhoso de um limite toda vez, é possível utilizar um conjunto de **Regras de Derivação**, que passaremos a examinar a partir de agora, por meio de exemplos e dos exercícios a seguir. Considerando as finalidades desse estudo, dispensaremos as demonstrações dessas regras, que podem ser consultadas na bibliografia recomendada.

### Derivada da potência

$$y = x^{\alpha} \Rightarrow y' = \alpha x^{\alpha - 1}$$

- **Exemplo 17**

O caso da função $y = x^5$ corresponde, na regra acima, ao valor $\alpha = 5$. Temos, então, $y' = 5x^4$.

Para $y = x^{11}$, basta fazer $\alpha = 11$ e assim $y' = 11x^{10}$.

- **Exemplo 18**

A função $y = \frac{1}{x^5}$ pode ser escrita na forma $y = x^{-5}$ e, assim, fazendo $\alpha = -5$, obtemos $y' = -5x^{-5-1} = -5x^{-6} = -\frac{5}{x^6}$.

Para $y = \frac{1}{x^9}$, basta escrever $y = x^{-9}$ e, então, com $\alpha = -9$, temos

$$y' = -9x^{-9-1} = -9x^{-10} = -\frac{9}{x^{10}}.$$

- **Exemplo 19**

No caso da função $y = \sqrt{x}$, devemos notar que $y = x^{\frac{1}{2}}$. Daí, fazendo $\alpha = \frac{1}{2}$, obtemos:

$$y' = \frac{1}{2}x^{\frac{1}{2}-1} = \frac{1}{2}x^{-\frac{1}{2}} = \frac{1}{2x^{\frac{1}{2}}} = \frac{1}{2\sqrt{x}}.$$

Para $y = \sqrt{x^5}$, escrevemos $y = x^{\frac{5}{2}}$. Assim, $y' = \frac{5}{2}x^{\frac{5}{2}-1} = \frac{5}{2}x^{\frac{3}{2}} = \frac{5}{2}\sqrt{x^3}$. Esse resultado pode ainda ser escrito $y' = \frac{5x\sqrt{x}}{2}$.

## Função constante, soma, diferença e produto por uma constante

As regras seguintes aplicam-se aos casos da função constante, da soma ou diferença de funções e do produto de uma função por uma constante.

$$y = k \Rightarrow y' = 0 \quad (k \in \mathbb{R})$$

$$y = u \pm v \Rightarrow y' = u' \pm v'$$

$$y = k \cdot u \Rightarrow y' = k \cdot u' \quad (k \in \mathbb{R})$$

- **Exemplo 20**

A regra $y = k \Rightarrow y' = 0$ significa que toda *função constante* tem derivada igual a *zero*. Assim, se $y = f(x) = 7$, temos $y' = 0$. Se $y = f(x) = -12$, temos $y' = 0$. Se $y = f(x) = 0$, temos $y' = 0$.

- **Exemplo 21**

A regra $y = u \pm v \Rightarrow y' = u' \pm v'$ diz que a derivada da soma de duas (ou mais) funções é igual à soma das suas derivadas. Também, a derivada da diferença entre duas funções é igual à diferença entre suas derivadas.

Se tivermos duas funções $u = x^3$ e $v = x^7$, é claro que $u' = 3x^2$ e $v' = 7x^6$. Então, para a função $y = f(x) = x^3 + x^7$, basta escrever $y' = u' + v' = 3x^2 + 7x^6$.

Sabemos que se $u = \frac{1}{x^9}$, então $u' = -\frac{9}{x^{10}}$, e que, para $v = \sqrt{x}$, tem-se $v' = \frac{1}{2\sqrt{x}}$. Então, a derivada da função $y = \frac{1}{x^9} + \sqrt{x}$ é $y' = -\frac{9}{x^{10}} + \frac{1}{2\sqrt{x}}$.

Para a função $y = x^5 - x^3 + 6$, basta escrever $y' = 5x^4 - 3x^2$ (lembrando que a derivada de $y = 6$ é *zero*).

- **Exemplo 22**

A regra $y = k \cdot u \Rightarrow y' = k \cdot u'$ significa que se uma função estiver multiplicada (ou dividida) por uma *constante*, sua derivada também ficará multiplicada (ou dividida) por essa mesma constante. A seguir são mostrados alguns exemplos.

1º) $y = x^4 \Rightarrow y' = 4x^3 \quad y' = 4x^3$

2º) $y = 7x^4 \Rightarrow y' = 7.4x^3 = 28x^3$

3º) $y = -11x^4 \Rightarrow y' = -11.4x^3 = -44x^3$

4º) $y = \frac{x^4}{9} \Rightarrow y' = \frac{4x^3}{9}$

5º) $y = \frac{3x^4}{16} \Rightarrow y' = \frac{3.4x^3}{16} = \frac{12x^3}{16} = \frac{3x^3}{4}$

6º) $y = x \Rightarrow y' = 1$

7º) $y = 3x \Rightarrow y' = 3$

8º) $y = -\frac{7}{2}x \Rightarrow y' = -\frac{7}{2}$

## Derivada do produto

Regra de derivação:

$$y = u \cdot v \Rightarrow y' = u' \cdot v + u \cdot v'$$

- **Exemplo 23**

Sejam as funções $u = x^3 - 3x$ e $v = 2x^2 + 5$. A função dada por $y = u \cdot v = (x^3 - 3x)(2x^2 + 5)$ pode ser escrita, desenvolvendo o produto, na forma $y = 2x^5 - x^3 - 15x$ e, daí, obtemos $y' = 10x^4 - 3x^2 - 15$. A regra do produto acima representa uma alternativa de cálculo para obter essa derivada. Observemos que $u' = 3x^2 - 3$ e $v' = 4x$. Usando a regra do produto, escrevemos:

$$y' = u' \cdot v + u \cdot v' = (3x^2 - 3)(2x^2 + 5) + (x^3 - 3x)(4x).$$

Note que, desenvolvendo a expressão, temos $y' = 10x^4 - 3x^2 - 15$.

- **Exemplo 24**

Para derivar a função $y = (2x^4 - 7x^2 + 5) \cdot \sqrt{x}$, escrevemos separadamente $u = 2x^4 - 7x^2 + 5$ e $v = \sqrt{x}$, para as quais temos $u' = 8x^3 - 14x$ e $y' = \frac{1}{2\sqrt{x}}$. Assim.

$$y' = u' \cdot v + u \cdot v' = (8x^3 - 14x)(\sqrt{x}) + (2x^4 - 7x^2 + 5)\left(\frac{1}{2\sqrt{x}}\right).$$

## Derivada do quociente

Regra de derivação:

$$y = \frac{u}{v} \Rightarrow y' = \frac{u' \cdot v - u \cdot v'}{v^2}$$

- **Exemplo 25**

Sejam as funções $u = x^3 - 3x$ e $v = 2x^2 + 5$. A função dada por $y = \frac{u}{v} = \frac{x^3 - 3x}{2x^2 + 5}$ pode ser derivada por meio da *regra do quociente*. Observemos que $u' = 3x^2 - 3$ e $v' = 4x$. Usando a regra do quociente, escrevemos:

$$y' = \frac{u' \cdot v + u \cdot v'}{v^2} = \frac{(3x^2 - 3)(2x^2 + 5) - (x^3 - 3x)(4x)}{(2x^2 + 5)^2}.$$

Note que, desenvolvendo a expressão, temos $y' = \frac{2x^4 + 21x^2 - 15}{4x^4 + 20x^2 + 25}$.

## Função composta (regra da cadeia)

| $y = v(u(x)) \Rightarrow y' = v'(u(x)) \cdot u'(x)$ | $y = u^\alpha \Rightarrow y' = \alpha u^{\alpha - 1} \cdot u'$ | $y = \sqrt{u} \Rightarrow y' = \frac{1}{2\sqrt{u}} \cdot u'$ |
|---|---|---|

- **Exemplo 26**

A função $y = \sqrt{x^3 + 2x - 1}$ é o resultado da composição de duas funções. Há uma função *interna*, que é $u(x) = x^3 + 2x - 1$, e uma função *externa*, que é $v(x) = \sqrt{x}$.

A função dada pode ser interpretada como:

$$y = \sqrt{x^3 + 2x - 1} = \sqrt{u(x)} = v(x^3 + 2x - 1) = v(u(x)).$$

Podemos derivar essa função pela regra da cadeia, observando que $u'(x) = 3x^2 + 2$ e que $v'(x) = \frac{1}{2\sqrt{x}}$, o que significa que:

$$v'(u(x)) = \frac{1}{2\sqrt{u(x)}} = \frac{1}{2\sqrt{x^3 + 2x - 1}}.$$

Então, $y' = v'(u(x)) \cdot u'(x) = \frac{1}{2\sqrt{x^3 + 2x - 1}} \cdot (3x^2 + 2)$,

isto é: $y' = \frac{3x^2 + 2}{2\sqrt{x^3 + 2x - 1}}$.

- **Exemplo 27**

A função $y = (3x^4 + x)^5$ é o resultado da composição das funções $u(x) = 3x^4 + x$ (*interna*) e $v(x) = x^5$ (*externa*), sendo, portanto, $y = (3x^4 + x)^5 = u^5 = v(u(x))$. Temos $u'(x) = 12x^3 + 1$ e $v'(x) = 5x^4$, em que $v'(u(x)) = 5u^4 = 5(3x^4 + x)^4$.

Assim, $y' = v'(u(x)) \cdot u'(x) = 5(3x^4 + x)^4 \cdot (12x^3 + 1)$.

## Derivadas sucessivas

O exemplo a seguir esclarece o conceito de derivadas sucessivas.

- **Exemplo 28**

Tomemos a função $y = 3x^4 - 2x^3 + 5x^2 - 11$. Sua derivada é igual a $y' = 12x^3 - 6x^2 + 10x$. Essa nova função tem também sua derivada, que é indicada por $y'' = 36x^2 - 12x + 10$ e se chama derivada segunda da função y. A função y' chama-se derivada primeira da função y. Poderíamos também determinar a derivada de $y''$, obtendo $y''' = 72x - 12$, que é a derivada terceira da função y.

As derivadas primeira, segunda, terceira e assim por diante são denominadas *derivadas sucessivas*.

## EXERCÍCIOS DE FIXAÇÃO

**Coeficientes angulares de secantes e tangentes. Derivada de uma função em um ponto.**

☐ **1.** | Calcule o coeficiente angular da reta secante ao gráfico da função $y = 3x^2 + x - 4$, passando pelos pontos desse gráfico que têm abscissas $-1$ e 4 (ou seja, determine a taxa média de variação da função dada, de $-1$ a 4).

☐ **2.** | Calcule o coeficiente angular da reta secante ao gráfico da função $y = 2x^2 + 2x + 3$, passando pelos pontos desse gráfico que têm abscissas 1 e –4 (ou seja, determine a taxa média de variação da função dada, de –4 a 1).

**3.** | Calcule o coeficiente angular da reta secante ao gráfico da função $y = -2x^2 + 3x - 1$, passando pelos pontos desse gráfico que têm abscissas 2 e 7 (ou seja, determine a taxa média de variação da função dada, de 2 a 7).

**4.** | Calcule o coeficiente angular da reta secante ao gráfico da função $y = x^3 + 3x^2 - x + 7$, passando pelos pontos desse gráfico que têm abscissas 1 e 2 (ou seja, determine a taxa média de variação da função dada, de 1 a 2).

**5.** | Calcule o coeficiente angular da reta tangente ao gráfico da função $y = 3x^2 - x + 7$, passando pelo ponto desse gráfico que tem abscissa 3 (ou seja, determine a taxa instantânea de variação da função dada, no ponto 3).

**6.** | Calcule o coeficiente angular da reta tangente ao gráfico da função $y = 4x^2 + 3x - 9$, passando pelo ponto desse gráfico que tem abscissa –5 (ou seja, determine a taxa instantânea de variação da função dada, no ponto –5).

**7.** | Determine a derivada da função $y = 5x^2 - 7x + 11$ no ponto $x = -3$ (ou seja, determine a taxa instantânea de variação da função dada, no ponto –3).

**8.** | Determine a derivada da função $y = -3x^2 + 19x + 13$ no ponto $x = 7$.

**9.** | Determine a derivada da função $y = x^3 + 5x^2 + 4$ no ponto $x = -3$.

**10.** | Determine a derivada da função $y = 2x^3 + 4x^2 - 7x - 14$ no ponto $x = 2$.

## Determinação da função derivada com o uso de limite

**11.** | Determine a função derivada de $y = f(x) = x^2$.

**12.** | Determine a função derivada de $y = f(x) = x^3$.

**13.** | Determine a função derivada de $y = f(x) = 5x^2$.

**14.** | Determine a função derivada de $y = f(x) = x^3 + 2x$.

**15.** | Determine a função derivada de $y = f(x) = \dfrac{1}{x}$.

## USO DAS REGRAS DE DERIVAÇÃO

### Derivadas de potência

**16.** | Usando as regras de derivação, determine a derivada de $y = x^2$.

**17.** | Usando as regras de derivação, determine a derivada de $y = x^3$.

**18.** | Usando as regras de derivação, determine a derivada de $y = x^4$.

**19.** | Usando as regras de derivação, determine a derivada de $y = \frac{1}{x^2}$.

**20.** | Usando as regras de derivação, determine a derivada de $y = \frac{1}{x}$.

**21.** | Usando as regras de derivação, determine a derivada de $y = \sqrt{x}$.

**22.** | Usando as regras de derivação, determine a derivada de $y = \sqrt[3]{x}$.

**23.** | Usando as regras de derivação, determine a derivada de $y = \sqrt[3]{x^2}$.

**24.** | Usando as regras de derivação, determine a derivada de $y = \sqrt{x^3}$.

**25.** | Usando as regras de derivação, determine a derivada de $y = \sqrt[5]{x}$.

### Regras de derivação

$$y = x^{\alpha} \Rightarrow y' = \alpha x^{\alpha-1}$$
$$y = k \Rightarrow y' = 0$$
$$y = u \pm v \Rightarrow y' = u' \pm v'$$
$$y = k \cdot u \Rightarrow y' = k \cdot u'$$

**26.** | Usando as regras de derivação, determine a derivada de $y = 15$.

**27.** | Usando as regras de derivação, determine a derivada de $y = 1$.

**28.** | Usando as regras de derivação, determine a derivada de $y = 0$.

**29.** | Usando as regras de derivação, determine a derivada de $y = 6x^3$.

**30.** | Usando as regras de derivação, determine a derivada de $y = 5x^2$.

**31.** | Usando as regras de derivação, determine a derivada de $y = x^3 + 4x^2$.

**32.** | Usando as regras de derivação, determine a derivada de $y = 3x^4 - 5x^3 + 2x^2 + x + 10$.

**33.** | Usando as regras de derivação, determine a derivada de

$$y = 2x^3 + 6x^2 - 3x - 7.$$

**34.** | Usando as regras de derivação, determine a derivada de

$$y = \frac{x^4}{4} + \frac{x^3}{3} - \frac{x^2}{2} + 7x - 11.$$

**35.** | Usando as regras de derivação, determine a derivada de $y = 12x^2 - \frac{1}{3}x + \frac{2}{5}$.

## Derivada do produto

$$y = u \cdot v \Rightarrow y' = u' \cdot v + u \cdot v'$$

**36.** | Usando as regras de derivação, determine a derivada de $y = 4x^5\left(x^2 + 5x + 1\right)$.

**37.** | Usando as regras de derivação, determine a derivada de $y = 2x^4\left(4x^3 - 3\right)$.

**38.** | Usando as regras de derivação, determine a derivada de $y = \left(x^2 + 1\right)\left(x^2 - 1\right)$.

**39.** | Usando as regras de derivação, determine a derivada de $y = \sqrt{x}\left(x^2 + 3\right)$.

**40.** | Usando as regras de derivação, determine a derivada de

$$y = \left(\sqrt{x} + 1\right)\left(\sqrt{x} - 2\right).$$

**41.** | Usando as regras de derivação, determine a derivada de $y = \sqrt[3]{x}\left(x^2 + 1\right)$.

**42.** | Usando as regras de derivação, determine a derivada de

$$y = \left(x^2 + 1\right)\left(2x^3 - 1\right)\left(x + 3\right).$$

## Derivada do quociente

$$y = \frac{u}{v} \Rightarrow y' = \frac{u' \cdot v - u \cdot v'}{v^2}$$

☐ **43.** | Usando as regras de derivação, determine a derivada de $y = \frac{x^3}{x^2+3}$.

☐ **44.** | Usando as regras de derivação, determine a derivada de $y = \frac{3x^4 - 5x^2 + 2}{x^2 - 3x + 4}$.

☐ **45.** | Usando as regras de derivação, determine a derivada de $y = \frac{\sqrt{x}}{x^2+1}$.

☐ **46.** | Usando as regras de derivação, determine a derivada de $y = \frac{x^2+1}{\sqrt{x}}$.

## Função composta (regra da cadeia)

$$y = v(u(x)) \Rightarrow y' = v'(u(x)) \cdot u'(x)$$

$$y = u^{\alpha} \Rightarrow y' = \alpha u^{\alpha - 1} \cdot u'$$

$$y = \sqrt{u} \Rightarrow y' = \frac{1}{2\sqrt{u}} \cdot u'$$

☐ **47.** | Usando as regras de derivação, determine a derivada de $y = (3x^2 - 1)^5$.

☐ **48.** | Usando as regras de derivação, determine a derivada de $y = (1 - 2x^2)^3$.

☐ **49.** | Usando as regras de derivação, determine a derivada de $y = \sqrt{2x+1}$.

☐ **50.** | Usando as regras de derivação, determine a derivada de $y = \sqrt{1+x^2}$.

☐ **51.** | Usando as regras de derivação, determine a derivada de $y = \sqrt{\sqrt{x}+1}$.

☐ **52.** | Usando as regras de derivação, determine a derivada de $y = \sqrt[3]{x^2+x+1}$.

## Derivadas sucessivas

Determine as três primeiras derivadas de cada uma das funções dadas, calculando também as raízes dessas derivadas (exercícios de 53 a 55).

**53.** $y = 4x^3 - 12x^2 + 9x - 12$

**54.** $y = x^3 - 2x^2 + 5$

**55.** $y = x^4 - 4x + 5$

Determine as duas primeiras derivadas de cada uma das funções dadas, determinando também as raízes dessas derivadas (exercícios de 56 e 57)

**56.** $y = \frac{x^3}{3} + \frac{3x^2}{2} - 28x + \frac{157}{6}$

**57.** $y = 7 + 4x + \frac{7x^2}{4} - \frac{x^3}{6}$

## RESPOSTAS DOS EXERCÍCIOS DE FIXAÇÃO

**1.** 10

**3.** $-15$

**5.** 17

**7.** $-37$

**9.** $-3$

**2.** $-4$

**4.** 15

**6.** $-37$

**8.** $-23$

**10.** 33

**11.** $y' = f'(x) = 2x$

**14.** $y' = f'(x) = 3x^2 + 2$

**12.** $y' = f'(x) = 3x^2$

**15.** $y' = f'(x) = -\frac{1}{x^2}$

**13.** $y' = f'(x) = 10x$

**16.** $y' = 2x$

☐ **17.** | $y' = 3x^2$

☐ **18.** | $y' = 4x^3$

☐ **19.** | $y' = -\dfrac{2}{x^3}$

☐ **20.** | $y' = -\dfrac{1}{x^2}$

☐ **21.** | $y' = \dfrac{1}{2\sqrt{x}}$

☐ **22.** | $y' = \dfrac{1}{3\sqrt[3]{x^2}}$

☐ **23.** | $y' = \dfrac{2}{3\sqrt[3]{x}}$

☐ **24.** | $y' = \dfrac{3\sqrt{x}}{2}$

☐ **25.** | $y' = \dfrac{1}{5\sqrt[5]{x^4}}$

☐ **26.** | $y' = 0$

☐ **27.** | $y' = 0$

☐ **28.** | $y' = 0$

☐ **29.** | $y' = 18x^2$

☐ **30.** | $y' = 10x$

☐ **31.** | $y' = 3x^2 + 8x$

☐ **32.** | $y' = 12x^3 - 15x^2 + 4x + 1$

☐ **33.** | $y' = 6x^2 + 12x - 3$

☐ **34.** | $y' = x^3 + x^2 - x + 7$

☐ **35.** | $y' = 24x - \dfrac{1}{3}$

☐ **36.** | $y' = 20x^4\left(x^2 + 5x + 1\right) + 4x^5\left(2x + 5\right)$

☐ **37.** | $y' = 8x^3\left(4x^3 - 3\right) + 2x^4\left(12x^2\right)$

☐ **38.** | $y' = 2x\left(x^2 - 1\right) + \left(x^2 + 1\right)2x$

☐ **39.** | $y' = \dfrac{1}{2\sqrt{x}}\left(x^2 + 3\right) + \sqrt{x} \cdot 2x$

☐ **40.** | $y' = \dfrac{1}{2\sqrt{x}}\left(\sqrt{x} - 2\right) + \left(\sqrt{x} + 1\right)\dfrac{1}{2\sqrt{x}}$

☐ **41.** | $y' = \dfrac{1}{3\sqrt[3]{x^2}}\left(x^2 + 1\right) + \sqrt[3]{x} \cdot 2x$

☐ **42.** | $y' = 2x(2x^3 - 1)(x+3) + (x^2+1) \cdot 6x^2(x+3) + (x^2+1)(2x^3-1)$

☐ **43.** | $y' = \dfrac{3x^2(x^2+3) - x^3 \cdot 2x}{(x^2+3)^2}$

☐ **44.** | $y' = \dfrac{(12x^3 - 10x)(x^2 - 3x + 4) - (3x^4 - 5x^2 + 2)(2x - 3)}{(x^2 - 3x + 4)^2}$

☐ **45.** | $y' = \dfrac{\dfrac{1}{2\sqrt{x}}(x^2+1) - \sqrt{x} \cdot 2x}{(x^2+1)^2}$

☐ **46.** | $y' = \dfrac{2x\sqrt{x} - (x^2+1)\dfrac{1}{2\sqrt{x}}}{x}$

☐ **47.** | $y' = 5(3x^2 - 1)^4 \cdot 6x$

☐ **48.** | $y' = 3(1 - 2x^2)^2(-4x)$

☐ **49.** | $y' = \dfrac{1}{2\sqrt{2x+1}} \cdot 2 = \dfrac{1}{\sqrt{2x+1}}$

☐ **50.** | $y' = \dfrac{1}{2\sqrt{1+x^2}} \cdot 2x = \dfrac{x}{\sqrt{1+x^2}}$

☐ **51.** | $y' = \dfrac{1}{2\sqrt{\sqrt{x}+1}} \cdot \dfrac{1}{2\sqrt{x}}$

☐ **52.** | $y' = \dfrac{1}{3\sqrt[3]{(x^2+x+1)^2}}(2x+1)$

53. $\begin{cases} y' = 12x^2 - 24x + 9 & \left(\text{raízes} = \dfrac{3}{2} \text{ e } \dfrac{1}{2}\right) \\ y'' = 24x - 24 & (\text{raiz} = 1) \\ y''' = 24 & (\text{não existem raízes}) \end{cases}$

54. $\begin{cases} y' = 3x^2 - 4x & \left(\text{raízes } 0 \text{ e } \dfrac{4}{3}\right) \\ y'' = 6x - 4 & \left(\text{raiz} = \dfrac{2}{3}\right) \\ y''' = 6 & (\text{não existem raízes}) \end{cases}$

55. $\begin{cases} y' = 4x^3 - 4 & (\text{raiz} = 1) \\ y'' = 12x^2 & (\text{raiz} = 0) \\ y''' = 24x & (\text{raiz} = 0) \end{cases}$

56. $\begin{cases} y' = x^2 + 3x - 28 & (\text{raízes } -7 \text{ e } 4) \\ y'' = 2x + 3 & \left(\text{raiz} = -\dfrac{3}{2}\right) \end{cases}$

57. $\begin{cases} y' = 4 + \dfrac{7x}{2} - \dfrac{x^2}{2} & (\text{raízes } -1 \text{ e } 8) \\ y'' = \dfrac{7}{2} - x & \left(\text{raiz} = \dfrac{7}{2}\right) \end{cases}$

# CAPÍTULO 14
## A DERIVADA E O COMPORTAMENTO DE UMA FUNÇÃO

*Conhecendo a função derivada de uma função $y = f(x)$, podemos descobrir características da função dada. Por exemplo, podemos saber os intervalos em que ela é crescente ou decrescente, e também quais são os pontos de máximo ou de mínimo, bastando para isso determinar se a derivada tem valores positivos, negativos ou nulos nos pontos desses intervalos.*

## 1. A DERIVADA EM UM PONTO E A RETA TANGENTE (REVISÃO)

Suponhamos que $y = f(x)$ é uma função cuja função derivada é $y' = f'(x)$ e tomemos um ponto $x_0$ pertencente ao domínio dessas duas funções.

$$f'(x_0) = \text{tg}\,\theta$$

Na **Figura 1**, o ponto $A(x_0; f(x_0))$ pertence ao gráfico da função $y = f(x)$. Nessa figura, a função é *crescente* em uma vizinhança do ponto $x_0$.

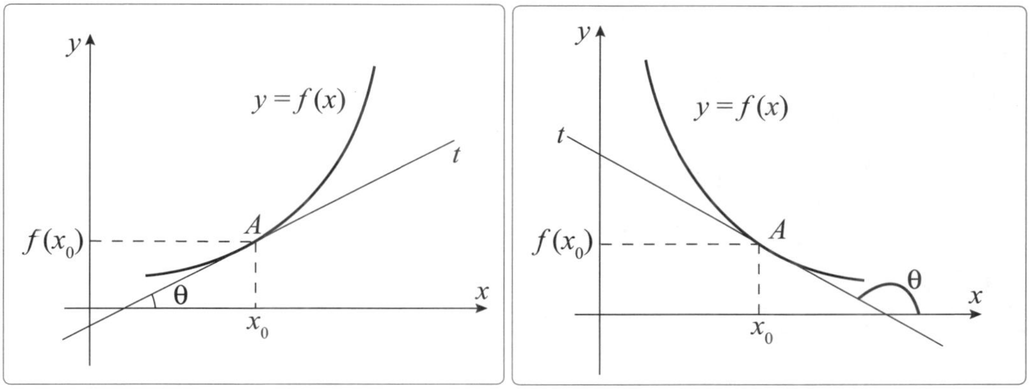


FIGURA 1 FIGURA 2

A reta *t*, que é tangente à curva no ponto *A*, forma com o eixo dos *x* o ângulo $\theta$. Desejamos determinar o seu coeficiente angular, ou seja, $\text{tg}\,\theta$. Como sabemos, esse coeficiente angular equivale à derivada da função $y = f(x)$ no ponto $x_0$, isto é, $f'(x_0) = \text{tg}\,\theta$.

Na **Figura 2**, a situação é a mesma, mas, nesse caso, a função $y = f(x)$ é *decrescente* em uma vizinhança do ponto $x_0$. É possível ver que o ângulo $\theta$ é maior do que $90^0$. Temos:

- se a função é *crescente* em uma vizinhança de $x_0$, então $0^0 < \theta < 90^0$, logo $\text{tg}\,\theta > 0$;
- se a função é *decrescente* em uma vizinhança de $x_0$, então $90^0 < \theta < 180^0$, logo $\text{tg}\,\theta < 0$.

## 2. VARIAÇÃO DAS FUNÇÕES E PONTOS DE MÁXIMO E MÍNIMO

Podemos concluir, pelas considerações anteriores, que existe uma relação entre o *sinal* da derivada e o fato de essa função ser *crescente* ou *decrescente*, de acordo com o resumo a seguir.

Seja $\{x \in \mathbb{R} | a < x < b\}$ um intervalo contido no domínio da função $y = f(x)$, temos:

- se $f'(x) > 0$ em todo ponto tal que $a < x < b$, então a função é crescente no intervalo

$$\{x \in \mathbb{R} | a < x < b\};$$

- se $f'(x) < 0$ em todo ponto tal que $a < x < b$, então a função é decrescente no intervalo

$$\{x \in \mathbb{R} | a < x < b\}.$$

Essas propriedades podem ser usadas para determinar os intervalos em que uma função é *crescente* ou *decrescente* e também os *pontos de máximo ou de mínimo*, desde que a função seja derivável nesses intervalos e contínua nesses pontos. Em alguns casos, é possível também utilizar a *derivada segunda*, mas isso será visto no capítulo seguinte.

- **Exemplo 1**

Seja a função $y = f(x) = 2x^3 - 54x + 1$, cuja derivada é $y' = f'(x) = 6x^2 - 54$.

- Para $x = -5$, temos $f'(-5) = 6(-5)^2 - 54 = 96 > 0$. Logo, $y = f(x)$ é *crescente* em uma vizinhança de $x = -5$.
- Para $x = -2$, temos $f'(-2) = 6(-2)^2 - 54 = -30 < 0$. Logo, $y = f(x)$ é *decrescente* em uma vizinhança de $x = -2$.
- Para $x = 1$, temos $f'(1) = 6(1)^2 - 54 = -48 < 0$. Logo, $y = f(x)$ é *decrescente* em uma vizinhança de $x = 1$.
- Para $x = 4$, temos $f'(4) = 6(4)^2 - 54 = 42 > 0$. Logo, $y = f(x)$ é *crescente* em uma vizinhança de $x = 4$.

- Para $x=-3$, temos $f'(-3)=6(-3)^2-54=0$. Logo, $y=f(x)$ pode apresentar um ponto de *máximo ou de mínimo* para $x=-3$.
- Para $x=3$, temos $f'(3)=6(3)^2-54=0$. Logo, $y=f(x)$ pode apresentar um ponto de *máximo ou de mínimo* para $x=3$.

- **Exemplo 2**

Conhecendo o gráfico da função derivada $y'=f'(x)$, podemos estudar a variação da função $y=f(x)$, determinando os possíveis pontos de máximo e mínimo. Por exemplo, com base no gráfico da **Figura 3**, obtemos facilmente o esquema de sinais da derivada $y'=f'(x)$. Pode-se ver que:

- $f'(x)>0$ para $x<2$ (logo, $y=f(x)$ é crescente)
- $f'(x)<0$ para $x>2$ (logo, $y=f(x)$ é decrescente)

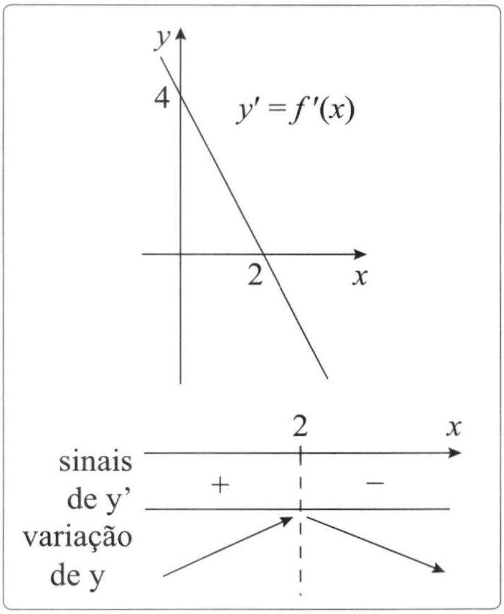


**FIGURA 3**

Daí resulta o esquema, no qual estão marcados os sinais da derivada $y'=f'(x)$ e a variação da função $y=f(x)$.

Fica claro que:

- para $x<2$, $y=f(x)$ é *crescente*;
- para $x>2$, $y=f(x)$ é *decrescente*;
- para $x=2$, tem-se $f'(x)=0$ e o ponto é de *máximo*.

O ponto de máximo é $x = 2$, mas não há dados suficientes para sabermos o valor desse máximo (valor de y), porque não temos a fórmula da função $y = f(x)$.

- **Exemplo 3**

Na **Figura 4,** o gráfico representa a derivada $y' = f'(x)$ de uma função $y = f(x)$. A partir desse gráfico, resulta o esquema de sinais da derivada e também o esquema de variação da função $y = f(x)$, como se pode ver na mesma figura. Assim, temos:

- se $x < -3$, $y' < 0$ (logo, *y* é decrescente);
- se $-3 < x < 1$, $y' > 0$ (logo, *y* é crescente);
- se $1 < x < 4$, $y' < 0$ (logo, *y* é decrescente);
- se $x > 4$, $y' > 0$ (logo, *y* é crescente);

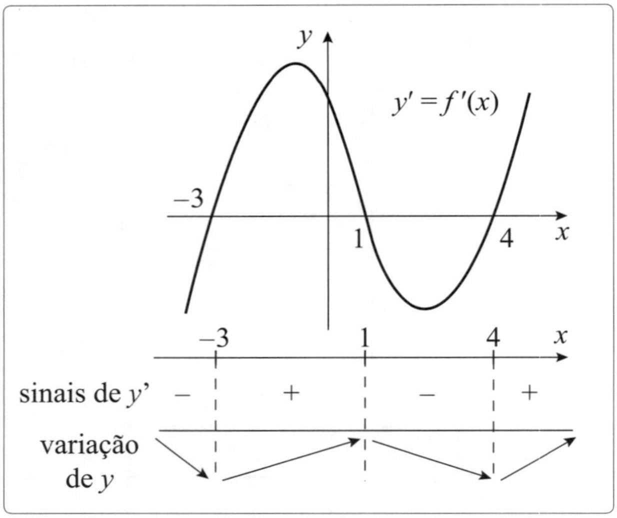


**FIGURA 4**

Os pontos $x = -3$ e $x = 4$ são de *mínimo* e o ponto $x = 1$ é de *máximo*. Não temos a fórmula de $y = f(x)$, por isso não podemos calcular os valores desses mínimos e desse máximo.

- **Exemplo 4**

Para a função $y = f(x) = x^2 - 4x + 3$, temos $y' = f'(x) = 2x - 4$.

Na **Figura 5,** o gráfico da derivada primeira mostra que:

- $f'(x) < 0$ para $x < 2$ (logo, $y = f(x)$ é decrescente)
- $f'(x) > 0$ para $x > 2$ (logo, $y = f(x)$ é crescente)

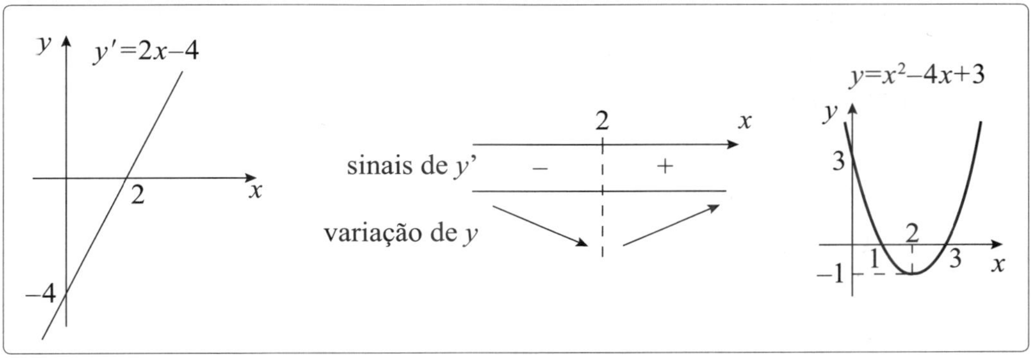


FIGURA 5

Daí resulta o esquema, no qual estão marcados os sinais da derivada $y' = f'(x)$ e a variação da função $y = f(x)$.

Fica claro que:

- para $x < 2$, $y = f(x)$ é *decrescente*;
- para $x > 2$, $y = f(x)$ é *crescente*;
- o ponto $x = 2$ é um *ponto de mínimo*. O valor mínimo é:

$$y = f(2) = 2^2 - 4 \cdot 2 + 3 = -1.$$

Essas características da função $y = f(x) = x^2 - 4x + 3$ são confirmadas pelo seu gráfico (visto também na **Figura 5**).

- **Exemplo 5**

Vamos determinar a variação e os pontos de máximo e de mínimo da função:

$$y = f(x) = 5x^3 - 4x^2 - 23x + 22.$$

1º) Função derivada: $y' = f'(x) = 15x^2 - 8x - 23$.

Calculando as raízes dessa derivada, obtemos $x_1 = -1$ e $x_2 = \frac{23}{15}$.

2º) Façamos um esboço do gráfico da derivada, que é uma parábola de concavidade voltada para cima, como na **Figura 6**. Podemos ver os intervalos em que a derivada é positiva ou negativa.

3º) Vamos agora elaborar um esquema, mostrando os sinais da derivada e os intervalos nos quais a função $y = f(x)$ é crescente ou decrescente (também na **Figura 6**).

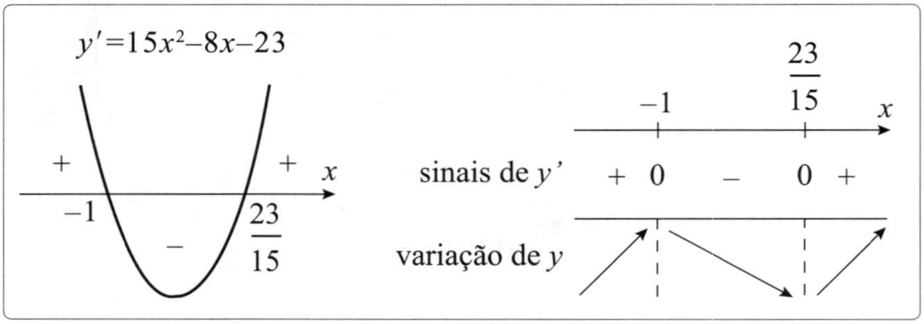


**FIGURA 6**

4º) Variação e pontos de máximo e de mínimo:

- nos intervalos $x < -1$ e $x > \dfrac{23}{15}$ a função $y = f(x)$ é crescente;
- no intervalo $-1 < x < \dfrac{23}{15}$ a função $y = f(x)$ é decrescente;
- no ponto $x = -1$ temos um ponto de máximo e o valor máximo é

$$y = f(-1) = 5\cdot(-1)^3 - 4\cdot(-1)^2 - 23\cdot(-1) + 22 = 36\,;$$

- no ponto $x = \dfrac{23}{15}$ temos um ponto de mínimo e o valor mínimo é

$$y = f\left(\frac{23}{15}\right) = 5\cdot\left(\frac{23}{15}\right)^3 - 4\cdot\left(\frac{23}{15}\right)^2 - 23\cdot\left(\frac{23}{15}\right) + 22 = -\frac{3136}{675} = -4{,}65\,.$$

- **Exemplo 6**

Estudar a variação e os pontos de máximo e mínimo da função:

$$y = f(x) = 3x^3 + 12x^2 + 16x + 21.$$

**Resolução**

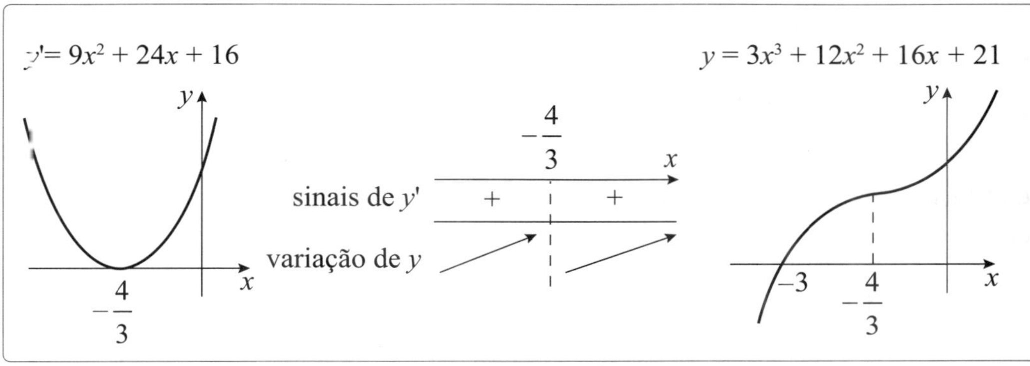


**FIGURA 7**

1º) Função derivada: $y' = f'(x) = 9x^2 + 24x + 16$. Verifica-se que essa derivada possui uma única raiz $x = -\dfrac{4}{3}$.

2º) A derivada representa uma parábola com concavidade voltada para cima, mostrada na **Figura 7**, que tangencia o eixo dos $x$.

3º) A **Figura 7** mostra também o esquema com os sinais da derivada e os intervalos em que a função $y = f(x)$ é crescente ou decrescente.

4º) Variação, máximos e mínimos:

- nos intervalos $x < -\dfrac{4}{3}$ e $x > -\dfrac{4}{3}$ a função $y = f(x)$ é crescente;
- no ponto $x = -\dfrac{4}{3}$, a função não tem máximo, nem mínimo.

O gráfico da função $y = f(x) = 3x^3 + 12x^2 + 16x + 21$, também mostrado na **Figura 7**, confirma essas características. Note que, para $x = -\dfrac{4}{3}$, a reta tangente ao gráfico de $y = f(x)$ é horizontal, pois a derivada nesse ponto é igual a zero. A curva sofre uma mudança na direção da sua concavidade. Um ponto desse tipo é chamado ponto de inflexão.

A concavidade e os pontos de inflexão são características obtidas mais facilmente por meio da *derivada segunda*, como veremos no próximo capítulo.

## EXERCÍCIOS DE FIXAÇÃO

Dada uma função $y = f(x)$, determine se essa função é crescente ou decrescente, nos pontos $x_1$, $x_2$, $x_3$ e $x_4$ dados (nos exercícios de 1 a 3).

☐ **1.** | $y = 2x^3 - 36x^2 + 162x + 18$, $x_1 = 1$, $x_2 = 6$, $x_3 = 8$, $x_4 = 12$.

☐ **2.** | $y = -2x^3 + 30x^2 - 126x + 12$, $x_1 = 2$, $x_2 = 5$, $x_3 = 6$, $x_4 = 9$.

☐ **3.** | $y = 2x^3 - 45x^2 + 300x + 6$, $x_1 = 3$, $x_2 = 6$, $x_3 = 8$, $x_4 = 11$.

Estudar a variação (crescente ou decrescente) e os máximos e mínimos locais da função $y = f(x)$, sendo dado o gráfico da função derivada $y' = f'(x)$ (exercícios de 4 a 7).

☐ **4.** |

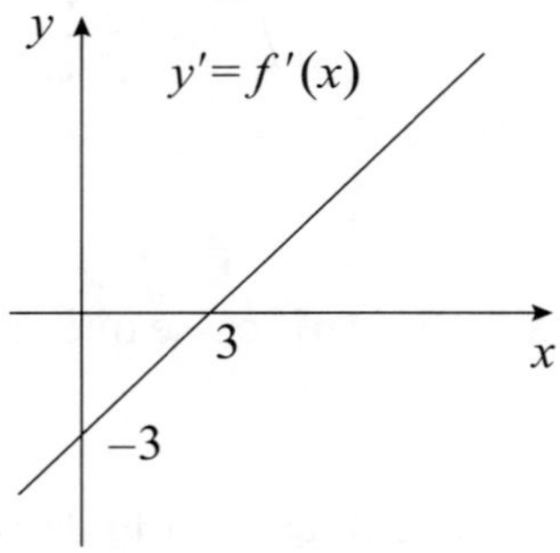


☐ **6.** |

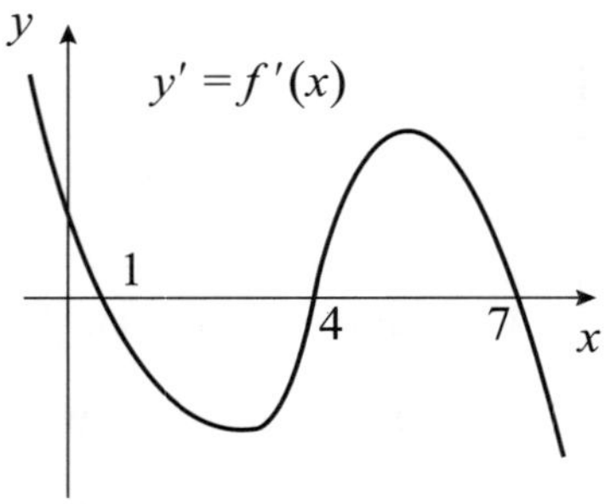


☐ **5.** |

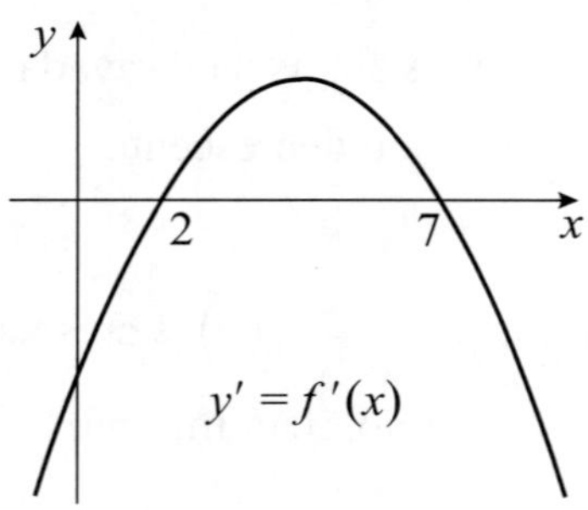


☐ **7.** |

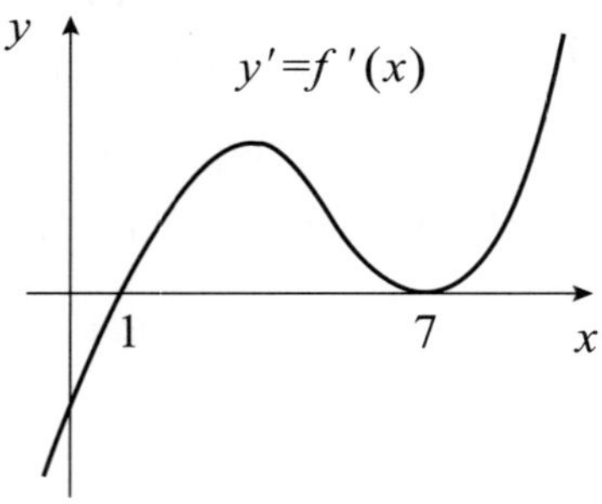


Estudar a variação das funções dadas (crescimento e decrescimento) e os possíveis pontos de máximo e mínimo, utilizando as derivadas, como nos exemplos vistos acima (exercícios de 8 a 13).

☐ **8.** | $y = x^2 - 7x + 10$

☐ **9.** | $y = 25x^2 - 30x + 9$

☐ **10.** | $y = x^2 - 8x + 19$

☐ **11.** | $y = -x^2 + 11x - 24$

☐ **12.** | $y = 2x^3 - 21x^2 + 60x + 30$

☐ **13.** | $y = -\dfrac{x^3}{3} + 3x^2 + 7x + \dfrac{1}{6}$

## RESPOSTAS DOS EXERCÍCIOS DE FIXAÇÃO

1. $x_1 = 1$, crescente;
$x_2 = 6$, decrescente;
$x_3 = 8$, decrescente;
$x_4 = 12$, crescente.

2. $x_1 = 2$, decrescente;
$x_2 = 5$, crescente;
$x_3 = 6$, crescente;
$x_4 = 9$, decrescente.

3. $x_1 = 3$, crescente;
$x_2 = 6$, decrescente;
$x_3 = 8$, decrescente;
$x_4 = 11$, crescente.

4. 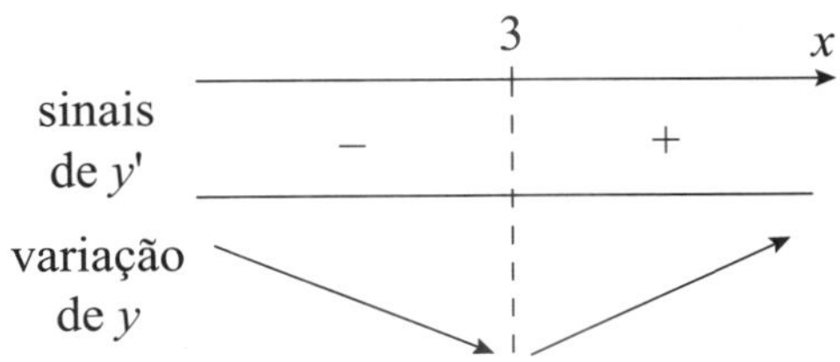


Para $x = 3$: mínimo.

5. 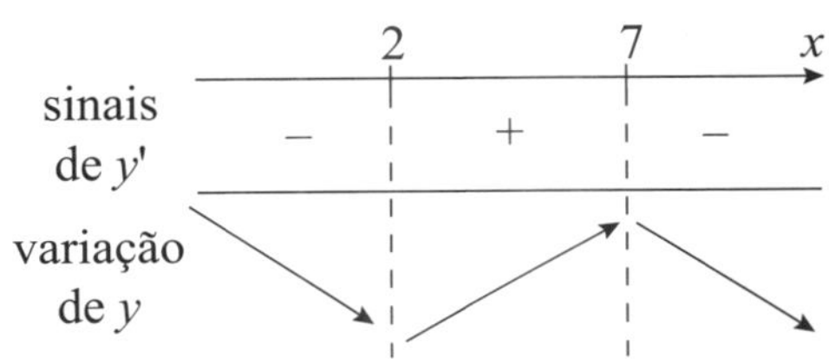


Para $x = 2$: mínimo. Para $x = 7$: máximo.

6. 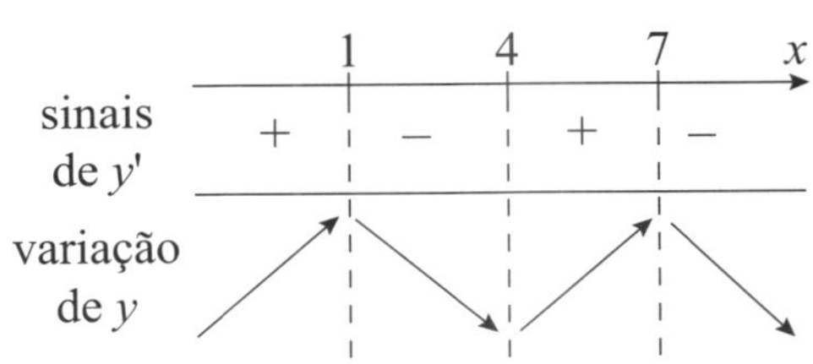


Para $x = 1$: máximo. Para $x = 4$: mínimo. Para $x = 7$: máximo.

7. |

| $x$ | | 1 | | 7 | |
|---|---|---|---|---|---|
| sinais de $y'$ | $-$ | | $+$ | | $+$ |
| variação de $y$ | ↘ | | ↗ | | ↗ |

Para $x = 1$ : mínimo. Para $x = 7$ : nem máximo, nem mínimo.

8. | $x > \dfrac{7}{2}$ : crescente; $x < \dfrac{7}{2}$ decrescente; mínimo: $\left(\dfrac{7}{2}; -\dfrac{9}{4}\right)$

9. | $x > \dfrac{3}{5}$ : crescente; $x < \dfrac{3}{5}$ decrescente; mínimo: $\left(\dfrac{3}{5}; 0\right)$

10. | $x > 4$ : crescente; $x < 4$ decrescente; mínimo: $(4; 3)$

11. | $x < \dfrac{11}{2}$ : crescente; $x > \dfrac{11}{2}$ decrescente; máximo: $\left(\dfrac{11}{2}; \dfrac{25}{4}\right)$

12. | $x < 2$ ou $x > 5$ : crescente; $2 < x < 5$ decrescente; máximo: $(2; 82)$ mínimo: $(5; 55)$

13. | $-1 < x < 7$ : crescente; $x < -1$ ou $x > 7$ decrescente;

máximo: $\left(7; \dfrac{491}{6}\right)$; mínimo: $\left(-1; -\dfrac{7}{2}\right)$

# CAPÍTULO 15
# USO DA DERIVADA SEGUNDA NO ESTUDO DA CONCAVIDADE DE UMA FUNÇÃO

Estamos estudando as características de funções $y = f(x)$ em pontos nos quais elas sejam deriváveis, ou seja, pontos em que existe a derivada $y' = f'(x)$. Isso implica que é possível traçar uma reta tangente ao gráfico da função nesses pontos. Vamos supor, também, que a função $y = f(x)$ tem *derivada segunda* $y'' = f''(x)$ e que essa derivada segunda é contínua nos pontos considerados.

Com o estudo dos **sinais** da derivada $y' = f'(x)$, já sabemos determinar os intervalos em que $y = f(x)$ é *crescente* ou *decrescente* e também *os pontos de máximo e mínimo*.

Vamos agora examinar o uso da **derivada segunda** $y'' = f''(x)$, com a qual podem ser encontradas outras características da função $y = f(x)$, como a *concavidade* e os *pontos de inflexão*. A derivada segunda também auxilia a determinação de pontos de máximo ou de mínimo.

## 1 • CONCAVIDADE PARA CIMA OU PARA BAIXO EM UM INTERVALO

Examinemos alguns exemplos iniciais, por meio das figuras.

Na **Figura 1**, temos o gráfico de uma função $y = f(x)$ *crescente* no intervalo $a < x < b$, que é uma vizinhança do ponto $x_0$. Na **Figura 2**, a função representada também é *crescente* no intervalo $a < x < b$. No caso da **Figura 1**, dizemos que a função $y = f(x)$ tem *concavidade para cima*, enquanto na **Figura 2** a função $y = f(x)$ tem *concavidade para baixo*.

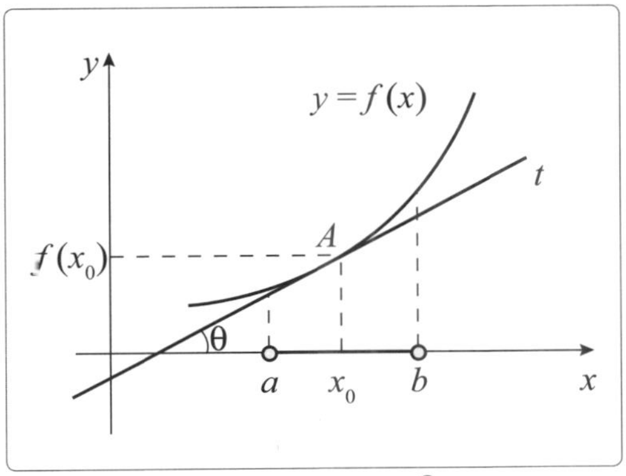


**FIGURA 1**

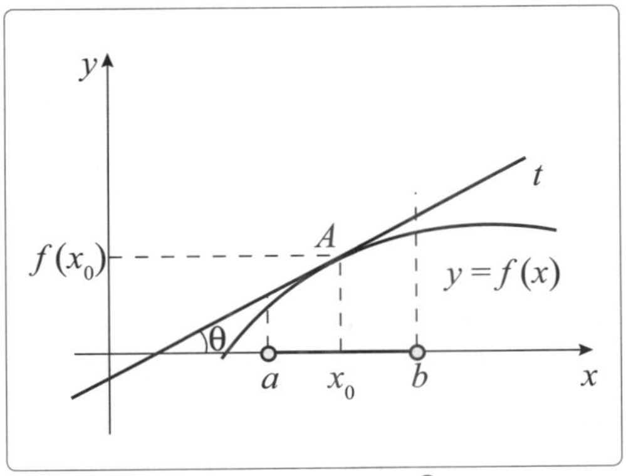


**FIGURA 2**

Na **Figura 3** e na **Figura 4**, a função $y = f(x)$ é *decrescente* no intervalo $a < x < b$, mas na primeira ela tem *concavidade para cima* e, na segunda, ela tem *concavidade para baixo*.

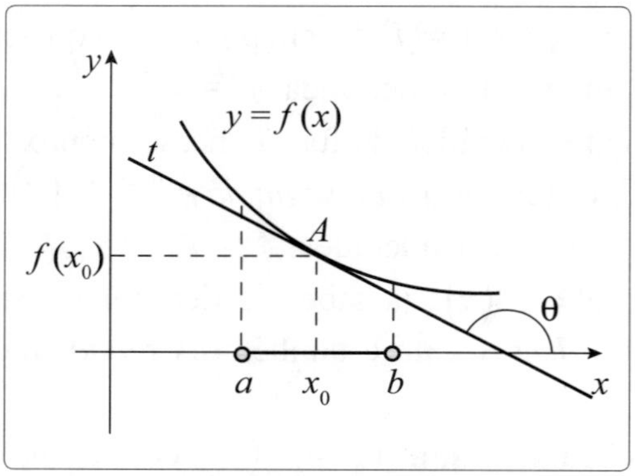


FIGURA 3

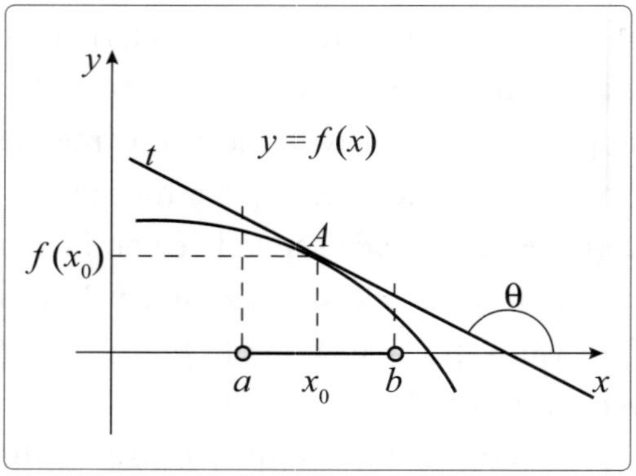


FIGURA 4

As figuras dão uma ideia intuitiva do significado de concavidade *para cima* ou *para baixo*. Um modo de conceituar essas ideias formalmente é notar que, quando a função tem concavidade *para cima*, a reta tangente no ponto *A* fica abaixo da curva; já se a função tem concavidade *para baixo*, a reta tangente fica acima da curva.

A equação da reta tangente no ponto $x_0$ tem a forma $y = t(x) = mx + n$, sendo $m = f'(x_0) = tg\,\theta$.

**RESUMO**

> Se $\{x \in \mathbb{R} | a < x < b\}$ é um intervalo contido no domínio da função $y = f(x)$, temos:
>
> se $f(x) > t(x)$ em todo ponto tal que $a < x < b$, então a função tem *concavidade para cima* para $a < x < b$;
>
> se $f(x) < t(x)$ em todo ponto tal que $a < x < b$, então a função tem *concavidade para baixo* para $a < x < b$;

A **Figura 5** reproduz a situação da **Figura 1**, mostrando agora dois pontos, $x_1$ e $x_2$, no intervalo $a < x < b$, em que a função tem *concavidade para cima*. Podemos notar que as retas tangentes $t_1$ e $t_2$, correspondentes a $x_1$ e $x_2$, formam com o eixo dos $x$ os ângulos $\theta_1$ e $\theta_2$.

Temos $x_1 < x_2$ e também $\theta_1 < \theta_2$, donde tg $\theta_1$ < tg $\theta_2$. Isso significa que $f'(x_1) < f'(x_2)$, ou seja, que *a função derivada primeira* $y' = f'(x)$ é *crescente* nesse intervalo.

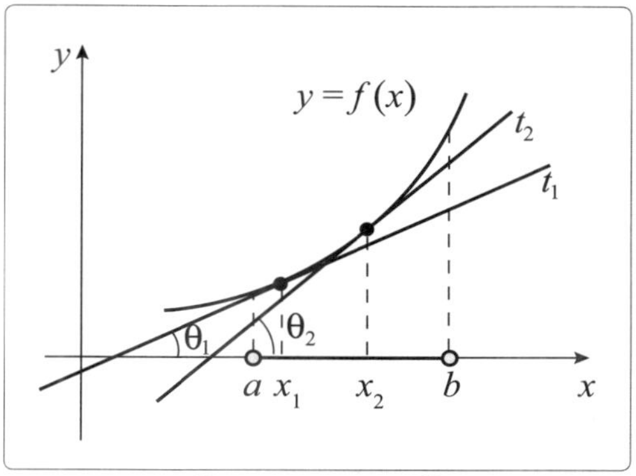


**FIGURA 5**

Há, portanto, uma relação entre o fato de a função $y = f(x)$ ter *concavidade para cima* e o fato de a sua derivada primeira $y' = f'(x)$ ser *crescente* no intervalo considerado. Por outro lado, como a derivada segunda $y'' = f''(x)$ é, ao mesmo tempo, a *derivada primeira* de $y' = f'(x)$, resulta que, nesse intervalo, temos $f''(x) > 0$.

Essa conclusão, tirada intuitivamente por meio do gráfico, ilustra o seguinte teorema, cuja demonstração não será vista neste trabalho.

**TEOREMA**

Se $f''(x) > 0$ em todo ponto tal que $a < x < b$, então a função $y = f(x)$ tem *concavidade para cima* no intervalo $a < x < b$.

Se $f''(x) < 0$ em todo ponto tal que $a < x < b$, então a função $y = f(x)$ tem *concavidade para baixo* no intervalo $a < x < b$.

Assim, os sinais da derivada segunda permitem determinar o sentido da concavidade de uma função. A **Tabela 1** resume as duas situações.

| Sinal de $y''$ | Concavidade de $y$ |
|---|---|
| positivo | para cima |
| negativo | para baixo |

- **Exemplo 1**

Para a função $y = x^3 - 9x^2 + 6x - 1$, temos as derivadas sucessivas $y' = 3x^2 - 18x + 6$ e $y'' = 6x - 18$. Examinando os sinais de $y''$, vemos que $y'' < 0$ para $x < 3$ e $y'' > 0$ para $x > 3$.

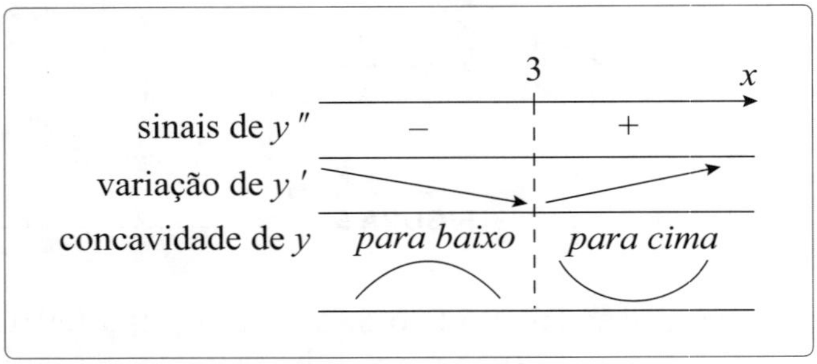


**FIGURA 6**

Assim,

- se $x < 3$, então $y'' < 0$, $y'$ é decrescente e a função $y$ tem concavidade *para baixo*;
- se $x > 3$, então $y'' > 0$, $y'$ é crescente e a função $y$ tem concavidade *para cima*.

Essas conclusões são ilustradas no esquema da **Figura 6**.

## 2 • PONTOS DE INFLEXÃO

Na **Figura 7**, a função representada é crescente para $a < x < b$, mas apresenta concavidades diferentes à esquerda e à direita de $x_0$: à esquerda, a concavidade é *para cima*, e, à direita, a concavidade é *para baixo*. O ponto $x_0$, que separa os intervalos $a < x < x_0$ e $x_0 < x < b$, nos quais a função tem concavidades diferentes, tem o nome de **ponto de inflexão**.

Nas **Figuras 8**, **9** e **10**, $x_0$ é também um ponto de inflexão.

Em todos esses casos, a concavidade da função é diferente à esquerda e à direita desse ponto.

Para a função $y = x^3 - 9x^2 + 6x - 1$ do exemplo 1 visto acima, o ponto $x_0 = 3$ é um ponto de inflexão, pois a concavidade à esquerda é *para baixo* e à direita é *para cima*. A derivada segunda $y'' = 6x - 18$ é negativa à esquerda e positiva à direita desse ponto.

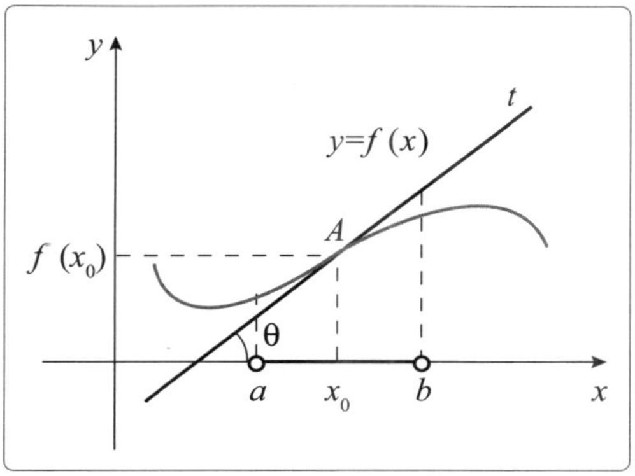


**FIGURA 7**

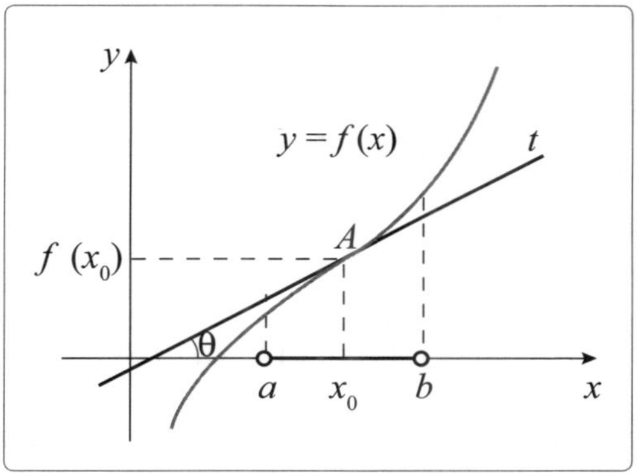


**FIGURA 8**

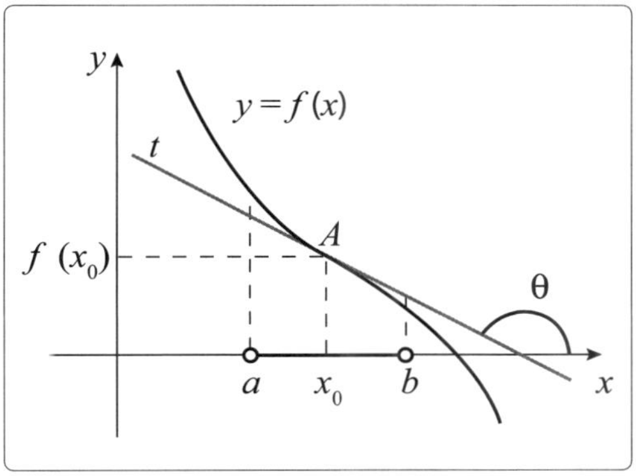


**FIGURA 9**

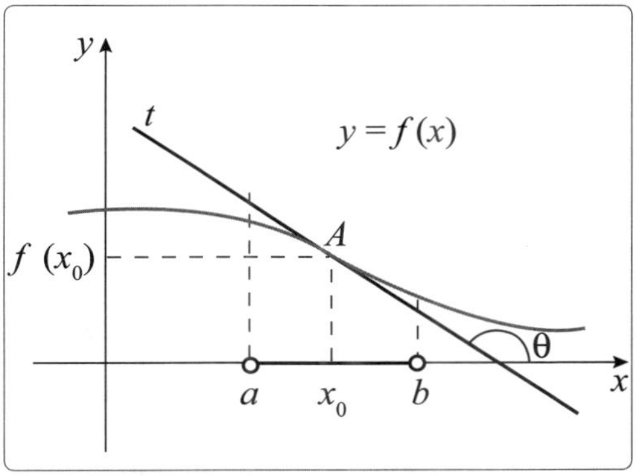


**FIGURA 10**

Há, portanto, uma correspondência entre os **sinais da derivada segunda** $y'' = f''(x)$ e a existência de pontos de inflexão para o gráfico de $y = f(x)$, como mostra a **Figura 11**.

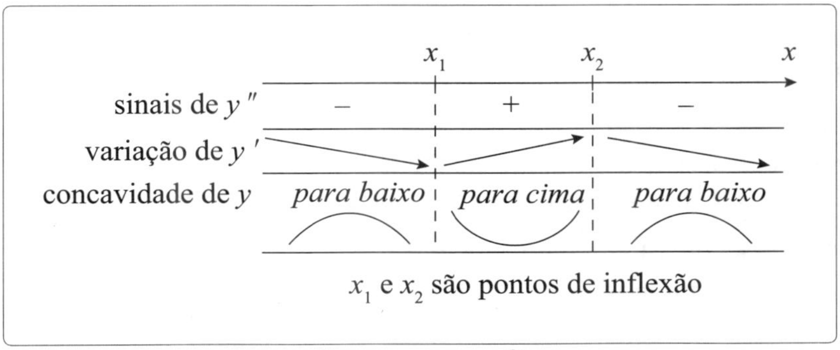


**FIGURA 11**

- **Exemplo 2**

Vamos estudar a concavidade e os pontos de inflexão da função $y = 5 + 4x - 9x^2$. Começamos determinando as duas derivadas sucessivas:

$$y' = 4 - 18x \text{ e } y'' = -18.$$

Tem-se $f'\left(\frac{2}{9}\right) = 0$. Além disso, *y''* é uma função constante, seu sinal é o mesmo (negativo) para todo ***x***. Assim, a derivada primeira *y'* é sempre decrescente, e a função *y* tem sua concavidade para baixo em todo o domínio. Podemos construir os esquemas da **Figura 12**. Não há pontos de inflexão. O ponto $x = \frac{2}{9}$ é de máximo.

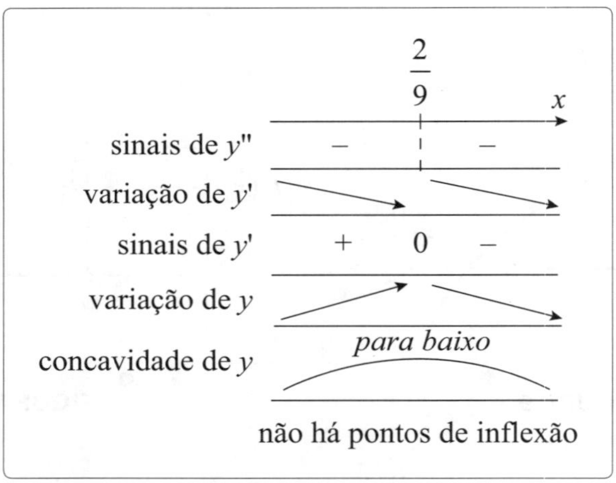


**FIGURA 12**

- **Exemplo 3**

A concavidade e os pontos de inflexão da função $y = x^3 - 12x^2 + 36x - 5$ podem ser estudados utilizando-se as duas derivadas sucessivas, que são $y' = 3x^2 - 24x + 36$ e $y'' = 6x - 24$.

As raízes da derivada primeira são 2 e 6. A raiz de $y''$ é igual a 4. Assim, a derivada primeira *y'* é positiva para $x \le 2$ e para $x \ge 6$. Ela é negativa para $2 \le x \le 6$.

Em seguida, construímos os esquemas da **Figura 13**.

Para a função *y,* temos:

- para $x < 4$, a concavidade é para baixo;
- para $x > 4$, a concavidade é para cima;
- $x = 2$ é ponto de máximo;
- $x = 4$ é ponto de inflexão;
- $x = 6$ é ponto de mínimo.

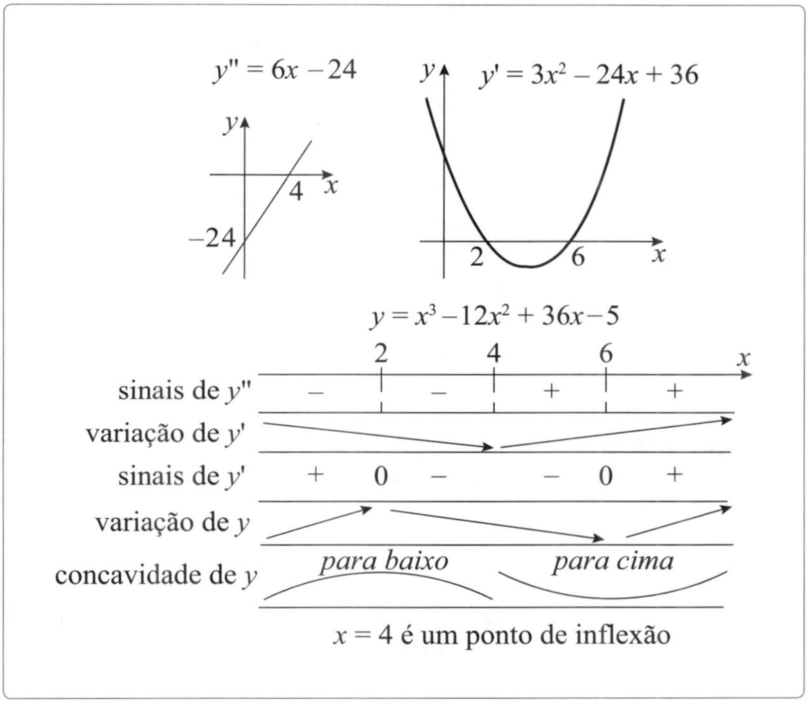


**FIGURA 13**

- **Exemplo 4**

Determinemos as características da função $y = 6x^3 - 61x^2 + 104x$.

A derivada primeira é $y' = 18x^2 - 122x + 104$ e suas raízes são 1 e $\frac{52}{9}$.

A derivada segunda é $y'' = 36x - 122$ e sua raiz é igual a $\frac{61}{18}$.

Então, $y''$ é negativa para $x < \frac{61}{18}$ e positiva para $x > \frac{61}{18}$. Por outro lado, $y'$ é positiva para $x < 1$ ou $x > \frac{52}{9}$ e negativa para $1 < x < \frac{52}{9}$.

Com esses resultados, construímos os esquemas da **Figura 14**.

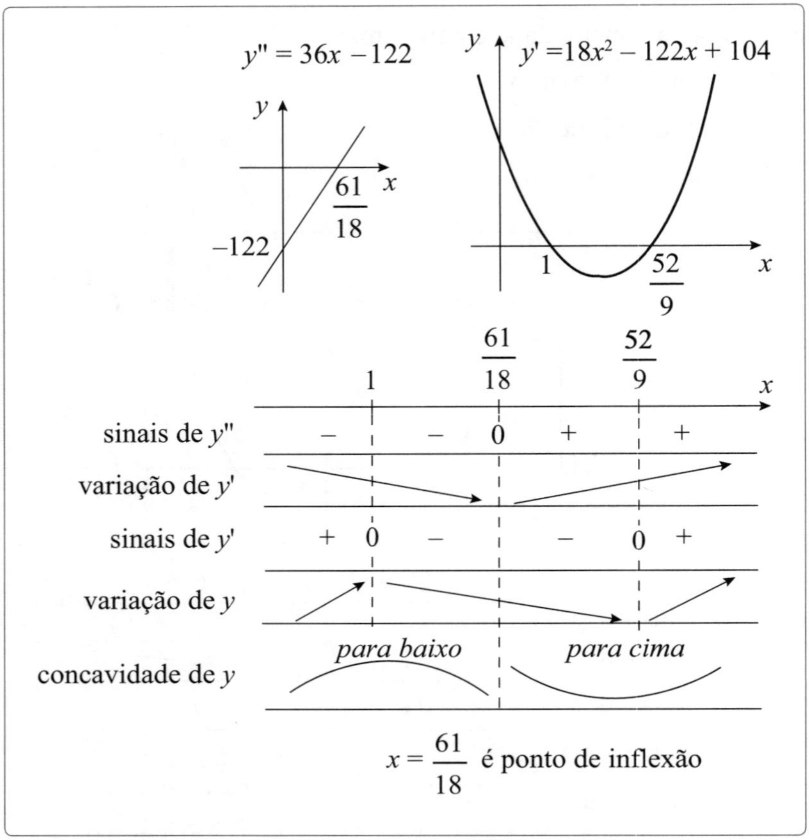


**FIGURA 14**

Obtemos as seguintes conclusões sobre a função $y$:

- é crescente para $x \leq 1$ ou $x \geq \dfrac{52}{9}$;
- é decrescente para $1 \leq x \leq \dfrac{52}{9}$;
- tem concavidade para baixo para $x < \dfrac{61}{18}$;
- tem concavidade para cima para $x > \dfrac{61}{18}$;
- o valor $x = 1$ é um ponto de máximo e o valor máximo é $y = f(1) = 49$.
- o valor $x = \dfrac{52}{9}$ é um ponto de mínimo e o valor mínimo é:

$$y = f\left(\frac{52}{9}\right) = -\frac{67600}{243} = -278{,}19.$$

- o valor $x = \frac{61}{18}$ é um ponto de inflexão e o valor nesse ponto é:

$$y = f\left(\frac{61}{18}\right) = -\frac{55693}{486} = -114{,}60.$$

Apenas como ilustração, a **Figura 15** mostra um esboço do gráfico da função

$$y = 6x^3 - 61x^2 + 104x.$$

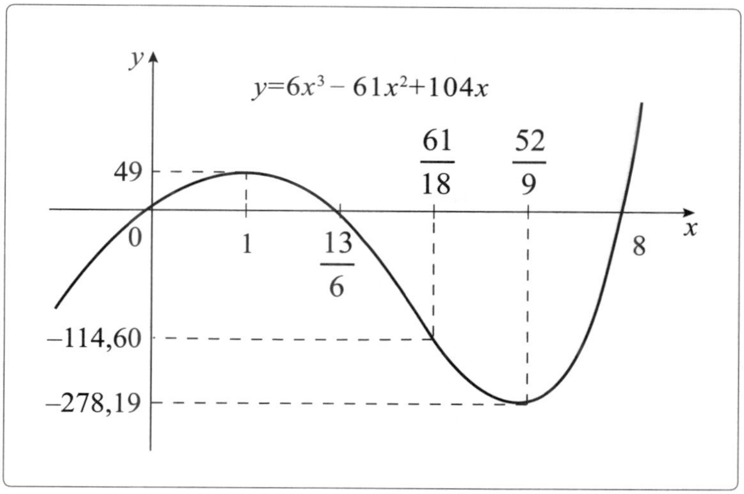


**FIGURA 15**

## 3 • DETERMINAÇÃO DOS PONTOS DE MÁXIMO E MÍNIMO COM O AUXÍLIO DA DERIVADA SEGUNDA

Vamos supor que a função $y = f(x)$ tem derivada $y' = f'(x)$ contínua. Como vimos anteriormente, sempre que a função $y = f(x)$ tem um ponto $x_0$ de máximo ou de mínimo que esteja no interior de seu domínio, sua derivada $y' = f'(x)$ é igual a zero nesse ponto, isto é, $f'(x_0) = 0$.

Assim, para localizarmos os pontos de máximo e de mínimo, devemos determinar as raízes de $y' = f'(x)$. Entretanto, resta saber quais dessas raízes são pontos de *máximo* ou de *mínimo*. Essa questão foi resolvida, até agora, usando o seguinte processo:

Estudamos a variação da função à esquerda e à direita de $x_0$.

Se $y = f(x)$ é crescente à esquerda de $x_0$ e decrescente à sua direita, então $x_0$ é ponto de máximo.

Se $y = f(x)$ é decrescente à esquerda de $x_0$ e crescente à sua direita, então $x_0$ é ponto de mínimo.

Há outro modo de resolver essa questão, utilizando-se a derivada segunda $y'' = f''(x)$, como afirma o teorema seguinte.

**TEOREMA**

Seja $x_0$ um ponto no qual $f'(x_0) = 0$.

1º) Se $f''(x_0) > 0$, então $x_0$ é ponto de *mínimo* de $y = f(x)$.

2º) Se $f''(x_0) < 0$, então $x_0$ é ponto de *máximo* de $y = f(x)$.

Esse teorema fica claro, intuitivamente, quando pensamos na concavidade da função $y = f(x)$.

Se $f''(x_0) > 0$, então a função tem concavidade para cima num intervalo $a < x < b$ que contém $x_0$. Nesse caso, o ponto $x_0$ só pode ser de mínimo.

Se $f''(x_0) < 0$, então a função tem concavidade para baixo num intervalo $a < x < b$ que contém $x_0$. Nesse caso, o ponto $x_0$ só pode ser de máximo.

Se $f''(x_0) = 0$, não se pode dizer se $x_0$ é ponto de máximo ou de mínimo, podendo ser até um ponto de inflexão. Nesse caso, é indicado examinar a concavidade da função na vizinhança de $x_0$.

- **Exemplo 5**

Vamos determinar os pontos de máximo e de mínimo da função $y = 2x^3 - 21x^2 + 72x - 17$.

Procedemos do seguinte modo:

1º) Começamos determinando suas derivadas sucessivas: $y' = 6x^2 - 42x + 72$ e $y'' = 12x - 42$.

2º) Em seguida, calculamos as raízes de *y'*, resolvendo a equação $6x^2 - 42x + 72 = 0$. Resultam os valores $x_1 = 3$ e $x_2 = 4$.

3º) Para determinar se esses pontos são de máximo ou de mínimo, devemos substituí-los na expressão da derivada segunda. Temos:

$f''(3) = 12 \cdot 3 - 42 = -6 < 0$, logo $x_1 = 3$ é ponto de máximo;

$f''(4) = 12 \cdot 4 - 42 = 6 > 0$, logo $x_2 = 4$ é ponto de mínimo.

4º) Os valores da função nesses pontos são calculados na expressão da própria função. Assim:

- o valor máximo (em $x_1 = 3$) é $y = f(3) = 2(3)^3 - 21(3)^2 + 72(3) - 17 = 64$;
- o valor mínimo (em $x_2 = 4$) é $y = f(4) = 2(4)^3 - 21(4)^2 + 72(4) - 17 = 63$.

- **Exemplo 6**

Determine os pontos de máximo e de mínimo da função $y = 4x^2 + \frac{1}{x}$.

As derivadas sucessivas dessa função são: $y' = 8x - \frac{1}{x^2}$ e $y'' = 8 + \frac{2}{x^3}$.

Temos $y' = 8x - \frac{1}{x^2} = 0 \Rightarrow 8x = \frac{1}{x^2} \Rightarrow 8x^3 = 1 \Rightarrow x^3 = \frac{1}{8} \Rightarrow x = \frac{1}{2}$.

Na derivada segunda, obtemos: $y'' = 8 + \frac{2}{\left(\frac{1}{2}\right)^3} = 8 + \frac{2}{\frac{1}{8}} = 8 + 2 \cdot 8 = 24 > 0$.

Sendo assim, o ponto $x = \frac{1}{2}$ é de mínimo e o valor mínimo da função é igual a:

$$y = 4\left(\frac{1}{2}\right)^2 + \frac{1}{\left(\frac{1}{2}\right)} = 4 \cdot \frac{1}{4} + 2 = 3.$$

A função não apresenta ponto de máximo.

## 4 • EXEMPLOS DE APLICAÇÕES

- **Exemplo 7**

A relação entre o preço unitário de um produto e a quantidade vendida por mês por uma empresa é dada pela expressão da demanda $p = 3152 - 2x$. A capacidade de produção da empresa é de 532 unidades por mês, mas a empresa resolveu ampliar essa capacidade, a fim de maximizar a receita mensal. Quantas unidades a mais deverão ser produzidas por mês?

Lembrando que a receita total é dada por $R = px$, temos:

$$R = (3152 - 2x)x = -2x^2 + 3152x.$$

As derivadas dessa função são: $R' = -4x + 3152$ e $R'' = -4$.

Para $R' = -4x + 3152 = 0$, deve-se ter $x = 788$ e, como $R'' < 0$, esse ponto é de máximo.

Conclui-se que, para maximizar a receita, a empresa deveria produzir 788 unidades por mês. Se a capacidade de produção é de 532 unidades, deverão ser produzidas a mais:

$$788 - 532 = 256 \text{ unidades.}$$

- **Exemplo 8**

Um comerciante compra um produto no atacado, por R$ 7,00 cada unidade. Ele consegue vender 210 unidades cobrando R$ 24,50 cada. Esse comerciante imagina que, cobrando apenas R$ 13,75 cada unidade, conseguiria vender 425 unidades por mês. Considerando custo fixo nulo, determine o número de unidades que devem ser vendidas para que o comerciante tenha lucro máximo.

As informações do problema permitem determinar a função de demanda, cuja forma geral é $p = ax + b$.

Para $x = 210$, temos $p = 24{,}50$, logo $24{,}5 = 210a + b$.

Para $x = 425$, temos $p = 13{,}75$, logo $13{,}75 = 425a + b$.

O sistema de equações: $\begin{cases} 24{,}5 = 210a + b \\ 13{,}75 = 425a + b \end{cases}$ apresenta a solução $a = -0{,}05$ e $b = 35$.

Assim, a função de demanda é dada por $p = -0{,}05x + 35$.

A partir desse resultado, temos, para a receita total:

$$R = px = (-0{,}05x + 35)x = -0{,}05x^2 + 35x.$$

Por outro lado, o custo unitário é de R$ 7,00 e o custo fixo é nulo, portanto o custo total é:

$$C = 7x.$$

O lucro total, assim, é dado por $L = R - C = -0{,}05x^2 + 35x - 7x = -0{,}05x^2 + 28x$.

As derivadas dessa função são: $L' = -0{,}1x + 28$ e $L'' = -0{,}1$.

Para $L' = -0{,}1x + 28 = 0$, deve-se ter $x = 280$ e, como, $L'' < 0$, esse ponto é de máximo.

Conclui-se que, para maximizar o lucro, o comerciante deveria vender 280 unidades por mês.

- **Exemplo 9**

A receita total obtida na venda de $x$ unidades de um produto fabricado por uma empresa é dada pela expressão $R(x) = -4x^2 + 316x$. O custo total de fabricação dessas $x$ unidades tem a expressão $C(x) = x^3 - 22x^2 + 124x + 2340$. Determine a quantidade do produto que maximiza o lucro. Qual é o lucro máximo?

O lucro total é dado por:

$$L = R - C = \left(-4x^2 + 316x\right) - \left(x^3 - 22x^2 + 124x + 2340\right) =$$

$$= -4x^2 + 316x - x^3 + 22x^2 - 124x - 2340 =$$

$$= -x^3 + 18x^2 + 192x - 2340.$$

As derivadas dessa função são: $L' = -3x^2 + 36x + 192$ e $L'' = -6x + 36$.

Para $L' = -3x^2 + 36x + 192 = 0$, deve-se ter $x = -4$ ou $x = 16$. Ficamos apenas com a resposta positiva. Como $L''(16) = -6 \cdot 16 + 36 - 60 < 0$, esse ponto é de máximo.

Conclui-se que, para maximizar o lucro, deveriam ser vendidas 16 unidades. Nesse caso, o lucro máximo obtido seria igual a $L(16) = -(16)^3 + 18(16)^2 + 192 \cdot 16 - 2340 =$ 1.244, ou seja, R$ 1.244,00.

## EXERCÍCIOS DE FIXAÇÃO

**Concavidade para cima ou para baixo em um intervalo**

**Pontos de inflexão**

Para as funções dadas a seguir (exercícios de 1 a 4), determine os intervalos em que cada uma tem concavidade para cima ou para baixo e indique os eventuais pontos de máximo, mínimo e de inflexão.

☐ **1.** | $y = 2x^2 - 5x$

☐ **2.** | $y = 3x^3 - 16x^2 + 23x - 6$

☐ **3.** | $y = -x^3 + 12x^2 - 7$

☐ **4.** | $y = x^3 - 3x^2 + 3x - 28$

**Determinação dos pontos de máximo e mínimo com o auxílio da derivada segunda**

Usando a derivada segunda, determine os pontos de máximo e mínimo de cada função (exercícios de 5 a 10).

☐ **5.** | $y = x^2 - 9x + 14$

☐ **6.** | $y = 12 - 3x^2$

☐ **7.** | $y = \dfrac{x^3}{3} - \dfrac{7x^2}{2} + 6x - 9$

☐ **8.** | $y = 2x^3 - 9x^2 + 12x - 17$

☐ **9.** | $y = \dfrac{x^4}{4} - \dfrac{7x^3}{3} + 5x^2 - 9$

☐ **10.** | $y = x^2 + \dfrac{16}{x}$

**Aplicações**

☐ **11.** | Para fabricar $x$ unidades de determinado produto, uma empresa tem um custo total dado pela expressão $C(x) = 7x + 36$. A empresa sabe que, levando-se em conta as variações de preço de mercado, a receita total esperada na venda dessas $x$ unidades é dada por $R(x) = 121x - 3x^2$. Qual será a quantidade a ser produzida e vendida para que a empresa obtenha o máximo lucro? Qual será o valor desse lucro máximo?

**12.** Cada unidade de um produto fabricado pela empresa Maranguape S.A. é vendida por $ 87,00. O custo total de fabricação de $x$ dessas unidades tem a expressão $C(x) = x^3 - 14x^2 + 32x + 665$. Determine a quantidade do produto que maximiza o lucro. Qual será o valor desse lucro máximo?

## RESPOSTAS DOS EXERCÍCIOS DE FIXAÇÃO

**1.** Concavidade para cima para todo $x \in \mathbb{R}$. Ponto de mínimo: $x = \frac{5}{4}$, $y = -\frac{25}{8}$.

**2.** Concavidade para baixo para $x < \frac{16}{9}$. Concavidade para cima para $x > \frac{16}{9}$.

Ponto de máximo: $x = 1$, $y = 4$. Ponto de inflexão: $x = \frac{16}{9}$, $y = \frac{286}{243}$.

Ponto de mínimo: $x = \frac{23}{9}$, $y = -\frac{400}{243}$.

**3.** Concavidade para cima para $x < 4$. Concavidade para baixo para $x > 4$.

Ponto de mínimo: $x = 0$, $y = -7$. Ponto de inflexão: $x = 4$, $y = 121$.

Ponto de máximo: $x = 8$, $y = 249$.

**4.** Concavidade para baixo para $x < 1$. Concavidade para cima para $x > 1$.

Ponto de inflexão: $x = 1$, $y = -27$.

**5.** Ponto de mínimo: $x = \frac{9}{2}$, $y = -\frac{25}{4}$.

**6.** Ponto de máximo: $x = 0$, $y = 12$.

**7.** Ponto de máximo: $x = 1$, $y = -\frac{37}{6}$. Ponto de mínimo: $x = 6$, $y = -27$.

**8.** Ponto de máximo: $x = 1$, $y = -12$. Ponto de mínimo: $x = 2$, $y = -13$.

**9.** Pontos de mínimo: $x = 0$ e $y = -9$ ou $x = 5$ e $y = -\frac{133}{12}$.

Ponto de máximo: $x = 2$, $y = -\frac{19}{3}$.

**10.** Ponto de mínimo: $x = 2$, $y = 12$.

**11.** 19 unidades; lucro máximo = $ 1.047,00.

**12.** 11 unidades; lucro máximo = $ 303,00.

# CAPÍTULO 16
## NOÇÕES SOBRE INTEGRAL INDEFINIDA

Em determinadas condições, dada uma função $y = f(x)$, é possível determinar sua derivada $y' = f'(x)$. Por exemplo, se $f(x) = x^3$, então $f'(x) = 3x^2$. A função $f(x)$ é chamada *função primitiva* de $f'(x)$.

Vamos considerar, agora, o problema inverso. Sendo dada uma função $y = g(x)$, determinar outra função, $y = f(x)$ que seja *primitiva* de $g(x)$, isto é, tal que $f'(x) = g(x)$.

Por exemplo, se for dada uma função $g(x) = 3x^2$, devemos determinar uma função $y = f(x)$ tal que $f'(x) = 3x^2$.

Uma solução para essa questão é, evidentemente, $f(x) = x^3$. Entretanto, essa não é a única solução, pois as funções dadas por:

$$y = x^3 + 1,\ y = x^3 + 2,\ y = x^3 + 5,\ y = x^3 - \frac{7}{8}, \text{ etc}$$

também satisfazem a condição $y' = 3x^2$, ou seja, todas elas são *primitivas* de $g(x) = 3x^2$.

Em geral, se $y = f_1(x)$ é uma primitiva de $y = g(x)$, então qualquer outra função $y = f(x) = f_1(x) + c$, obtida somando-se uma *constante* $c$ à primeira, será também uma primitiva de $y = g(x)$.

## 1. CONCEITO DE INTEGRAL INDEFINIDA

A expressão geral das primitivas de uma função $y = g(x)$ pode ser escrita na forma

$$\int g(x)\,dx = f(x) + c$$

e tem o nome de **integral indefinida** de $g(x)$.

A integral indefinida representa, portanto, o *conjunto* de todas as funções primitivas. Cada primitiva corresponde a um particular valor da constante $c$.

No caso visto acima, escrevemos, então, $\int 3x^2 dx = x^3 + c$, que é a integral indefinida da função $y = 3x^2$.

- **Exemplos**

1) Como $(x^2)' = 2x$, então $\int 2x dx = x^2 + c$.

2) Como $(2x^4)' = 8x^3$, então $\int 8x^3 dx = 2x^4 + c$.

3) Como $(x^2 + 2x)' = 2x + 2$, então $\int (2x + 2) dx = x^2 + 2x + c$.

4) Como $(x)' = 1$, então $\int 1dx = x + c$, ou, simplesmente, $\int dx = x + c$.

## 2. DETERMINAÇÃO DE ALGUMAS INTEGRAIS INDEFINIDAS

Veremos agora algumas técnicas para determinar as integrais indefinidas. Não pretendemos esgotar o assunto, mas indicar os métodos mais comuns, correspondentes às funções mais usadas. O estudante poderá encontrar outros métodos na bibliografia recomendada.

A partir das regras para derivar alguns tipos de funções, já vistas anteriormente, podemos determinar as integrais indefinidas em um grande número de casos, como veremos a seguir.

1º) Sabemos que, se $y = c$ (função constante), então $y' = 0$. Daí resulta que $\int 0dx = c$.

2º) Usando a regra geral pela qual a derivada de $y = x^\alpha$ é $y' = \alpha x^{\alpha-1}$, podemos escrever que, se $y = \frac{x^{n+1}}{n+1}$, então $y' = x^n$ (para $n \neq -1$). Daí resulta que:

$$\int x^n dx = \frac{x^{n+1}}{n+1} + c \text{ (para } n \neq -1\text{)}$$

Essa fórmula tem aplicações em grande variedade de situações, como nos exemplos seguintes.

3º) Temos: $\int x^4 dx = \frac{x^{4+1}}{4+1} + c = \frac{x^5}{5} + c$.

4º) Para calcularmos $\int \frac{1}{x^3} dx$, podemos escrever $\frac{1}{x^3} = x^{-3}$ e, então,

$$\int \frac{1}{x^3}dx = \int x^{-3}dx = \frac{x^{-3+1}}{-3+1} + c = \frac{x^{-2}}{-2} + c = -\frac{1}{2x^2} + c.$$

5º) Para calcularmos $\int \sqrt[3]{x}dx$, escrevemos $\sqrt[3]{x} = x^{\frac{1}{3}}$ e, assim,

$$\int \sqrt[3]{x}dx = \int x^{\frac{1}{3}}dx = \frac{x^{\frac{1}{3}+1}}{\frac{1}{3}+1} + c = \frac{x^{\frac{4}{3}}}{\frac{4}{3}} + c = \frac{3\sqrt[3]{x^4}}{4} + c = \frac{3x\sqrt[3]{x}}{4} + c.$$

6º) Lembrando que, se $y = 2\sqrt{x}$, então $y' = \frac{1}{\sqrt{x}}$, e podemos escrever:

$$\int \frac{1}{\sqrt{x}}dx = 2\sqrt{x} + c$$

Para essa integral, poderíamos também fazer $\frac{1}{\sqrt{x}} = \frac{1}{x^{\frac{1}{2}}} = x^{-\frac{1}{2}}$ e usar a regra geral, isto é,

$$\int \frac{1}{\sqrt{x}}dx = \int \left( x^{-\frac{1}{2}} \right)dx = \frac{x^{-\frac{1}{2}+1}}{-\frac{1}{2}+1} + c = \frac{x^{\frac{1}{2}}}{\frac{1}{2}} + c = 2 \cdot x^{\frac{1}{2}} + c = 2\sqrt{x} + c.$$

## Regras de operação: integrais da soma, da diferença e do produto por uma constante

É possível provar que valem as seguintes regras de operação, para as integrais indefinidas. Sejam $f_1(x)$, $f_2(x)$ e $f(x)$ funções e k uma constante. Tem-se:

1º) $\int [f_1(x) + f_2(x)]dx = \int f_1(x)dx + \int f_2(x)dx$;

2º) $\int [f_1(x) - f_2(x)]dx = \int f_1(x)dx - \int f_2(x)dx$;

3º) $\int k \cdot f(x)dx = k \cdot \int f(x)dx$.

Com essas regras, podemos determinar as integrais como vemos nos exemplos a seguir.

1) Temos:

$$\int\left(x^3-3x^2+5x+7\right)dx=\int x^3dx-3\cdot\int x^2dx+5\cdot\int xdx+7\cdot\int dx$$

$$=\frac{x^4}{4}-3\cdot\frac{x^3}{3}+5\cdot\frac{x^2}{2}+7x+c.$$

Assim, $\int\left(x^3-3x^2+5x+7\right)dx=\frac{x^4}{4}-x^3+\frac{5x^2}{2}+7x+c$.

2) $\int\left(\frac{1}{x^2}+\frac{1}{\sqrt{x}}\right)dx=\int\frac{1}{x^2}dx+\int\frac{1}{\sqrt{x}}dx=-\frac{1}{x}+2\sqrt{x}+c$.

3) Temos:

$$\int\left(\frac{x^3-4x^2+6}{x^2}\right)dx=\int\left(x-4+\frac{6}{x^2}\right)dx$$

$$=\int xdx-\int 4dx+6\cdot\int\frac{1}{x^2}dx=\frac{x^2}{2}-4x-\frac{6}{x}+c.$$

Portanto, $\int\left(\frac{x^3-4x^2+6}{x^2}\right)dx=\frac{x^2}{2}-4x-\frac{6}{x}+c=\frac{x^3-8x^2-12}{2x}+c.$

## Casos em que é possível determinar a constante *c*

A expressão da integral indefinida sempre inclui a constante de integração *c*, cujo valor, em princípio, é arbitrário. Se a questão apresentar alguma informação adicional, essa constante poderá ser calculada e, então, teremos uma função como resposta. Vejamos exemplos desse caso.

1) Determine uma função tal que $f(x)=\int(3x-7)dx$, sabendo que $f(2)=0$.

Escrevemos: $f(x)=\int(3x-7)dx=3\cdot\frac{x^2}{2}-7x+c$. Temos, então:

$$f(2)=0\Leftrightarrow 3\cdot\frac{2^2}{2}-7\cdot 2+c=0\Leftrightarrow -8+c=0\Leftrightarrow c=8$$

e, assim, a função pode ser escrita: $f(x)=\frac{3x^2}{2}-7x+8$.

Note que a informação adicional de que $f(2)=0$ permitiu determinar a constante $c$.

2) Determine uma função tal que $f(x)=\int(4x^2+2x-5)dx$, sabendo que $f(-3)=11$.

Escrevemos:

$$f(x)=\int(4x^2+2x-5)dx=4\cdot\frac{x^3}{3}+2\cdot\frac{x^2}{2}-5x+c=\frac{4x^3}{3}+x^2-5x+c.$$

Temos, então:

$$f(-3)=11 \Leftrightarrow \frac{4\cdot(-3)^3}{3}+(-3)^2-5\cdot(-3)+c=11 \Leftrightarrow c=23$$

e, assim, a função pode ser escrita: $f(x)=\dfrac{4x^3}{3}+x^2-5x+23$.

## EXERCÍCIOS RESOLVIDOS: FUNÇÕES MARGINAIS

Para os exercícios resolvidos a seguir, considere a seguinte convenção de nomenclatura.

Se uma empresa tem para a sua **receita total**, o seu **custo total** e o seu **lucro total** as funções $R(x)$, $C(x)$ e $L(x)$, então as derivadas dessas funções são chamadas *funções marginais*.

Temos assim a *receita marginal*, o *custo marginal* e o *lucro marginal*, que são dados por:

$$R_{mg}(x)=R'(x),\ C_{mg}(x)=C'(x),\ L_{mg}(x)=L'(x).$$

☐ **1.** | Em uma empresa, o custo marginal é dado por $C_{mg}(x)=1{,}32x+7$. Sabendo que o custo fixo dessa empresa é igual a R$ 350,00, determine a função custo total.

**Resolução**

Como $C_{mg}(x)=C'(x)$, então $C(x)=\int C_{mg}(x)dx$, ou seja,

$$C(x)=\int(1{,}32x+7)dx=1{,}32\cdot\frac{x^2}{2}+7x+c$$

e, assim, $C(x) = 0,66x^2 + 7x + c$.

O custo fixo é igual a R$ 350,00 e representa exatamente o custo total correspondente à produção de zero unidade do produto, ou seja, $C(0) = 350$.

Então,

$C(0) = 0,66 \cdot 0^2 + 7 \cdot 0 + c = 350$, em que $c = 350$.

Portanto, $C(x) = 0,66x^2 + 7x + 350$.

Observe que, no caso da função custo total, a constante de integração é o próprio custo fixo da empresa, desde que $c = C(0) = C_F$.

2. | Em uma empresa, a receita marginal é dada por $R_{mg}(x) = 8 - 3x$. Determine a função receita total.

**Resolução**

Como $R_{mg}(x) = R'(x)$, então $R(x) = \int R_{mg}(x)dx$, ou seja,

$$R(x) = \int (8 - 3x)dx = 8x - 3 \cdot \frac{x^2}{2} + c.$$

Lembremos que, se o nível de produção é $x = 0$, a receita total é nula, ou seja, $R(0) = 0$.

Assim, $R(0) = 8 \cdot 0 - 3 \cdot \frac{0^2}{2} + c = 0$, em que $c = 0$. Portanto, $R(x) = 8x - \frac{3x^2}{2}$.

Observe que, no caso da função receita total, a constante de integração é igual a zero, desde que $c = R(0) = 0$.

3. | Em uma empresa, o lucro marginal é dado por $L_{mg}(x) = -6x + 3$. Sabendo que o custo fixo dessa empresa é igual a R$ 290,00, determine a função lucro total.

**Resolução**

Como $L_{mg}(x) = L'(x)$, então $L(x) = \int L_{mg}(x)dx$, ou seja,

$$L(x) = \int (-6x + 3)dx = -6 \cdot \frac{x^2}{2} + 3x + c = -3x^2 + 3x + c$$

Para determinar o valor da constante *c*, raciocinamos do seguinte modo.

Se o nível de produção for $x = 0$, a receita total será igual a zero e o custo total será o próprio custo fixo. Nesse caso, a empresa terá *prejuízo* igual ao custo fixo, isto é, seu lucro será negativo e igual a $-290$.

Assim, $c = L(0) = -290$. Temos, portanto: $L(x) = -3x^2 + 3x - 290$.

☐ **4.** | Em uma empresa, o custo marginal é dado por $C_{mg}(x) = 2{,}5x + 19$. Sabendo que, ao serem produzidas 32 unidades do produto, o custo total dessa empresa é igual a R$ 2.414,00, determine a função custo total.

**Resolução**

Escrevemos:

$$C(x) = \int (2{,}5x + 19)\,dx = 2{,}5 \cdot \frac{x^2}{2} + 19x + c$$

e, assim, $C(x) = 1{,}25x^2 + 19x + c$.

Para determinar a constante *c*, observemos que $C(32) = 2414$, em que:

$$C(32) = 1280 \Leftrightarrow 1{,}25 \cdot 32^2 + 19 \cdot 32 + c = 2.414 \Leftrightarrow c = 526$$

Então, $C(x) = 1{,}25x^2 + 19x + 526$.

## EXERCÍCIOS DE FIXAÇÃO

Determine as seguintes integrais indefinidas (exercícios de 1 a 10).

☐ **1.** | $\int 5x^2 dx$

☐ **2.** | $\int 5x^3 dx$

☐ **3.** | $\int 5x dx$

☐ **4.** | $\int (x^2 + 1) dx$

☐ **5.** | $\int (3x^2 + 5x - 7) dx$

☐ **6.** | $\int \frac{1}{x^2} dx$

☐ **7.** | $\int \frac{1}{x^3} dx$

☐ **8.** | $\int \sqrt{x} dx$

☐ **9.** | $\int \sqrt[3]{x} dx$

☐ **10.** | $\int \left(\sqrt{x} + \frac{1}{x^2}\right) dx$

**11.** | Determine uma função tal que $f(x)=\int(-4x+9)\,dx$, sabendo que $f(5)=0$.

**12.** | Determine uma função tal que $f(x)=\int(3x-11)\,dx$, sabendo que $f(0)=-12$.

**13.** | Determine uma função tal que $f(x)=\int(3-2x+5x^2)\,dx$, sabendo que $f(1)=30$.

**14.** | Determine uma função tal que $f(x)=\int\left(x+\frac{1}{x^2}\right)dx$, sabendo que $f(-1)=\frac{4}{3}$.

**15.** | Determine uma função tal que $f(x)=\int\sqrt{x}\,dx$, sabendo que $f(4)=6$.

**16.** | Em uma empresa, o custo marginal é dado por $C_{mg}(x)=2{,}13x+9$. Sabendo que o custo fixo dessa empresa é igual a R$ 275,00, determine a função custo total.

**17.** | Em uma empresa, o custo marginal é dado por $C_{mg}(x)=1{,}2x^2-4x+12$. Sabendo que o custo fixo dessa empresa é igual a R$ 240,00, determine a função custo total.

**18.** | Em uma empresa, o custo marginal é dado por $C_{mg}(x)=0{,}26x+19$. Determine a função custo total, sabendo que, quando são produzidas 10 unidades do produto, o custo total é igual a R$ 359,00.

**19.** | Em uma empresa, o custo marginal é dado por $C_{mg}(x)=1{,}32x+48$. Determine a função custo total, sabendo que, quando são produzidas 20 unidades do produto, o custo total é igual a R$ 1.932,00.

**20.** | Em uma empresa, a receita marginal é dada por $R_{mg}(x)=5{,}2-4x$. Determine a função receita total.

Em cada exercício a seguir (exercícios 21 e 22), são dadas as funções custo marginal e receita marginal e também o custo fixo $C_F$. Determine:

a) a função custo total;

b) a função receita total;

c) a função lucro total;

d) os níveis de produção que proporcionam lucro zero;

e) o nível de produção que proporciona o máximo lucro;

f) o nível de produção que proporciona a máxima receita.

**21.** | $C_{mg}(x) = 0,53x + 2$, $R_{mg}(x) = 37 - 1,47x$ e $C_F = 276$.

**22.** | $C_{mg}(x) = 0,18x + 2$, $R_{mg}(x) = 54 - 1,82x$ e $C_F = 595$.

## RESPOSTAS DOS EXERCÍCIOS DE FIXAÇÃO

**1.** | $\frac{5x^3}{3} + c$

**2.** | $\frac{5x^2}{2} + c$

**3.** | $\frac{x^3}{3} + x + c$

**4.** | $x^3 + \frac{5x^2}{2} - 7x + c$

**5.** | $x^3 + \frac{5x^2}{2} - 7x + c$

**6.** | $-\frac{1}{x} + c$

**7.** | $-\frac{1}{2x^2} + c$

**8.** | $\frac{2x\sqrt{x}}{3} + c$

**9.** | $\frac{3x\sqrt[3]{x}}{4} + c$

**10.** | $\frac{2x\sqrt{x}}{3} - \frac{1}{x} + c$

**11.** | $f(x) = -2x^2 + 9x + 5$

**12.** | $f(x) = \frac{3x^2}{2} - 11x - 12$

**13.** | $f(x) = 3x - x^2 + \frac{5x^3}{3} + \frac{79}{3}$

**14.** | $f(x) = \frac{x^2}{2} - \frac{1}{x} - \frac{1}{6}$

**15.** | $f(x) = \frac{2x\sqrt{x}}{3} + \frac{2}{3}$

**16.** | $C(x) = 1,065x^2 + 9x + 275$

**17.** | $C(x) = 0,4x^3 - 2x^2 + 12x + 240$

**18.** | $C(x) = 0,13x^2 + 19x + 156$

**19.** | $C(x) = 0,66x^2 + 48x + 708$

**20.** | $R(x) = 5,2x - 2x^2$

**21.** | a) $C(x) = 0,265x^2 + 2x + 276$

b) $R(x) = 37x - 0,735x^2$

c) $L(x) = -x^2 + 35x - 276$

d) $x = 12$ ou $x = 23$

e) $x = 17,5$

f) $x = 25,17$

**22.** | a) $C(x) = 0,09x^2 + 2x + 595$

b) $R(x) = 54x - 0,91x^2$

c) $L(x) = -x^2 + 52x - 595$

d) $x = 17$ ou $x = 35$

e) $x = 26$

f) $x = 29,67$

# CAPÍTULO 17
## NOÇÕES SOBRE INTEGRAL DEFINIDA
## CÁLCULO DE ÁREAS

## 1 • CÁLCULO DA ÁREA DE UMA REGIÃO

- **Exemplo 1**

Para a função $y = g(x) = 3x^2$, temos a integral indefinida $\int 3x^2 dx = x^3 + c$. Assim, a função $y = f(x) = x^3$ é uma primitiva de $g(x)$. O gráfico da função $y = 3x^2$ é uma parábola, que vemos representada na **Figura 1**.

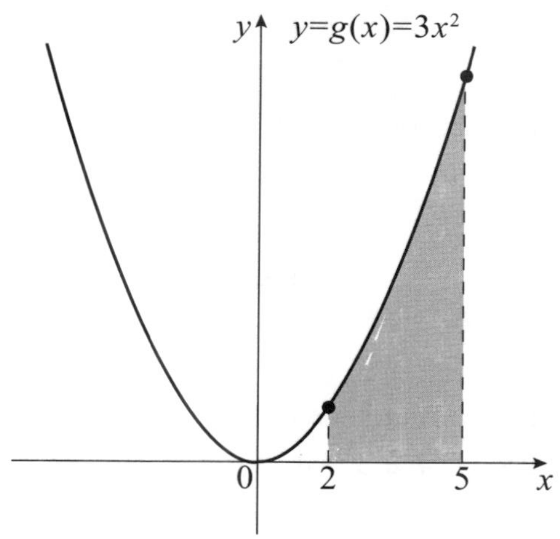


**FIGURA 1**

Observe a região do plano limitada pelo gráfico, o eixo dos $x$ e as retas verticais que passam pelas abscissas $x = 2$ e $x = 5$. Indiquemos a área dessa região por $A$.

É possível mostrar que, sendo $y = f(x) = x^3$ uma primitiva da função $y = g(x) = 3x^2$, então essa área é igual a $A = f(5) - f(2)$.

Sendo assim, temos $A = 5^3 - 2^3 = 125 - 8 = 117$.

A **Figura 2** mostra a situação geral, em que $y = g(x)$ é não negativa no intervalo $]a;b[$. Se $y = f(x)$ é uma primitiva de $g(x)$, então a diferença $f(b) - f(a)$ é igual à área da região limitada pelo gráfico de $g(x)$, o eixo dos $x$ e as retas verticais correspondentes a $x = a$ e $x = b$, ou seja, $A = f(b) - f(a)$.

O estudante interessado poderá encontrar a prova dessa propriedade (conhecida como Teorema Fundamental do Cálculo) na bibliografia recomendada.

Nesse exemplo, temos a ideia de uma das aplicações da integral, que é permitir o cálculo de áreas de figuras planas definidas pelos gráficos de funções.

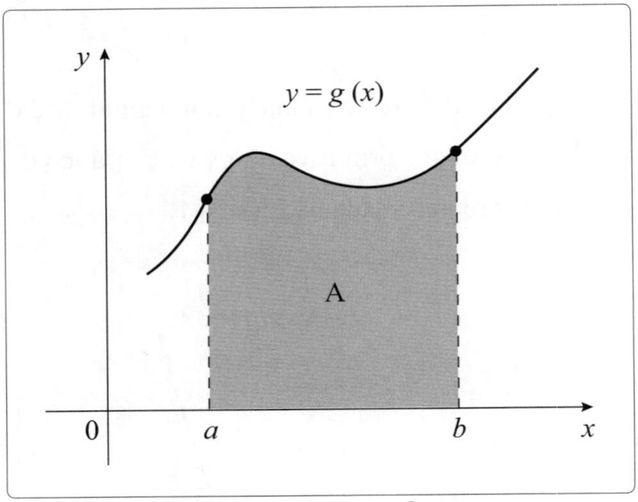


FIGURA 2

- **Exemplo 2**

Calcule a área da região limitada pelo gráfico da função $y = g(x) = 1 + \sqrt{x}$ e o eixo dos *x*, entre os limites $x = 1$ e $x = 4$ (**Figura 3**).

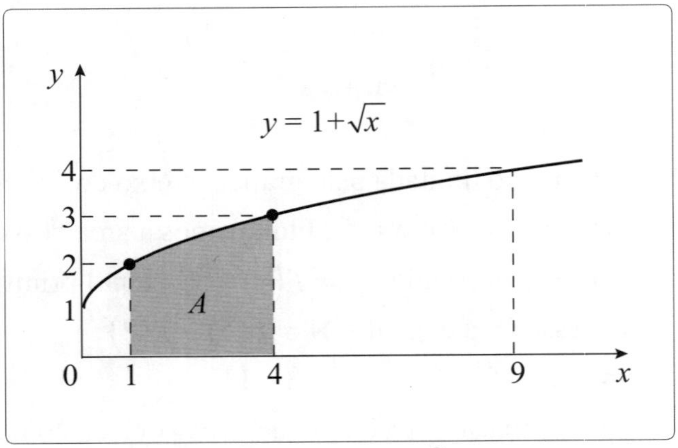


FIGURA 3

**Resolução**

Como:

$$\int \left(1 + \sqrt{x}\right) dx = x + \frac{2x\sqrt{x}}{3} + c,$$

então a função $y = f(x) = x + \frac{2x\sqrt{x}}{3}$ é uma das primitivas de $g(x)$.

Assim, a área pedida é igual a:

$$A = f(4) - f(1) = \left(4 + \frac{2 \cdot 4\sqrt{4}}{3}\right) - \left(1 + \frac{2 \cdot 1\sqrt{1}}{3}\right) = \frac{23}{3}.$$

## 2 • INTEGRAL DEFINIDA

Se a integral indefinida de uma função $y = g(x)$ é $\int g(x)dx = f(x) + c$, então a função $y = f(x)$ é uma primitiva de $g(x)$. Tomando dois valores de *x*, $x = a$ e $x = b$ vimos que a diferença $f(b) - f(a)$ representa a área da região limitada pelo gráfico de $y = g(x)$ e o eixo dos *x*, entre os limites *a* e *b*.

Esse resultado é chamado integral definida de $y = g(x)$ entre os limites a e b e será indicado pelos símbolos $\int_a^b g(x)dx = f(b) - f(a) = [f(x)]_a^b$.

Com essa nova notação, a resolução do exemplo 2 poderia ser escrita assim:

$$A = \int_1^4 \left(1 + \sqrt{x}\right)dx = \left[x + \frac{2x\sqrt{x}}{3}\right]_1^4 = \left(4 + \frac{2 \cdot 4\sqrt{4}}{3}\right) - \left(1 + \frac{2 \cdot 1\sqrt{1}}{3}\right) = \frac{23}{3}.$$

- **Exemplo 3**

Calcule a área da região limitada pelo gráfico da função $y = g(x) = \frac{1}{x^2}$ e o eixo dos *x*, entre os limites $x = \frac{1}{2}$ e $x = 2$ **(Figura 4)**.

Basta escrever:

$$\int_{\frac{1}{2}}^{2} \frac{1}{x^2}dx = \left[-\frac{1}{x}\right]_{\frac{1}{2}}^{2} = \left(-\frac{1}{2}\right) - \left(-\frac{1}{(1/2)}\right) = -\frac{1}{2} + 2 = \frac{3}{2}.$$

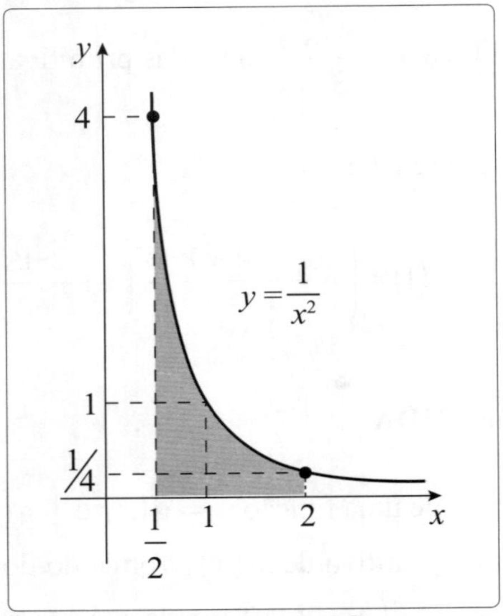


**FIGURA 4**

- **Exemplo 4**

Calcule a área da região limitada pelo gráfico da função $y = g(x) = x^2 - 4x - 5$ e o eixo dos x, entre os limites $x = 1$ e $x = 4$ (**Figura 5**).

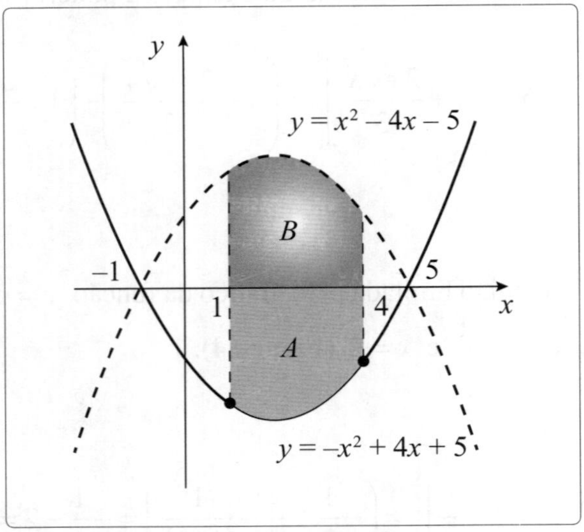


**FIGURA 5**

Nesse caso, a região cuja área nós queremos determinar está situada abaixo do eixo dos *x*, pois corresponde a valores negativos da função $y = g(x) = x^2 - 4x - 5$.

Se calculássemos a integral definida:

$$\int_1^4 \left(x^2-4x-5\right)dx=\left[\frac{x^3}{3}-2x^2-5x\right]_1^4=,$$

$$=\left(\frac{4^3}{3}-2\cdot 4^2-5\cdot 4\right)-\left(\frac{1^3}{3}-2\cdot 1^2-5\cdot 1\right)=-\frac{72}{3},$$

veríamos que o resultado é *negativo*. Como a área, sendo a medida de uma região, deve ser positiva (ou nula), devemos ao final *mudar o sinal* do resultado, escrevendo:

$$A=-\int_1^4 \left(x^2-4x-5\right)dx=-\left(-\frac{72}{3}\right).$$

Poderíamos, também, trabalhar com a função $y=-g(x)=-x^2+4x+5$, cujo gráfico é simétrico ao anterior, como se vê na **Figura 5**. A área a ser calculada é a da região indicada por $B$. Assim, a área pedida é igual a:

$$A=\int_1^4 \left(-x^2+4x+5\right)dx=\left[-\frac{x^3}{3}+2x^2+5x\right]_1^4$$

$$=\left(-\frac{4^3}{3}+2\cdot 4^2+5\cdot 4\right)-\left(-\frac{1^3}{3}+2\cdot 1^2+5\cdot 1\right)=\frac{72}{3}.$$

- **Exemplo 5**

Calcule a área sombreada da **Figura 6.**

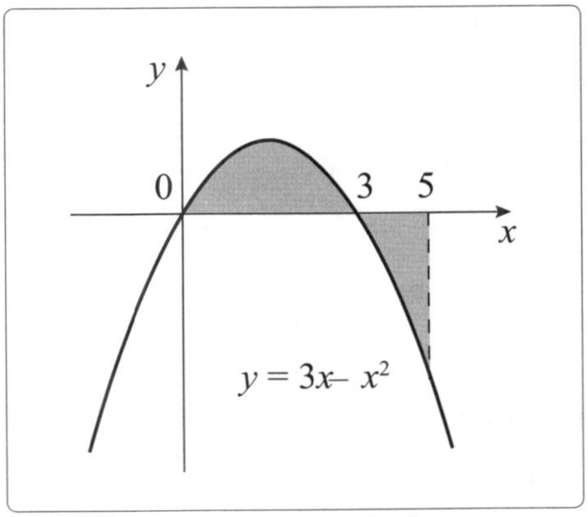


**FIGURA 6**

A área sombreada envolve duas regiões, uma situada acima do eixo dos $x$, em que $g(x) > 0$, outra abaixo do eixo dos $x$, em que $g(x) < 0$.

A área da primeira região é:

$$A_1 = \int_0^3 \left(3x - x^2\right) dx = \left[\frac{3x^2}{2} - \frac{x^3}{3}\right]_0^3 =$$

$$= \left(\frac{3 \cdot 3^2}{2} - \frac{3^3}{3}\right) - \left(\frac{3 \cdot 0^2}{2} - \frac{0^3}{3}\right) = \frac{9}{2}.$$

Para a segunda, tomamos a função $y = -g(x) = x^2 - 3x$ e obtemos:

$$A_2 = \int_3^5 \left(x^2 - 3x\right) dx = \left[\frac{x^3}{3} - \frac{3x^2}{2}\right]_3^3 = \left(\frac{5^3}{3} - \frac{3 \cdot 5^2}{2}\right) - \left(\frac{3^3}{3} - \frac{3 \cdot 3^2}{2}\right) = \frac{26}{3}.$$

A área pedida é a soma dessas duas áreas: $A = A_1 + A_2 = \frac{9}{2} + \frac{26}{3} = \frac{79}{6}$.

- **Exemplo 6**

Calcule a área sombreada da **Figura 7**.

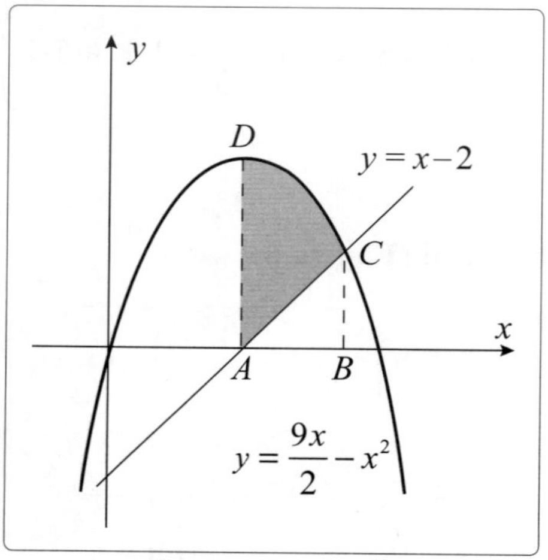


**FIGURA 7**

Sendo $R_1$ a área da região definida pelos vértices $A$, $B$, $C$ e $D$, que fica abaixo da curva correspondente à função $y = \frac{9x}{2} - x^2$ e sendo $R_2$ a área da região triangular de vértices $A$, $B$, e $C$, que fica abaixo da reta correspondente à função $y = x - 2$, podemos escrever que a área da região sombreada é igual a $R = R_1 - R_2$.

Então, basta calcular separadamente as áreas $R_1$ e $R_2$ e teremos a resposta da questão.

A abscissa $x$ do ponto $A$ é a raiz da função $y = x - 2$, isto é, $x_A = 2$.

A abscissa $x$ do ponto $B$ é a abscissa do ponto $C$, interseção da reta com a parábola. Resolvendo a equação $x - 2 = \frac{9x}{2} - x^2$, obtemos para $x$ os valores $-\frac{1}{2}$ e 4, logo $x_B = 4$.

Escrevemos:

$$R_1 = \int_2^4 \left( \frac{9x}{2} - x^2 \right) dx = \left[ \frac{9x^2}{4} - \frac{x^3}{3} \right]_2^4 =$$

$$= \left( \frac{9 \cdot 4^2}{4} - \frac{4^3}{3} \right) - \left( \frac{9 \cdot 2^2}{4} - \frac{2^3}{3} \right) = \frac{44}{3} - \frac{19}{3} = \frac{25}{3}$$

$$R_2 = \int_2^4 (x-2)\, dx = \left[ \frac{x^2}{2} - 2x \right]_2^4 = \left( \frac{4^2}{2} - 2 \cdot 4 \right) - \left( \frac{2^2}{2} - 2 \cdot 2 \right) = 0 - (-2) = 2.$$

Sendo assim, $R = R_1 - R_2 = \frac{25}{3} - 2 = \frac{19}{3}$.

## EXERCÍCIOS DE FIXAÇÃO

Calcule as seguintes integrais definidas (exercícios de 1 a 6).

☐ **1.** $\int_3^7 2x^3 dx$

☐ **2.** $\int_2^5 \left(8x^3 + 1\right) dx$

☐ **3.** $\int_0^5 \left(x^3 - 3x + 2\right) dx$

☐ **4.** $\int_1^4 \frac{1}{4x^3} dx$

☐ **5.** $\int_1^4 \sqrt{x}\, dx$

☐ **6.** $\int_1^3 \left( x^2 + \frac{1}{x^2} \right) dx$

Calcule as áreas das regiões sombreadas em cada gráfico (exercícios de 7 a 11).

☐ **7.** |

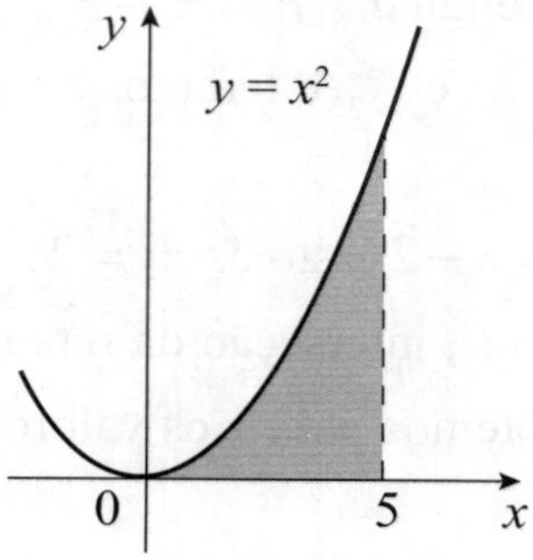


☐ **8.** |

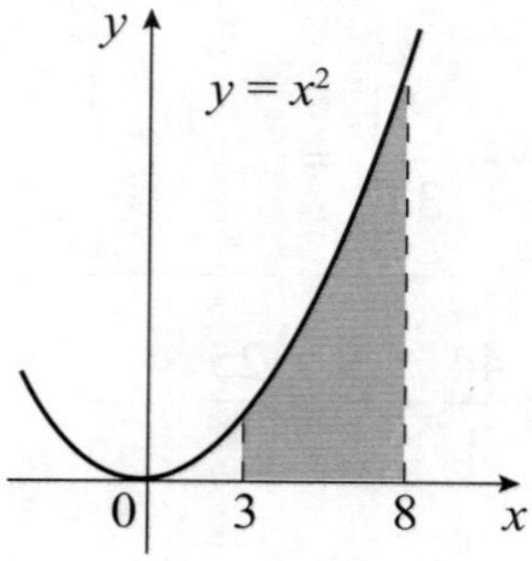


☐ **9.** |

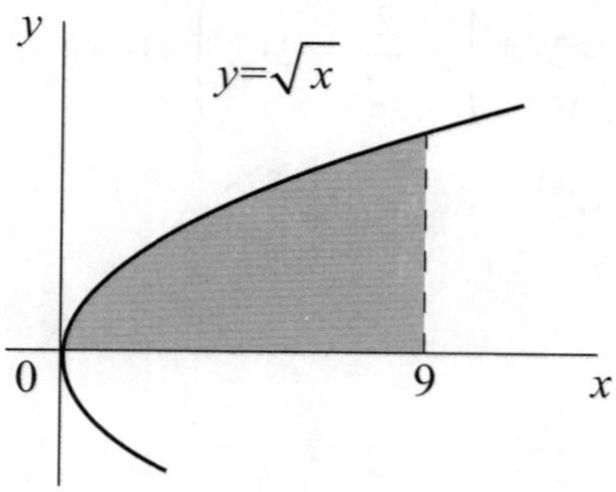


☐ **10.** |

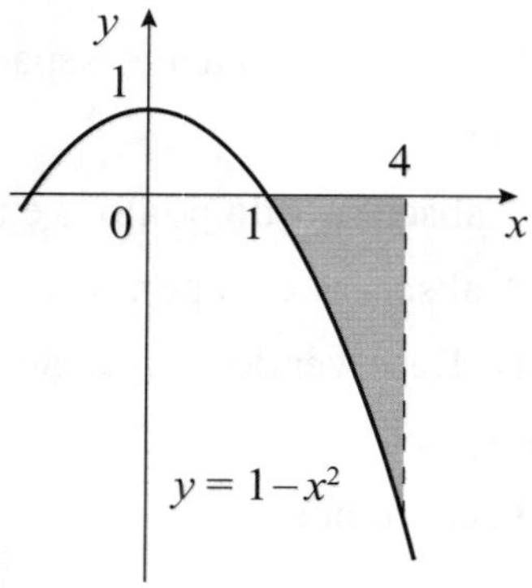


☐ **11.** |

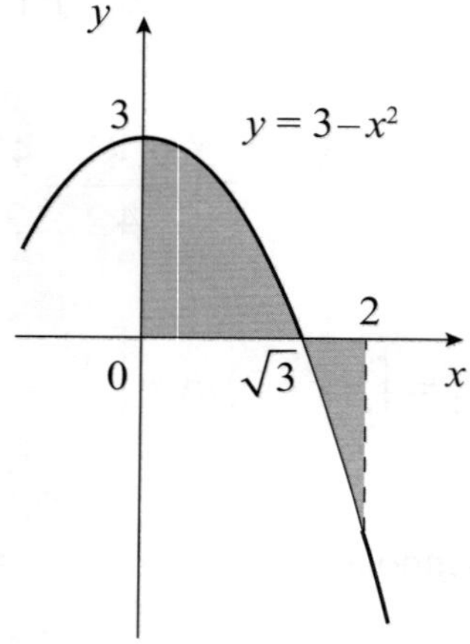


## RESPOSTAS DOS EXERCÍCIOS DE FIXAÇÃO

☐ **1.** | 1.160

☐ **2.** | 1.221

☐ **3.** | $\frac{515}{4}$

☐ **4.** | $\frac{15}{128}$

☐ **5.** | $\frac{14}{3}$

☐ **6.** | $\frac{28}{3}$

☐ **7.** | $\frac{125}{3}$

☐ **8.** | $\frac{485}{3}$

☐ **9.** | 18

☐ **10.** | 18

☐ **11.** | $4\sqrt{3} - \frac{10}{3}$

# REFERÊNCIAS BIBLIOGRÁFICAS

**Para acesso a maior quantidade e variedade de exercícios e aplicações do conteúdo, relacionados a Economia, Administração e Ciências Contábeis**

HARIKI, Seiji; ABDOUNUR, Oscar J. *Matemática aplicada*. São Paulo: Saraiva, 1999.

MEDEIROS DA SILVA, Elio; MEDEIROS DA SILVA, Ermes; MEDEIROS DA SILVA, Sebastião. *Matemática para os cursos de Economia, Administração e Ciências Contábeis*. São Paulo: Atlas, 2006. v. 1.

MEDEIROS DA SILVA, Elio; MEDEIROS DA SILVA, Ermes; MEDEIROS DA SILVA, Sebastião. *Matemática para os cursos de Economia, Administração e Ciências Contábeis*. São Paulo: Atlas, 1997. v. 2.

LEITE, Angela. *Aplicações da Matemática*. São Paulo: Cengage Learning, 2008.

**Para uma leitura mais aprofundada da base teórica envolvida nos assuntos deste livro:**

ANTAR NETO, Aref et al. *Noções de Matemática*. Fortaleza: Vestseller, 2009. v. 8.

MORETTIN, Pedro A.; HAZZAN, Samuel; BUSSAB, Wilton de Oliveira. *Cálculo* – funções de uma e várias variáveis. São Paulo: Saraiva, 2010.

GUIDORIZZI, Hamilton Luiz. *Um curso de cálculo*. Rio de Janeiro: LTC, 2001.

APOSTOL, Tom M. *Cálculo I* – cálculo com funções de uma variável, com uma introdução à Álgebra Linear. [S.l.]: Reverté Brasil, 2004.

LEITHOLD, Louis. *Matemática aplicada à Economia e Administração*. São Paulo: Harbra, 2001.